U0275515

国家科学技术学术著作出版基金资助出版

现代化学专著系列·典藏版 34

无机超分子材料的
插层组装化学

段 雪 张法智 等 编著

科学出版社

北 京

内 容 简 介

超分子化学是基于分子间相互作用和分子聚集体的化学，其研究内容涉及多种分子间弱相互作用的协同性、方向性和选择性，分子识别和分子聚集体的构筑，分子聚集体中的能量传递、物质传输和化学转换等。本书集北京化工大学段雪院士研究团队十多年的科研积累，着眼于超分子化学基础，从插层组装理论入手，首先介绍了无机超分子插层组装化学的研究对象和有关领域，然后详细阐述了插层结构构筑基元的理论基础、插层结构的构筑、插层结构的性质与功能、插层结构薄膜的构筑和性质，最后对石墨、硅酸盐层状插层组装体、磷酸盐、层状过渡金属含氧酸盐及其插层化合物和卤化物等无机超分子材料进行了介绍。

本书可供化学化工科学领域的广大科研、教学、专业技术人员以及研究生和大学生参考、阅读。

图书在版编目（CIP）数据

现代化学专著系列：典藏版 / 江明，李静海，沈家骢，等编著. —北京：科学出版社，2017.1

ISBN 978-7-03-051504-9

Ⅰ.①现⋯ Ⅱ.①江⋯ ②李⋯ ③沈⋯ Ⅲ.①化学 Ⅳ.①O6

中国版本图书馆 CIP 数据核字（2017）第 013428 号

责任编辑：袁 琦 黄 海 / 责任校对：李奕萱
责任印制：张 伟 / 封面设计：铭轩堂

科 学 出 版 社 出版
北京东黄城根北街 16 号
邮政编码：100717
http://www.sciencep.com
北京厚诚则铭印刷科技有限公司印刷

科学出版社发行 各地新华书店经销

*

2017 年 1 月第 一 版 开本：720×1000 B5
2017 年 1 月第一次印刷 印张：17 1/4
字数：336 000
定价：7980.00 元（全 45 册）

（如有印装质量问题，我社负责调换）

序

　　超分子化学是基于分子间相互作用和分子聚集体的化学。研究多种分子间弱相互作用的协同性、方向性和选择性，分子识别和分子聚集体的构筑，分子聚集体中的能量传递、物质传输和化学转换等对于解释一些新的科学现象并提出新的理论具有重要意义。同时，它能够帮助我们更好地认识信息、能源、生命、环境和材料学中涉及分子以上层次的问题。

　　十多年来，超分子化学取得了飞速的发展。其中，关于超分子插层结构材料与器件的基础研究是其重要的研究领域。通常认为，插层结构材料与器件的创制及功能的实现是基于插层组装技术上的，是在保持层状主体骨架结构的前提下，基于超分子化学原理引入功能性客体，从而形成具有主客体特征的超分子插层结构的。利用超分子组装原理来构筑插层结构先进功能材料，特别是以层状材料为主体经二维插层组装结构高度有序和具有多种优异功能的先进材料和器件，已成为超分子化学领域的关注热点。

　　该书作者段雪院士及其创新团队经过十余年来的不懈努力，在超分子插层结构材料与器件的组装与应用研究中取得了重要进展。他们以国家经济和社会发展中的实际需求为切入点，同时充分考虑国际相关学术领域的发展前沿，展开超分子插层结构研究，特别在超分子插层结构的理论构筑原则、插层组装过程的控制以及超分子结构与功能强化间的科学本质等方面，取得了突破性进展。另外，作者在研究中针对超分子插层结构的控制，基于化工原理，提出了多种组装方法，有效控制了主体层板结构和层间客体取向等微观结构，以及晶粒尺寸与其分布等介观形貌，发展了超分子插层组装方法学；基于材料学与化学原理，针对功能性对插层结构的要求，设计并实现了多种超分子插层结构功能材料的创新。

　　本书的出版将为涉足超分子化学领域的研究生以及对该领域感兴趣的初学者提供一本基础性的教材，并能对读者起到引导和启发的作用。

吉林大学教授，中国科学院院士

沈家骢

目　　录

第1章 绪 论

1.1 超分子化学概述

1.1.1 超分子化学的概念

超分子化学是基于分子间的非共价键相互作用而形成分子聚集体的化学。该概念是 1987 年诺贝尔化学奖获得者 J. M. Lehn 在其获奖演说中提出的。超分子化学不同于基于原子构建分子的传统分子化学,是分子以上层次的化学,它主要研究两个或多个分子通过分子间的非共价键弱相互作用,如氢键、范德华力、偶极-偶极相互作用、亲水/疏水相互作用以及它们之间的协同作用而生成的分子聚集体的结构与功能[1]。超分子化学的出现使得科学家们的研究领域从单个分子拓宽至分子的组装体。两个世纪以来,化学界创造了两千多万种分子,原则上都可在不同层次上组装成海量的、取决于组装体结构并具有特殊功能的超分子体系。可见,超分子化学开拓了创造新物质与新材料的崭新的无限发展空间[2]。

超分子化学涉及的核心问题是各种弱相互作用的方向性和选择性如何决定分子间的识别及分子的组装性质。其中包括更基本的科学问题,如弱相互作用的本质是什么以及它们之间的协同效应如何进行等。通过解决这些问题,可以进一步认识弱相互作用的本质及规律,并指导如何通过组装与识别相互作用来构造高级结构、设计功能器件及分子机器。

超分子化学研究内容非常广泛,其中对分子自组装过程的研究是最重要的中心课题之一。分子自组装是指在不借助外力指导或操纵下,直接通过非共价相互作用而进行的系统构建。自组装可进一步分为分子间的自组装和分子内的自组装。分子自组装过程遵循能量最低原理,对于开放的、远离平衡态的、有高度活性的体系可能服从于耗散结构准则。如何模拟生物超分子体系,构筑功能集成的超分子组装体,同时赋予超分子组装体生命物质的一些特征;如何实现无界面依托的三维组装;如何通过组装构筑三维的超分子器件和机器等,弄清这些问题将有助于自组装理论与技术的突破。分子识别与位点识别是超分子体系研究的另一个重要方面。识别以特定空间环境为前提,使几种相同或不同的分子间作用力协同作用于一定部位,形成很强的联系。分子识别可以定义为某给定受体对作用物选择性结合并产生某种特定功能的过程。分子识别是在超分子水平上进行信息处理的基础。分子识别有内外之分,分别可由凹形或凸形受体来完成。由大环穴状配体进行的内识别表面上与配位化学相似,但超分子识别的范围要广得多,它包括对所有阳离子、阴离子及中性有机、无机或生物分子的识别。研究分子识别对阐明分子间作用力的本质及其过程有很大意义,同时又有广阔的应用前景。另外,纳米超分子的研究是超分子体系的一个全新的正在开拓的研究领域,特别是复合而成的生物聚合物材料将会展现出目前已有的金属材料和有机超分子材料所不具备的特殊性能。但是对于它们的自组装规律、空间结构、电子结构及其物理化学性能、空间结构与性质和性能的关系规律,仍然需要深入研究与探讨。

1.1.2　超分子化学的发展进程

毋庸置疑,超分子化学目前已经发展成为化学学科的前沿领域,并与其他学科,如:生命科学、材料科学、信息科学、纳米科学与技术等互相渗透、交叉融合。它所涉及的内容从最初的冠醚、窝穴体、球形物等到而后认识和发展的环糊精、环芳、杯芳烃。上述主体或受体对铵、金属离子、各种中性分子及至阴离子均有很高的亲和性,形成以各种非共价键相互作用维持、具有新功能的超分子,其与生物体系可以媲美的性质引起化学家的高度重视。[3]

非共价键相互作用包含许多吸引和排斥作用力的范畴。这些作用力包括偶极-偶极相互作用、氢键、金属配位、疏水力、范德华力、π-π 相互作用、静电作用等。这些作用力的相互影响以及主体、客体及周围介质(溶剂,晶格,气相等)的影响对于超分子体系的构建非常重要。举例说明如下[4,5]:

1.1.2.1　偶极-偶极相互作用

两个偶极分子的排列可以导致明显的相互吸引作用,形成邻近的分子上一对单个偶极的排列或者两个偶极分子相对的排列。羰基化合物在固态时存在明显的这种相互作用,计算表明两个偶极分子相对排列时相互作用的能量约为 20kJ/mol,相当于中等强度的氢键。

1.1.2.2　氢键

氢键可以看做是一种特殊的偶极-偶极相互作用,与电负性原子(或拉电子基团)相连的氢原子被邻近的分子或官能团的偶极吸引。由于其相对较强及方向性好的性质,氢键通常被称为"超分子中的万能作用"。一个典型的例子就是形成羧酸二聚体,从而导致红外伸缩振动频率的位移 $\nu(OH)$ 从 $3400cm^{-1}$ 移到 $2500cm^{-1}$;同时,峰型变宽,吸收增强。典型的氢键连的 $O\cdots O$ 的距离是 $2.50\sim2.80\text{Å}$,即使超过 3.0Å 这种作用也是明显的。尽管氢键的精确长度很大程度上依赖于环境,但是对于较大的原子如:氯原子,其氢键的距离通常较长,氢键强度也减弱,这是由于较大的卤代受体的电负性减弱所致。在超分子化学中氢键是非常独特的。尤其在许多蛋白质的整体构型、许多酶的基质识别以及 DNA 的双螺旋结构中,氢键起到非常重要的作用。

氢键在长度、强度和几何构型上是变化多样的。每个分子中的一个强氢键足以决定固态结构,并且很大程度地影响其液态和气态存在。弱氢键在稳定结构中起到一定的作用,当有很多氢键协同作用时效果很显著。对于中性物种间的氢键,通常认为,氢键强度(依生成能而定)与氢键受体-给体在晶体中的距离有直接的关系。

1.1.2.3 金属配位作用

众所周知,过渡金属阳离子如 Fe^{2+}、Pt^{2+} 等,可以与烯烃以及芳香化合物形成络合物,例如二茂铁 $[Fe(C_5H_5)_2]$ 和蔡斯(Zeise)盐 $[PtCl_3(C_2H_4)]^-$。此类络合物中的键非常强,绝不能看成是非共价键,因为它与金属的部分填充的 d 轨道紧密相连。甚至像 $Ag^+\cdots C_6H_6$ 这样的物种也有明显的共价成分。然而,碱金属和碱土金属与碳碳双键间的相互作用则多为非共价成分的"弱"相互作用,这种相互作用在生物体系中起着重要的作用。例如,气相中 K^+ 与苯的相互作用能约为 $80kJ/mol$,而 K^+ 与单个水分子的结合能仅为 $75kJ/mol$。K^+ 在水里的溶解度之所以比在苯里大,是因为可以有许多 H_2O 分子与 K^+ 作用,但是只有相对较少的大体积的苯分子可以环绕在 K^+ 周围。非金属阳离子如 RNH_3^+ 与双键的相互作用可以看作是 X—H$\cdots\pi$ 氢键的一种形式。

1.1.2.4 疏水力

这种作用力通常是与大颗粒或弱溶剂化的粒子对极性分子(尤其是水分子)的排斥力相联系的(例如,借助氢键或者偶极作用)。这种作用在互不混溶的矿物油和水之间尤其明显。水分子相互作用很强烈,使得其他物质(例如非极性有机分子)自然形成一个聚集体,从而被挤出强的溶剂间相互作用之外。虽然同种有机分子间存在范德华力和 π-π 堆积相互作用,但这种作用可以在一种有机分子与另一种分子之间产生类似吸引力的效应。在水中环糊精和环芳主体结合有机客体的过程中,疏水效应尤其重要,并可以分为两种能量作用机理:焓和熵。焓疏水效应就是客体把水分子从主体空腔替换出来的稳定性作用。因为主体空腔通常是疏水的,空腔内的水分子与主体分子的内壁作用不强,因此能量比较高。当释放到大量溶剂中时,通过与其他水分子的相互作用而达到稳定。熵疏水效应来源于这样的事实,溶液中两个分子(主体和客体,通常是有机分子)的存在,使得在大量水分子结构中产生两个"孔",主体和客体结合形成的络合物使溶剂结构的破坏减小,因此熵增加(导致总的自由能减少)。

1.1.2.5　范德华力

范德华力是邻近的核子靠近极化的电子云而产生的弱静电相互作用。这种力是没有方向的,因此在设计特定的主体对特殊客体的选择性络合时的应用范围有限。一般来讲,范德华力可发生在大多数"软"物种(可极化分子)之间。惰性气体之间的作用力也是范德华力。在超分子化学中,它对包合物的形成也是非常重要的。在包合物中,小分子尤其是有机化合物松散地分布在晶格中或者分子空穴中。例如:在基于对叔丁基苯酚的大环化合物——对叔丁基杯芳烃[4]——分子空穴内包结的甲苯分子。

严格来讲,范德华力被分成色散力和交换-排斥力。色散力是由邻近分子的波动多重偶极(四极、八极等)作用力引起的吸引力。这种吸引力随着距离的增大而急速减弱(与 r^6 成正比),它存在于分子内的每个化学键,对整个相互作用能有贡献。交换排斥力决定分子的形状并在一定范围内平衡色散力,它以原子间距离的12 次幂方式递减。

1.1.2.6　π-π 相互作用

这种弱静电相互作用发生于芳香环之间,通常存在于相对富电子和缺电子的两个分子之间。虽然 π 堆积有各种各样的中间构型,但常见的有两种:面对面和边对面。面对面的 π 堆积使得石墨有光滑感,可用作润滑剂。类似的核酸碱基对的芳环间的 π 堆积作用有助于稳定 DNA 的双螺旋结构。边对面相互作用可以看作是一个芳环上轻微缺电子的氢原子和另一个芳环上富电子的 π-电子云之间形成弱氢键。在一些包括苯在内的小的芳香化合物晶体结构中,特征人字形的堆积结构主要是边对面作用的结果。

基于上述重要的非共价键相互作用,超分子体系发展了从最小二聚、多聚体到更大的有组织、有确定结构、复杂的分子建筑,而这些大量的多种多样的分子建筑都是在一定条件下由分子识别导演,通过自加工、自组装和自组合所形成的分立的低聚分子超分子或伸展的多分子聚集体,如分子层、薄层、胶束、凝胶、中间相、庞大的无机本体以及多金属配位建筑等,表现出与组成分子完全不同、更加复杂的化学、物理和生物学性质。

分子识别是由于不同分子间的一种特殊的、专一的相互作用,它既满足相互结合的分子间的空间要求,也满足分子间各种次级键力的匹配,体现出锁和钥匙原理。在超分子中,一种接受体分子的特殊部位具有某些基团,正适合与另一种底物分子的基团相结合。当接受体分子和底物分子相遇时,相互选择对方,一起形成次级键;或者接受体分子按底物分子的大小尺寸,通过次级键构筑起适合底物分子居留的孔穴的结构。所以分子识别的本质就是使接受体和底物分子间具有形成次级键的最佳条件,互相选择对方结合在一起,使体系趋于稳定。超分子自组装是指一种或多种分子依靠分子间相互作用自发地结合起来,形成分立的或伸展的超分子。由分子组成的晶体,也可看作是分子通过分子间作用力组装成的一种超分子。分子识别和超分子自组装的结构化学内涵体现在电子因素和几何因素两个方面,前者使分子间的各种作用力得到充分发挥,后者适应于分子的几何形状和大小,能互相匹配,使在自组装时不发生大的阻碍。分子识别和超分子自组装是超分子化学的核心内容。

进入 20 世纪 90 年代,随着超分子化学的日趋成熟和研究工作的不断深入以及对超分子概念的进一步理解,超分子化学开始延伸,吸引那些曾经独立发展的化学研究领域逐渐合并起来,其中最值得推崇的是包含富勒烯、碳纳米管、插层结构、沸石等在内的多级孔道材料。这些多级孔道材料能吸附和包入小的或中等尺寸的有机分子。

上述这些发现极大地鼓舞了科学家进行各种超分子聚集体的设计,从而打开了通向超分子器件和超分子材料的通道,如超分子导体、半导体、磁性材料、液晶、传感器、导线和格栅等,设计组装成超分子光子器件、电子器件、离子器件、开关、信号与信息器件。这些与机械、光物理、电化学功能类似的逻辑闸门,按照分子识别,在超分子水平上进行信息处理,即通过电子、离子、光子和构象变化将其转化为信号,进行三维信息储存和输出,因而对物理科学和信息科学都有深远的影响。目前,智能的功能超分子材料、网络工程和多分子图形的研究课题不断增加。通过自组装生成有确定功能纳米尺寸的超分子建筑,来获得有机、无机固体纳米材料,其结果是将超分子化学与材料科学交融,编织出多姿多彩的新材料,并由此建立起纳米化学。另外,利用非共价相互作用和分子识别,调控、模拟生物过程中的酶催化、DNA 结合、膜传递、细胞-细胞识别、药物缓释作用等,使超分子概念不断向生命科学渗透。

在分子或超分子水平上处理信息或信号是通过分子识别对分子的光、电、离子性能和构象的改变来完成的。分子识别结合物质的转换和移位便可产生分子器件,它是由有序分子组合与膜、孔穴和液晶等结合起来的功能超分子体系[6],如:

1. 光化学分子器件(分子光子学)

用光活性组分构成的超分子体系具有与原组分不同的特性,在这类器件中可进行光诱导能量传递、通过电子或质子迁移产生电荷分离和光折变等过程,还可改变基态和激发态氧化还原电位及进行选择性光化学反应等。在这一体系中,通过分子识别可使分子信息转变成光信号。对此领域的深入研究便形成分子光子学。

2. 分子电子器件(分子电子学)

分子电子器件是在分子水平上来操纵的器件,它可以使电路的元件从微米级降至纳米级。由电子操纵的分子器件中,受体与作用物通过识别相结合时,它们的电化学性质便发生相应的改变,从而将分子信息转变成电子信号,研究分子电化学性质(氧化还原性质)与分子识别的关系被定义为超分子电化学。利用分子识别及 LB 膜技术有可能开发出分子开关、二极管、三极管和整流器等一系列分子电路元件。

3. 离子分子器件(分子离子学)

在离子选择识别、反应和迁移的基础上,通过外部信号的调制可形成超分子离子器件。在受体中引入对光或氧化还原敏感的基团将对离子的结合与迁移发生影响,从而产生类似于传感器、触发器或开关的功能。在一项潜在的欧洲研究计划——离子匹配计算机项目中,已考虑采用离子受体、离子开关等技术,而基于分子识别的选择性化学传感器则已获得相当的进展。

关于超分子化学的发展趋势,Lehn 教授指出,通过对分子间相互作用的精确调控,超分子化学逐渐发展成为一门新兴的分子信息化学,它包括在分子水平和结构特征上的信息存储,以及通过特异性相互作用的分子识别过程,实验超分子组装体在分子尺寸上的修正、传输和处理。这导致了程序化化学体系的诞生。他预言,未来超分子体系化合物的特征应为:信息性和程序性的统一;流动性与可逆性的统一;组合性和结构多样性的统一。所有这些特性便构成了"自适应/进化程序化化学体系"这一概念的基本要素。考虑到超分子化学涉及的物理和生物领域,超分子化学便成为了一门研究集信息化、组织性、适应性和复合性于一体的物质的学科。

1.1.3 超分子化学与其他学科的交叉

发展进程表明,超分子化学是在与周边科学不断交叉、融合、渗透的过程中发展起来的,从最初的有机主体与有机小分子、离子构成的体系扩展到与高分子和生物大分子构成的超分子。有机主体从天然环糊精、冠醚、穴醚、杯芳烃到有各种基团或单元组合的分子裂缝、笼等。无机分子与有机分子杂交,无机多级孔道材料的介入,已使超分子化学与生命科学、材料科学、纳米科学紧密相连,以致常常难以分辨和划清界限。所有这些在 20 世纪使超分子化学逐渐与相应的物理学、生物学一起发展,构成超分子科学和技术,其被认为是 21 世纪新概念和高技术的重要源头之一。

超分子科学的显著成就之一是导向信息科学,其表现是有组织的、复杂的和适应的,从无生命到有生命。自然界亿万年的进化创造了生命体,而执行生命功能的是生命体中的无数个超分子体系。事实上,自然存在着亿万个超分子体系居于生命体的核心位置,例如,在细胞内的生物化学过程都由特定超分子体系来执行,像DNA 与 RNA 的合成、蛋白质的表达与分解、脂肪酸合成与分解、能量转换与力学运动体系等。因此超分子科学是研究生物功能、理解生命现象、探索生命起源的一个极其重要的研究领域[7]。

从超分子及超分子化学的定义来看,超分子是由主体和客体两个部分组成的,这两部分之间的关系可以比喻为锁和钥匙的关系。这些提法实际上是从生物学中借用过来的,虽然二者的作用机制可能不尽相同,但是却突出了化学家对生命现象的关注和使某些化学体系具有仿生特性的强烈愿望。另外,分子识别中的识别概念,也同样是从生物学中转借来的。化学家们向生物界学习,利用包括氢键、金属配位、π-π 堆积、亲疏水作用、静电作用以及其他范德华力作用使单体分子组装成各种可逆的动态组成的结构,如以弱键代替共价键形成的超分子聚合物、胶束、囊泡及各种图纹的自组装单层或多层膜等。在化学中,随着分子结构和行为复杂程度的提高,信息语言扩展到分子构造中,使分子构造表现出具有生物学特性的自组织功能。这一过程的展开向传统化学研究方式提出了前所未有的挑战,促使化学研究正在实现从结构研究向功能研究的转变,而这一前瞻性的转变将会首先发生在超分子化学领域[8]。

近年来,将高分子化学与超分子化学相结合,形成所谓超分子高分子化学,已成为高分子科学的一个新的十分活跃的成长点。至今文献上已有许多尝试将各种超分子结构经高分子聚合而实现共价(超分子结构的固定)结合,从而获得各种具有特殊结构和性能的新物质、新材料,如空心微球、纳米管等。虽然它们主要是通过先形成预定的超分子结构再通过高分子的交联固化反应作为制备这些新材料的手段,但仍为高分子合成化学提供了很多启示。实际上,高分子化学家们更关心的是如何巧妙地将超分子化学中的弱相互作用应用于高分子合成,控制高分子的微观结构,从而获得具有特殊结构和性能的特种结构高分子。在这方面具有代表性的成功尝试已见报道,如:利用近晶相液晶的模板作用合成二维高分子;利用 Cu^{2+} 与胺的配位作用合成了结构规整的聚轮烷;利用聚乙二醇模板和氢键弱相互作用合成了聚环糊精管状高分子等;利用单体分子间的弱相互作用控制三官能团单体的聚合,合成一系列结构规整的可溶性梯形聚合物,并以此为前体制备更高层次结构有序的高分子——管状高分子及拟筛板状高分子。随着对超分子认识的深入,人类有望在不久的将来合成出类似于生物大分子(如 DNA)一样结构规整的聚合物[9]。

以超分子化学为基础的超分子材料,是一种正处于开发阶段的现代新型材料,它一般指利用分子间非共价键的键合作用(如氢键相互作用、电子供体-受体相互作用、离子相互作用和憎水相互作用等)而制备的材料。决定超分子材料性质的,不仅是组成它的分子,更大程度上取决于这些分子所经历的自组装过程,因为材料的性质和功能寓于其自组装过程中,所以,超分子组装技术是超分子材料研究的重要内容。超分子材料作为一种新型的现代实用材料,在很多行业均有着广泛的用途,如:超分子器件、超分子生物体材料、液晶材料、纳米超分子材料等[10]。

物理化学与超分子化学的结合则有望改变后者当前定性科学的现状。从微观和宏观上把分子间力、分子识别、分子自组装等过程选择性地用适当的变量进行定量描述,从而提高人们对超分子化学的认识、预测和控制能力,并最终寻求解释超分子体系内在运动规律和预言此类体系整体功能的理论工具[11]。

1.2　插层组装化学的定义、研究对象和有关领域

1.2.1　插层组装化学的定义

插层组装化学是在保持层状主体骨架的前提下,引入功能性客体形成具有主客体特征插层结构的超分子化学。利用插层组装化学原理构筑无机超分子插层结构,特别是以层状材料为主体经二维插层组装结构高度有序和具有多种优异功能的先进材料,已成为插层组装化学领域的关注热点。自 1977 年在法国召开第 1 届国际插层组装化学大会以来,以插层组装为主题的国际学术研讨会至 2007 年已召开 14 届。以插层组装化学为内容的研究报道逐年增加,自 1995 以来,10 年内发表的 SCI 论文数目几乎增加一倍,2007 年达到 2594 篇。关于插层组装化学方面的专著和综述性论文也相继出版和发表。历经 30 余年的发展,插层组装化学在应用化学、无机化学和物理化学等学科交叉的基础上,逐渐发展并形成了新兴研究领域。

超分子化学的出现使得科学家的研究领域从单个分子拓宽至分子的组装体。随着超分子化学的发展,人们越来越清楚地认识到,超分子化学提供了一条用分子聚集体来创造新物质的途径。在超分子化学中,组装等同于传统化学中的合成,各种新型的、复杂的、功能集成的组装体都可以通过不同分子之间的组装而获得。插层组装化学是一门在超分子化学原理指导下的,集基础研究与应用为一体的交叉学科,其最根本的目的之一是通过插层组装与分子复合,以一种更为便捷、经济的手段制备性能提高的功能材料,以及尺寸日益微型化、结构和功能日益复杂化的光电功能器件。为实现这一目标,就需要研究层状前体及插层结构的理论构筑原则、插层组装过程科学及理论、超分子结构的精确描述及其性能预测、层板主体与层间客体间电子转移机理及控制、层板主体对层间客体的分子识别、层内限域空间的化

学反应行为及操纵、插层结构薄膜的构筑及性能等,上述内容也成为插层组装化学研究的热点和前沿领域。

1.2.2 插层组装化学的研究对象和有关领域

插层结构具有多样化的、可调控性的构筑基元,认识和研究插层结构的基元性质,主体层板电荷密度及其分布、层间客体种类及其排列规律,特别是形成和维持该结构的非共价力和超分子聚集体的稳定性,是进行主体、客体结构设计、实现插层结构创新和性能提高的基础。研究表明,超分子稳定形成的因素,可从能量降低因素、熵增加因素及锁和钥匙原理来分析,通过这些分析,可加深对超分子和超分子化学的理解和认识。

超分子体系和其他化学体系一样,由分子形成稳定的超分子因素,在不做有用功时,可从热力学自由焓的降低来理解:$\Delta G = \Delta H - T\Delta S$。式中的 ΔH 是焓变,代表降低体系的能量因素;ΔG 是使体系的熵增加的因素。分子聚集在一起,依靠分子间的相互作用使体系的能量降低。超分子是分子间的结合,借助的结合力是非共价键力。锁和钥匙原理是指主体和客体之间在能量效应和熵效应上的互相配合、相互促进,形成稳定的超分子体系的原理。主体和客体之间相互匹配,一方面形成数量较多的分子间的相互作用,可以达到客观的能量降低效应,另一方面通过大环效应和疏水空腔效应等,促进体系的熵值增加。这样,锁(指主体)和钥匙(指客体)间的每一局部是弱的相互作用,而各个局部间相互的加和作用、协同作用形成强的分子间作用力,形成稳定的超分子。此方面研究中,由于各研究方法的准确性取决于数据的具体解析,有较大的经验成分,因此,化学家越来越多地引入了一些模型计算工作,一方面是为了验证实验推测出的结构;另一方面,则是为了分析影响结构的因素以进一步指导亚基分子的设计。计算方法包括蒙特卡罗(Monte Carlo)法计算、分子动力学计算等。

从插层结构功能材料的微观和介观结构实施控制,通过在生产工艺层面认识、提出和突破系列插层组装技术,创制系列可控性组装方法,是开发新型插层结构、并进一步实现产业化的关键。同时,对于插层过程的化学动力学研究有助于人们认识超分子体系中按照分子识别要求发生的构象变化以及体系的形成过程和机理。一般认为,热力学参量反映的是静态结合,不能说明一些重要的动态问题,如插层反应速率、客体分子解离速率、插层结构的刚性等,而这些对于无机超分子材料的合理设计而言不可或缺。因而,插层过程的化学动力学研究就显得尤为重要。到目前为止,插层过程的化学动力学研究方面的文献报道较少,特别在详尽的动态结构与功能关系研究方面,更需要测量大量数据并及时总结经验。

插层结构构筑基元和结构的多样化和可调控性,使得其具有极大的结构设计空间,从而功能组合性能被极大强化,可广泛应用于国民经济众多领域和行业,如化工、轻工、电子、信息、军工、制药和环保等。其产业关联度大、渗透性强,近年来引起了各国研究者和产业界的高度重视,在国民经济发展中发挥着越来越重要的战略作用。基于持续发展和不断实现插层结构创新的高度,需针对如何利用主客体的可调变性实现功能强化这一关键科学问题来展开系统的基础研究,完善并丰富插层组装化学理论体系。由此需要进行插层结构的结构设计研究,并特别关注形成插层结构的表面状态和内部连接以及评价产生新性质的电子、光子、离子的转移和多种应用性能等。

针对功能性对插层结构的要求来进行设计,是发展新型高功能插层结构的原则。实际工作中往往需要考虑主体层板电荷密度及其分布、层间客体种类及其排列规律、主客体相互作用、电荷和几何协调因素等。已有的超分子体系的研究表明,主体设计的第一步是对目标明确的定义和认真的考虑。这样可以很快得出一些关于新主体体系性质的结论。当限定一些参数后(如主体大小、电荷、供体原子的性质),就可以开始配体组织的设计。在这个过程中最关键的概念是组织。主-客体相互作用通过络合点发生。主体络合点的类型和数量必须要与客体络合点的特征最大限度地互补,这些络合点必须排列在可以容纳客体分子的合适大小的有机支链或框架上。络合点相互之间应该在一定程度上保持一定的距离,以减少相互之间的排斥力;同时要有一定的排列规律,从而可以与客体同时发生相互作用,有利的作用力越多越好。大多数稳定的络合物带有对客体预组织的主体,这样就没有降低总络合自由能的熵和焓不利的重排。这样的主体是客体理想的接受体,这种结合是完全不可逆转的。那些结合能力较弱的主-客体化合物(即络合物种与游离物种间存在一定的平衡)可以用作传感器和载体,应用于"络合—检测—释放"或"络合—传输—释放"过程中。

超分子化学的基本定义表明,超分子是一种分子组分的集合体。无论它们是以化合物分子的形式结合而成,还是以分子集合的形式构成,都是由几种不同组分的化学物种共同组合的结果。这种超分子化合物和集合体可以成为一种科学研究的平台,或在某种基础研究的问题上发挥作用,或可通过组分间的合作和协同成为一类具有特殊功能的研究材料或器件。由插层结构构筑的薄膜材料容易表征,是研究分子间作用力及组装方法最好的模型,同时,又是走向实用化的器件原型,插层结构薄膜的构筑与功能研究近年成为插层组装化学领域研究的热点。

1.3 无机超分子插层结构材料简介

20 世纪 80 年代,超分子化学概念的提出为科学工作者开拓了广阔的发展空间与创新空间。在短短的二十多年的时间里,这个概念已被广大化学家所接受并引起了他们的极大兴趣。目前,超分子化学的学科体系正在形成,并与生命科学、信息科学、材料科学与纳米科学组成新的学科群,推动着科学与技术的发展。

现在人们已然了解,以分子或分子聚集体为结构单元,依赖于分子间作用力组装成超分子体系,从简单结构到复杂结构可分为若干层次。如以结构特征为依据,可分为微粒、线、带与管材、超薄膜与层状及插层结构、三维组装结构(如生命体组织与器官)等。作为超分子化学中的一个分支,无机插层结构的构筑与功能化一直是该领域研究中的热点。无机插层结构是一类具有特殊功能的主客体化合物,可分为阳离子型插层结构(包括蒙脱土、高岭土等)、阴离子型插层结构(包括水滑石类化合物等)、石墨、层状金属化合物、过渡金属硫化物以及金属盐类层状化合物等。

水滑石类化合物包括水滑石(hydrotalcite)和类水滑石(hydrotalcite-like compounds),其主体一般由两种金属的氢氧化物构成,因此又称为层状双羟基复合金属氧化物(layered double hydroxides,LDHs)[12]。LDHs 的插层化合物称为插层水滑石。水滑石、类水滑石和插层水滑石统称为水滑石类插层材料(LDHs),其最为典型的结构特征是,纳米量级的二维层板纵向有序排列形成三维晶体结构,其层板金属元素主要为镁和铝,原子间为共价键合;层间存在阴离子,以弱化学键,如离子键、氢键等与主体层板相连接。层板骨架带有正电荷,层间阴离子与之平衡,整体呈现电中性。其化学组成通常为:$Mg_{1-x} M_x^{3+} (OH)_2 A_{x/n}^{n-} \cdot m H_2O$。其中,$M^{3+}$ 为离子半径与镁相近的三价金属离子,A^{n-} 为 n 价阴离子。因 LDHs 的特殊层状结构及组成,利用主体层板的分子识别能力,采用插层或离子交换的方式进行组装,可改变其层间离子种类及数量,进而使 LDHs 的整体性能发生较大幅度变化。

LDHs 的发展已经历了一百多年的历史,但直到 20 世纪 60 年代才引起物理学家和化学家的极大兴趣。早在 1842 年瑞典人 Circa 就发现了天然 LDHs 矿物的存在,20 世纪初人们就已发现了 LDHs 的加氢催化活性。1942 年,Feitknecht 等首次通过金属盐溶液与碱金属氢氧化物反应合成了 LDHs,并提出了所谓双层结构的设想。1969 年,Allmann 等测定了 LDHs 单晶的结构,首次确定了 LDHs 的层状结构。20 世纪 70 年代开始,Miyata 等对 LDHs 结构进行了详细的研究,并对其作为催化材料的应用进行了探索性研究,作为一种催化新材料,它在许多反应中显示了良好的应用前景。在此阶段,Taylor 和 Rouxhet 还对 LDHs 热分解产物的催化性质进行了研究,发现其是一种性能良好的催化剂和催化剂载体。Reichle 等研究了 LDHs 及其焙烧产物在有机催化反应中的应用,指出它在碱催化、氧化还原催化过程中有重要的价值。自 20 世纪 90 年代以来,LDHs 结构的灵活多变性被充分揭示,尤其是其可经组装得到更强功能的插层结构材料,引起了国际上相关领域的高度关注。在层状前体制备、结构表征、结构模型建立、插层组装动力学和机理、插层组装体的功能开发等方面得到了诸多具有理论指导意义的结论和规律。

　　近年来,基于超分子化学定义及插层组装概念,有关 LDHs 的研究工作获得了更深层次上的理论支持。LDHs 插层组装体的主体层板内存在强的共价键,层间则是一种弱的相互作用力,主体与客体之间通过静电作用、氢键、范德华力等结合,且主、客体均以有序的方式排列,这种具有特殊结构的多元素、多键型化学聚集体已不是一般概念上的分子化合物,而是一类具有超分子结构的分子复合材料。此类材料特殊的结构使其同时具备了插层客体和 LDHs 主体的许多优点,故其在吸附、催化、医药、电化学、光化学、农药、军工材料等许多领域已经或即将展现出极为广阔的应用前景。

　　因 LDHs 的特殊结构而产生的多种功能,使其成为近年来发达国家竞相研究和开发的新型材料。国外相关研究起步较早,涉及的应用领域也较多,现已进入工业化实施阶段,在欧洲、日本和美国,LDHs 作为具有多种用途的特种材料开始逐步进入商品市场。根据英国 ICI 公司提供的数据,1997 年欧洲市场 LDHs 的销售量达 5000 吨,其中用于农用塑料作红外吸收材料约占 60%,用于农用塑料及化妆品作紫外阻隔材料约占 20%,用于催化材料、吸附材料和载体材料约占 5%,用于离子交换材料约占 5%,用于医药材料约占 5%,其他用途 5%。尽管一批插层结构分子复合材料已经进入产业化阶段,然而该领域尚存在诸多悬而未决的重大科学问题,如层状前体及插层结构的理论构筑原则、插层组装过程科学及理论、超分子结构的精确描述及其性能预测、层板主体与层间客体间电子转移机理及控制、层板主体对层间客体的分子识别、层内限域空间的化学反应行为及操纵等,成为制约此类功能材料实现创新和可持续发展的关键因素。纵观超分子插层结构功能材料的历史沿革及以可持续发展的战略高度分析其发展,可以预测此领域未来的发展趋势将是通过系统和深入的基础研究,解决相关科学问题,提出和建立插层组装理论,构建以插层结构功能材料为基础的高水平科学平台,在理论指导下,实现此类材料的结构创新和制备技术创新,同时有针对性地开展应用研究。随着研究的深入,LDHs 的应用领域将会大大拓宽,必将会成为一类极具研究潜力和使用价值的新材料。

　　本书集北京化工大学段雪院士研究团队十多年的科研积累,以阴离子型插层结构——水滑石类化合物为代表,详细介绍了无机超分子材料组装化学的基础理论和应用实践。本书共分为七章。第一章主要介绍插层组装化学研究对象和有关领域,以及无机层状及插层结构的概述。第二章介绍插层结构的构筑基元,主要为计算机模拟与计算,以及构筑基元的基本特征两部分内容。其中,前一部分主要介绍研究所使用的分子力学、分子动力学、蒙特卡罗模拟、量子化学等方法,构筑基元的结构模型以及理论计算结果(如电子结构、物理特性、反应机制等);后一部分主要介绍阳离子主体层板的结构特征(金属离子种类、金属离子摩尔比、电荷密度等)和阴离子客体分子的特征(种类、尺寸等)。第三章介绍插层结构的构筑,分为晶粒尺寸与其分布等介观形貌的控制、主体层板和层间客体分布等微观结构的控制以及插层结构构筑原理。第四章介绍插层结构的性质与功能,主要包括插层结构中的超分子相互作用,插层结构中的电子转移、能量传递和化学转换,层间反应,以及插层结构与宏观功能间的联系等内容。第五章主要介绍插层结构薄膜的构筑技术及原理,如交替层层组装技术、溶剂蒸发技术、原位生长技术等。第六章主要介绍插层结构薄膜的诸多性质,如光及磁-光性质、超疏水性质、耐腐蚀性质等。第七章简要介绍其他几类插层结构,如蒙脱石、磷酸锆、过渡金属硫化物等的相关性质及功能。

参 考 文 献

[1] Lehn J M. Supramolecular Chemistry. New York:Wiley-VCH,1995

[2] 沈家骢,孙俊奇. 超分子科学研究进展. 中国科学院院刊,2004,19:420

[3] 童林荟,申宝剑. 超分子化学研究中的物理方法. 北京:科学出版社, 2004

[4] Gennady V O, Reinhoudt D N, Verboom W. Supramolecular Chemistry in Water. Angew. Chem. Int. Ed. , 2007,46:2366

[5] Steed J W, Atwood J L.Supramolecular Chemistry.赵耀鹏,孙震译. 北京:化学工业出版社,2006

[6] (a) 沈家骢等. 超分子层状结构—组装与功能. 北京:科学出版社,2004
    (b) 张希,沈家骢. 超分子科学:认识物质世界的新层面. 科学通报,2003,14:1477

[7] Nel A E, Mädler M, Veleogl D, Xia T, Hoek E M V, Somasundaran P, Klaessig F, Castranova V, Thompson M.Understanding Biophysicochemical Interactions at the Nano-Bio Interface.Nature Mater. ,2009,8:543

[8] Wang Y P,Xu H P,Zhang X. Tuning the Amphiphilicity of Building Biocks:Controlled Self-Assembly and Disassembly for Functional Supramolecular Materials.Adv.Mater.,2009,21:1

[9] de Greef T F A , Meijer E W.Supramolecular Polymers .Nature,2008,453:171

[10] Goodby G W, Saez I M,Cowling S J,Görtz V,Draper M,Hall A W,Sia S,Cosquer G,Lee S E,Raynes E P.Transmission and Amplification of Information and Properties in Nanostructured Liquid Crystals. Angew.Chem.Int.Ed.,2008,47:2754

[11] Smith D K.Dendritic Supermolcules-Towards Controllable Nanomaterials.Chem.Commun.,2006,34

[12] 段雪,张法智等.插层组装与功能材料.北京:化学工业出版社,2007

第 2 章　插层结构构筑基元的理论基础

　　具有层状结构的材料通常包含了水镁石、水滑石、类水滑石以及蒙脱石、高岭石等固体材料[1-5]，水镁石的层板结构是完全由 Mg-O 八面体共边形成的双面羟基单元层板，水滑石的主体结构与水镁石类似，其层板中部分 Mg^{2+} 被 Al^{3+} 取代，单元层板由 Mg-O 八面体和 Al-O 八面体均匀分布共边形成，由于 Al^{3+} 的存在导致层板正电荷过多，需要阴离子进行电荷平衡才能稳定存在，因此水滑石是一种在层板之间有阴离子存在的插层材料，通常称为层状复合金属氢氧化物（LDHs）[6-9]。位于水滑石层板上的 Mg^{2+} 和 Al^{3+} 也可被其他同价离子取代形成另一类插层材料，称为类水滑石（hydrotalcite-like compounds）或阴离子黏土（anionic clays），是具有超分子层状结构的一类新型无机功能材料[10,11]。实验结果表明，类水滑石的层间阴离子种类繁多，如最常见的碳酸根水滑石，其插层阴离子为 CO_3^{2-}，CO_3^{2-} 可以被 NO_3^- 和 Cl^- 等简单的无机阴离子取代，也可被体积较大的同多和杂多金属含氧酸盐取代，还可以被不同体积的有机阴离子替代。类水滑石层状材料由于具有特殊的插层结构，因而具有广阔的应用前景[12-15]。

　　类水滑石插层材料的主体和客体及其相互之间存在着共价键、离子键、氢键、静电力、分子间力等多种相互作用，具有复杂的插层超分子结构[16]，因而有许多科学问题需要进一步明确，如插层阴离子的分布、取向等。通过理论计算或计算机模拟可以在原子尺度解释层状材料的微观结构，从而为层状材料的制备和表征进行导向，为插层组装体的分子设计提供理论依据[17,18]。水镁石由 $Mg(OH)_2$ 八面体相互共边形成层状化合物，LDHs 是由带正电荷的主体层板和层间客体阴离子组合而成的化合物，当水镁石层状结构中的 Mg^{2+} 部分被半径相似的阳离子（如 Al^{3+}、Fe^{3+}、Cr^{3+}）取代时，会导致层上正电荷的积累，这些正电荷被位于层间的负离子（如 CO_3^{2-}）平衡。图 2-1 给出了 LDHs 的阳离子层板、阴离子和层间水的层状结

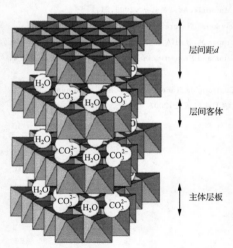

图 2-1　层状复合金属氢氧化物
（LDHs）的典型结构

构示意图。

LDHs 的层间阴离子种类繁多。实验表明,简单的无机阴离子(Cl^-,OH^-,CO_3^{2-} 等)[19-21]、各种有机羧酸根(包括药物分子)[22-25]、配合物阴离子[26-30](包括稀土配合物阴离子[31])、聚合物[32,33]、甚至 C_{60}[34] 和基因一类的生物活性分子[35]都可以是 LDHs 的层间阴离子。

2.1　插层结构的理论计算和模拟方法

理论计算或模拟是根据化学基本原理利用计算机从理论上对分子或材料的结构与性能进行推测的一种手段,常用的计算方法有分子力学、分子动力学、蒙特卡罗模拟和量子化学方法。分子力学和分子动力学模拟一般采用经典的力场模型,以原子为"粒子",按经典力学运动,每对原子之间有一特定的作用势函数,即有特定的力场参数。在量子化学中原子核和电子依据量子力学的微观粒子规则运动,电子与原子核间为库仑相互作用,其运动服从量子力学规律,环境不同则势函数就不同,不能给出固定的势函数。近几年来,随着计算机技术的发展和应用,分子力学方法已不仅能处理一般的中小分子,而且能处理原子数较多的大分子体系,不仅应用于有机化学领域,也应用于生物化学、药物设计、配位化学等领域。分子力学计算速度快,便于构象搜索,但无法研究反应过程,量子化学便于研究电子结构及反应过程,但量子化学计算涉及分子体系中的每一个原子和每一个电子,运算量巨大。一般来说,必须对所研究的体系进行模型化,才能利用量子化学方法来计算分子模型的电子结构,从而解释客观存在的规律。量子化学是研究无机、有机化合物以及生物大分子和各种功能材料的结构和性能关系的科学,是包含了化学键、化学反应和各种光谱、波谱的理论体系。基于量子力学原理可以解释原子、分子和晶体的电子结构。

2.1.1　分子力学方法

在分子力学中,原子核与电子的相互作用均转化为分子力场的作用,通过能量极小化得到稳定构型。分子的空间能 E_T 可表示为:

$$E_T = E_b + E_a + E_t + E_{nb} + \cdots$$

其中 E_b、E_a、E_t 为成键相互作用,E_b 是键的伸缩能,$E_b = \sum (k_r/2)(r - r_{eq})^2$;$E_a$ 是键角弯曲能,$E_a = \sum (k_\theta/2)(\theta - \theta_{eq})^2$;$E_t$ 是键二面角扭转能,E_{nb} 是非键作用能,包括 van der Waals 作用能,偶极(电荷)作用能,氢键作用能等。

2.1.2　分子动力学和蒙特卡罗模拟方法

分子动力学模拟在许多方面与通常的实验相似,它将原子的动能 K 与温度联系在一起,通过动态模拟和能量极小化得到稳定构型。原子的动能 K 与温度相关,改变温度即改变原子运动速度,利用经典力场可以计算势能 V,求出使二者之和为极小的坐标值,就得到稳定构型。

$$E = K + V$$

$$K = \frac{1}{2} \sum_i m_i v_i^2 = \frac{1}{2} k_B T$$

蒙特卡罗模拟的基本原理是根据随机运动规律确定原子的运动坐标,进而计算体系的能量。在模拟过程中首先给出一组坐标值,分子体系的能量与原子的空间坐标相关,然后,随机确定下一个位置,进而代入能量方程中计算能量。

2.1.3　量子化学方法

量子力学从原子核与电子的相互作用出发,描述了微观粒子的运动规律,微观粒子的运动都遵循 Schrödinger 方程:

$$-\frac{h}{i} \frac{\partial \Psi(x,t)}{\partial t} = -\frac{h}{2m} \frac{\partial^2 \Psi(x,t)}{\partial x^2} + V(x,t)\Psi(x,t)$$

式中 Ψ 为描述分子体系状态的波函数,通过时间和坐标分离,上式可转化为含时部分和与时间无关的定态 Schrödinger 方程,通常简写为:$\hat{H}\psi = E\psi$,求解定态 Schrödinger 方程就可以得到分子体系能量 E 和稳定构型,然而多电子原子或分子体系的 Schrödinger 方程极难求解。通常都是基于能量极小化方案,采用各种近似方法求解。在相对论近似、核固定近似和单电子轨道近似的基础上,Schrödinger 方程可以转化为单电子 Schrödinger 方程:$h_i\psi_i = E_i\psi_i$,式中 ψ_i 为描述分子体系中单个电子状态的波函数,又称为分子轨道,利用分子轨道可以解释分子的许多特性。量子化学理论计算可以以极限的方式逼近 Schrödinger 方程精确解,这一方法称为从头算方法。在计算过程中引入实验得到的光谱参数则衍化出半经验计算方法,如:ZINDO、MNDO、AM1、PM3 等。如果在分子动力学计算中利用从头算方法计算势能 V,则称为从头算分子动力学,这是近年来在分子模拟研究中比较活跃的一个领域。

2.1.4　理论计算与计算机模拟软件

在专业人员的努力下,目前可进行理论计算或计算机模拟的商业化程序很多,按照软件的使用界面可分为图形模式和文本模式两种。运行于图形模式下的程序操作简单,适合于非专业人员使用,运行于文本模式下的程序一般仅适合于专业人员使用。主要有：HyperChem、ChemOffice、Alchemy、Gaussian、GAMESS、MOPAC、Materials Studio 等商业化或共享软件。

2.1.4.1　HyperChem 程序

HyperChem 程序是由 HyperCube 公司开发的量子化学计算和计算机模拟商用软件,HyperChem 程序具有优美的图形界面,可以采用半经验分子轨道方法(包括 MNDO、AM1、PM3 等)、从头算分子轨道方法(RHF、UHF、CI)以及密度泛函方法(包括 B3LYP,PW97 等)进行分子体系的单点能计算、几何构型优化、分子轨道分析等。可以通过振动分析得到分子体系红外光谱,通过组态相互作用计算得到紫外-可见光谱。也可以采用不同的力场进行分子力学或分子动力学计算及蒙特卡罗模拟。HyperCube 公司的主页(http://www.hyper.com)提供 HyperChem 程序的免费试用版下载,除了有时间限制以外,其功能与专业版完全一样,目前 HyperChem 程序的最新版本为 HyperChem pro 8.0。HyperChem 程序的图形模式便于分子的建立和编辑,可以以三维空间画面的方式显示分子,同时进行量子化学计算或其他模拟运算,是非专业人员首选的分子模型构造软件。可以用量子化学或经典势能曲面方法,进行过渡态寻找,计算振动频率得到简正模式。用来研究分子特性的项目包括:基态和激发态结构与能量、过渡态结构与能量、团簇的稳定性生成热、活化能、电离势、电子亲和力、电子相关能、电子能级、原子电荷、偶极矩、分子轨道、HOMO-LUMO 能量间隔、非键相互作用能、IR 和 UV-VIS 谱模拟、同位素的相对稳定性;同位素对振动的影响;NMR 模拟;碰撞对结构特性的影响;构象搜寻、QSAR 特性、ESR 谱;电极化率;绘制二维和三维势能图;进行蛋白质设计。考虑电场对分子结构的影响,HyperChem 程序是构造分子模型的最佳选择,但其计算速度较 Gaussian 程序慢。

2.1.4.2　Gaussian 程序

Gaussian 是在量子化学界最为著名的计算程序包之一,它本身有一个窗口模式下的集成环境,实际上运行于文本模式,可外挂一个 GaussView 图形系统。Gaussian 可进行多种精确的量子化学和分子力学计算,是研究诸如取代效应、反应势能面、反应机理等的有力工具。相对于其他图形界面程序而言,Gaussian 的操作比较复杂,主要用于量子化学专业人员开展研究工作,目前的最新版本为 Gaussian 03。Gaussian 可以做分子力学计算、半经验量子化学计算、从头算以及密度泛函理论计算,是使用最广泛的量子化学软件。Pople 在 1998 年获得诺贝尔化学奖的主要工作之一就是发展了 Gaussian 程序包。Gaussian 程序可以使用分子力学的 AMBER,DREIDING 和 UFF 力场计算能量;可以使用量子化学的 CNDO、INDO、MINDO/3、MNDO、AM1 和 PM3 模型哈密顿量的半经验方法计算能量;可以研究分子的能量和几何结构,可以采用能量梯度技术优化过渡态结构,可以计算化学键的成键情况以及反应体系能量、活化能、分子轨道,可以计算各种单电子性质,如电子布居分析、偶极矩、多极矩、自然布居分析、静电势、原子电荷,以及电子亲和能和电离势等电子结构性质,也可以得到分子体系的振动频率,红外和拉曼光谱,NMR,极化率和超极化率以及自由能等热力学性质;可以比较精确地计算气相中的结构,也可以使用自洽反应场(SCRF)方法模拟溶液中的分子系统;可以用组态相互作用方法、HF 和 DFT 的含时方法以及 ZINDO 半经验方法模拟基态和激发态,通过计算激发态能量研究光化学反应;可以计算周期性边界体系,研究晶体或类晶体结构。

2.1.4.3　ChemOffice 程序

ChemOffice 包含了化学结构绘图(ChemDraw)、分子模型及仿真(Chem3D)和化学信息搜寻系统(ChemFinder)三大部分,此外还加入了连接其他一些量子化学软件(如 MOPAC、Gaussian 和 GAMESS 等程序)的界面,包含了全套 ChemInfo 数据库等,也有试用版可以下载,最新版本为 ChemOffice 2009。ChemDraw 的应用非常广泛,是许多期刊指定的化学结构绘图软件。它可自动依照 IUPAC 的标准命名化学结构,预测 ^{13}C 和 ^{1}H 的 NMR 光谱,预测熔点、沸点、临界点、吉布斯自由能、$\log P$、折射率、热结构等许多性质。输入 IUPAC 化学名称后就可自动产生 ChemDraw 结构。Chem3D 提供分子的 3D 轮廓图,可以与 MOPAC、Gaussian 和 GAMESS 等量子化学软件结合在一起使用,目前已成为分子仿真分析最佳的前端开发环境。分子计算的方法有 AM1、PM3、MNDO、MINDO/3 等。可以计算瞬时的几何形状及物理特性等,进行分子模拟和分子动力学模拟,MM2 力场计算。ChemFinder 是一个整合的化学信息搜寻系统,可以建立化学数据库、储存及搜索,或搭配 ChemDraw、Chem3D 使用,也可以使用现成的化学数据库。

2.1.4.4　Alchemy 程序

Alchemy 是一套装在 PC 机上的化学研究系统,在图形模式下显示,能够进行高级的分子图形建模,进行分子力学(MM3)的能量计算或量子化学的半经验分子轨道计算(包括 MNDO、AM1 和 PM3 方法等)。Alchemy 主要用于模型构建和小计算量的理论研究。可进行分子体系的单点能计算、几何构型优化以及分子特性预测。程序操作简单、可定制工具使程序适合于个人研究。Alchemy 的高性能的显示程序几乎可以给出任何类型的化学结构,包括小分子、蛋白质、聚合物等。

2.1.4.5　Materials Studio 程序

Materials Studio 是美国 ACCELRYS 公司主要为化学及材料科学领域研究者设计的运行于 PC 机上的模拟软件,它能方便地建立无机、有机分子、无定形材料、晶体以及聚合物的三维分子模型,它采用了 Microsoft 标准用户界面,允许用户通过各种控制面板直接对计算参数和计算结果进行设置和分析。Materials Studio 软件包括多个功能模块:如 Materials Visualizer、Discover、COMPASS、Amorphous Cell、Reflex、Equilibria、DMol3、CASTEP 等。其中 Materials Visualizer 是 Materials Studio 的核心模块,它提供了搭建分子、晶体及高分子材料结构模型所需要的所有工具,以支持其他各个模块。Discover 是一种分子力学计算引擎,可以使用多种分子力学和动力学方法计算最低能量构型和动力学轨迹等。COMPASS 支持对凝聚态材料进行原子水平模拟的功能强大的力场,可在很大的温度、压力范围内精确地预测多种状态的分子结构和性质。Amorphous Cell 允许对复杂的无定形系统建立有代表性的模型,可以研究内聚能密度、状态方程等。Reflex 可以模拟晶体材料的多种衍射图谱,以帮助确定晶体的结构或解析衍射数据。Equilibria 可计算烃类化合物或混合物的相图。DMol3 用量子化学中密度泛函理论模拟气相、溶液、表面及固体等过程及性质。CASTEP 利用量子力学方法研究半导体、陶瓷、金属、分子筛等晶体材料的性质。

2.1.4.6　其他程序

除了上述介绍的程序之外,还有 GAMESS、MOPAC、ADF 和 VASP 等计算化学程序。整体来说,各种程序都有其独特的地方,无法确定某一种计算程序最好,关键是要根据使用者的需要来选定计算程序和方法。

2.2　类水滑石层板结构基元的理论基础

LDHs 的组成通式可表示为 $[M_{1-x}^{2+}M_x^{3+}(OH)_2]^{x+}[A_{x/n}^{n-}] \cdot mH_2O$,式中 M^{2+} 为二价金属阳离子;M^{3+} 为三价金属阳离子;x 为 $M^{3+}/(M^{2+}+M^{3+})$ 的摩尔比;A^{n-} 是带有 n 个负电荷的阴离子;m 为结晶水量。其中,常见的二价金属离子 M^{2+} 有 Mg^{2+}、Zn^{2+}、Cu^{2+}、Ni^{2+}、Ca^{2+}、Mn^{2+}、Co^{2+}、Fe^{2+} 等,三价金属离子 M^{3+} 有 Al^{3+}、Fe^{3+}、Cr^{3+}、Ga^{3+}、Cr^{3+}、Mn^{3+}、Fe^{3+}、Co^{3+} 和 Ln^{3+}(稀土金属离子)等。除此之外,还存在一类金属离子嵌入 $Al(OH)_3$ 晶格空穴中形成的化合物。其中包括最著名的,也是唯一的由一价金属锂离子和三价金属离子构成的 $[LiAl_2(OH)_6]$ $X_{1/n}^{n-} \cdot H_2O$。随着研究的深入,此类化合物中金属离子的范围不断扩大,已有多个

含有 3 种及以上的金属离子的层状氢氧化物被报道。而且亦有四价金属离子引入层板的报道,尽管其中关于 Zr^{4+} 和 Sn^{4+} 的报道后来遭到了质疑[11]。

2.2.1 类水滑石层板结构构筑的经验规则

类水滑石主体层板的结构特征是可以通过二维平面的方式不断长大形成。借助结构表征技术,人们已对 LDHs 的结构有了足够的认识,并经过了几十年的 LDHs 插层结构构筑和合成设计的实践,基于 LDHs 的结构特点,总结出如下构筑插层结构的经验规则。

2.2.1.1 离子半径比相近原则

能够插入水镁石($Mg(OH)_2$)层中 OH^- 紧密堆积的八面体空隙的金属离子(M^{2+} 和 M^{3+})可以形成 LDHs 层板的结构,即被引到层板中的金属离子通常与 Mg^{2+} 的半径相近(0.072nm)。这也是在 LDHs 结构构筑中应用最为广泛的首要规则。

部分二价和三价离子半径见表 2-1[36]。

表 2-1　部分离子半径(nm)

M^{2+}	Be	Mg	Cu	Ni	Co	Zn	Fe	Mn	Cd	Ca
	0.045	0.072	0.073	0.069	0.0745	0.074	0.078	0.083	0.095	0.100
M^{3+}	Al	Ga	Ni	Co	Fe	Mn	Cr	V	Ti	In
	0.0535	0.062	0.060	0.061	0.0645	0.0645	0.064	0.064	0.067	0.080

Be^{2+} 的半径太小,不适于水镁石层的空隙。而 Ca^{2+} 和 Cd^{2+} 的半径太大,但是有些天然的和合成的 LDHs 的报道。对于 Cd^{2+} 亦有形成 LDHs 的报道。表 2-1 中,从 Mg^{2+} 到 Mn^{2+} 的二价离子都能形成 LDHs。但是 Cu^{2+} 只有在相对高温和有第二种二价离子存在的情况下才能形成稳定的 LDHs,而且 Cu^{2+} 与其他二价离子的摩尔比要小于或等于 1,这是由 Cu^{2+} 本身的特性决定的。与 Cu^{2+} 类似,还有 Cr^{2+},Mn^{3+},Ni^{3+},在形成化合物时由于存在 Jahn-Teller 效应,所以在形成八面体配合物时会产生变形。在 LDHs 中,只有当 Cu^{2+}/M(II)小于或等于 1 时,在水镁石层 Cu^{2+} 才能彼此远离,保持不变形的八面体配位的典型结构。如果这个比例大于 1,Cu^{2+} 就会出现近乎平躺的八面体结构而优先形成其他的铜配合物,而不是形成 LDHs 结构[13]。表 2.1 中所有离子半径处于 0.5～0.8nm 的三价离子,V^{3+} 和 Ti^{3+} 在空气中不能稳定存在,但到目前为止,除了 Ti^{3+},其他的均能形成 LDHs 结构(包括 V^{3+}[37])。

但是这一经验规则对某些实验结果无法给出合理的解释,如 Ca^{2+} 和 Cd^{2+} 与 Mg^{2+} 半径相差很大(0.100 和 0.095nm),但它们可以形成稳定的 CaAl[38,39] 和

CdAl-LDHs[40]主体层板;而 Pd^{2+} 和 Pt^{2+} 与 Mg^{2+} 半径相近(0.086 和 0.080nm),却难以形成 PdAl 或 PtAl-LDHs[41,42]的主体层板。

2.2.1.2　二价和三价离子摩尔比的限制原则

在文献报道中,二价和三价阳离子的摩尔比 x 的范围在 0.1~0.5 之间,但是只有摩尔比在 0.2~0.33 之间,即 M^{2+}/M^{3+} 摩尔比为 2~4 时才有纯的晶形存在,如果 x 的值不在这一范围则会有不同结构的混合物存在。这一规则亦称为 Lowenstein 规则,即:共边的 $M^{2+}(OH)_6$ 八面体是电中性的,而 $M^{3+}(OH)_6$ 八面体共边则是带一价的正电荷,所以由于电子的排斥作用,$M^{3+}(OH)_6$ 八面体共边存在会使 LDHs 的结构更加不稳定。因此,M^{2+}/M^{3+} 摩尔比要保持在 2:1 以上以避免 $M^{3+}(OH)_6$ 八面体共边,也就是说,在 LDHs 的结构中没有 $M^{3+}—O—M^{3+}$ 键存在[43]。据报道,在水镁石结构中,如果 x 的值小于 0.33,Al 八面体是不相邻的。但是如果 x 的值大于 0.33,相邻的 Al 八面体增多,会导致 $Al(OH)_3$ 的形成,同理,过低的 x 值会导致层板中的 Mg 八面体密度增加而导致 $Mg(OH)_2$ 的形成。

2.2.2　层板结构基元的理论分类

在 M(II)-M(III) LDHs 主体层板中,每个二价或三价金属离子与八个氧原子结合形成 MO_6 八面体,MO_6 八面体之间相互共边形成无限的层板结构,所以可以认为 MO_6 八面体是构成层板的最小结构基元。基于模板效应,从层板形成的过程来看,亦可将 MO_6 八面体作为初始模板[46]。显然,在形成 LDH 的过程中,共边的 O···O 距离起到了至关重要的作用。只有那些具有相近的 O···O 边长的 MO_6 八面体才容易相互结合形成稳定的层板结构。从几何关系上来说,MO_6 八面体的 O···O 边长由 M—O 键长和 O—M—O 键角共同决定。这两个因素实际上都与层板的稳定性有关。前者反映的是金属离子与氧原子之间的静电相互作用;而后者反映的是金属离子的配位环境。但是,"离子半径比相近"的经验规则只是关注了前者。尽管从几何关系上来看,后者对 O···O 边长的影响更大。

2.2.2.1　构筑基元变形度及离子分类

根据 LDHs 主体层板是由二价和三价金属离子八面体共边形成的特点,Yan 等[46]提出由最小结构基元 MO_6 八面体的结构稳定性来判断 LDHs 主体层板稳定性的设想,采用密度泛函理论方法,对合成 LDHs 可能涉及的二价和三价金属离子形成的 MO_6 八面体基元进行了研究(图 2-2)。为了保证配体端不出现多余的电荷,采用了 $[M(OH_2)_6]^{n+}$ (M = 金属离子,$n = 2$,3)的计算模型在 B3LYP/LANL2DZ/6-31G(d)水平下进行计算。结果发现:若将 O—M—O 键角偏离 90° 的大小定义为八面体变形度(θ),见式(2.2.1),则可根据八面体变形度的大小将计算涉及的金属离子分为三类:

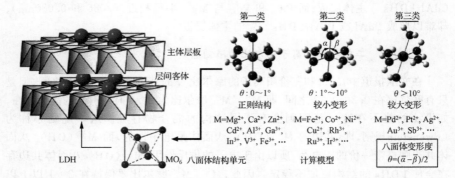

图 2-2　基于 DFT 计算的 MO_6 八面体变形度判据

(1) 第一类(八面体为正则结构,θ: $0\sim1°$);

(2) 第二类(八面体变形较小,θ: $1°\sim10°$);

(3) 第三类(八面体变形较大,$\theta>10°$)。

$$\theta = (\bar{\alpha} - \bar{\beta})/2 \qquad\qquad (2.2.1)$$

式中,$\bar{\alpha}$ 表示大于 90°的键角的平均值,$\bar{\beta}$ 表示小于 90°的键角的平均值。具体分类见表 2-2。

表 2-2　根据 $[M(OH_2)_6]^{n+}$ 变形度对所计算的阳离子进行的分类

	类型 Ⅰ		类型 Ⅱ		类型 Ⅲ	
	离子	$\theta/(°)$	离子	$\theta/(°)$	离子	$\theta/(°)$
二价	Mg^{2+}	0.09	Fe^{2+}	1.06	Pd^{2+}	10.29
	Ca^{2+}	0.20	Co^{2+}	3.78	Pt^{2+}	13.22
	V^{2+}	0.25	Ni^{2+}	4.49	Ag^{2+}	30.68
	Cr^{2+}	0.57	Cu^{2+}	5.27		
	Mn^{2+}	0.41				
	Zn^{2+}	0.10				
	Cd^{2+}	0.31				
三价	Al^{3+}	0.00	$Ru^{3+}(LS)$	2.35	Au^{3+}	47.07
	Ga^{3+}	0.03	$Os^{3+}(LS)$	3.24		
	In^{3+}	0.00	$Rh^{3+}(HS)$	1.89		
	Sc^{3+}	0.05	$Rh^{3+}(LS)$	5.61		
	V^{3+}	0.74	$Ir^{3+}(HS)$	3.22		
	Cr^{3+}	0.12	$Ir^{3+}(LS)$	6.41		
	Mn^{3+}	0.29				

	类型 I		类型 II		类型 III	
	离子	$\theta/(°)$	离子	$\theta/(°)$	离子	$\theta/(°)$
	Fe^{3+}	0.01				
	Co^{3+}	0.06				
三价	Y^{3+}	0.03				
	$Ru^{3+}(HS)$	0.04				
	$Os^{3+}(HS)$	0.04				

2.2.2.2　基于构筑基元的插层结构构筑规则[46]

对 MO_6 八面体的结构性质如 M—O 键长、O—M—O 键角及其变形度、自然键轨道(NBO)以及结合能等性质进行详细分析,并与实验结果对比表明,金属离子是否能稳定地引入层板与其所处的分类有关,总体来说,引入的稳定性次序是:第 I 类>第 II 类>第 III 类。详细对比见表 2-3。

表 2-3　离子分类与实验结果的对比

实验结果	金属离子	计算类型	$\overline{\theta}/(°)$
	$Mg^{2+}\ Ca^{2+}\ Cd^{2+}\ Zn^{2+}\ Mn^{2+}$	I	
稳定地引入层板	$Al^{3+}\ Ga^{3+}\ In^{3+}\ Sc^{3+}\ V^{3+}\ Cr^{3+}$	I	0~1.0
	$Fe^{3+}\ Co^{3+}\ Y^{3+}$	I	
	$Fe^{2+}\ Co^{2+}\ Ni^{2+}\ Cu^{2+}$	II	3.65
微量引入层板	$Ru^{3+}\ Os^{3+}\ Rh^{3+}\ Ir^{3+}$	II	4.40[1]
	$Pd^{2+}\ Pt^{2+}$	III	>10.0

1) 低自旋离子的平均值。

通过与文献数据对比发现:① 第一类金属离子可以经实验合成得到稳定的 LDHs 层板结构,且二价和三价离子间易于相互组合形成二元 LDH 层板;② 第三类离子难以引入层板形成稳定的结构;③ 第二类离子能形成 LDHs 层板结构,但大多是在一定的条件下作为多元 LDHs 的一个组分被引入。如表 2-4 及图 2-3 所示。以此八面体变形度为依据,可以对"与镁离子半径相近"经验判据无法解释的上述事实进行很好的解释:Ca^{2+}、Cd^{2+} 与 Al^{3+} 同属第一类,而 Pd^{2+} 和 Pt^{2+} 则属第三类,故前者可以形成 LDHs 结构,而后者不能形成。实际上,在 Ca-Al-LDH,Ca^{2+} 还可能与层间的水分子配位形成七配位的形式,这亦与计算结果一致。总的说来,八面体变形度判据反映了金属离子的配位环境,这一因素较金属离子半径对其是否能形成六配位的八面体结构更具有决定性的意义,从科学本质上提出了金属离子能否构成 LDHs 的判断,为合成新组成的 LDHs 提供了理论指导。

表 2-4　对能形成多元 LDHs 的离子分类与实验结果的对比

组分	包含离子								参考文献
	M^{2+}	类型	M^{2+}	类型	M^{3+}	类型	M^{3+}	类型	
二元	Mg^{2+}	I			Al^{3+}	I			47,48
					Cr^{3+}	I			49
					Fe^{3+}	I			50
					V^{3+}	I			37, 51
					Ga^{3+}	I			52
					In^{3+}	I			53
					Mn^{3+}	I			54
	Zn^{2+}	I			Al^{3+}	I			55
					Cr^{3+}	I			49, 56, 57
	Ni^{2+}	II			Al^{3+}	I			58,56
					Fe^{3+}	I			59
					V^{3+}	I			60
					Mn^{3+}	I			61
					Ga^{3+}	I			62
	Cu^{2+}	II			Al^{3+}	I			63
					V^{3+}	I			64
					Cr^{3+}	I			65
	Cd^{2+}	I			Al^{3+}	I			40
	Ca^{2+}	I			Al^{3+}	I			38
					Ga^{3+}	I			39
					Fe^{3+}	I			39
					Sc^{3+}	I			39
	Mn^{2+}	I			Al^{3+}	I			66
					Cr^{3+}	I			49
	Co^{2+}	II			Al^{3+}	I			67
					Ga^{3+}	I			67
					Cr^{3+}	I			49, 67
					Co^{3+}	I			68
					Fe^{3+}	I			67,69

续表

组分	包含离子								参考文献
	M^{2+}	类型	M^{2+}	类型	M^{3+}	类型	M^{3+}	类型	
二元	Fe^{2+}	II			Al^{3+}	I			70
					Fe^{3+}	I			71
三元	Mg^{2+}	I			Al^{3+}	I	Fe^{3+}	I	72
					Al^{3+}	I	Ga^{3+}	I	52
					Al^{3+}	I	V^{3+}	I	73
					Al^{3+}	I	Ru^{3+}	II	74
					Al^{3+}	I	Rh^{3+}	II	74
					Al^{3+}	I	Ir^{3+}	II	74
			Ni^{2+}	II	Al^{3+}	I			75
			Co^{2+}	II	Al^{3+}	I			76
			Co^{2+}	II	Co^{3+}	I			68
			Mn^{2+}	I	Al^{3+}	I			77
			Zn^{2+}	I	Al^{3+}	I			78
			Mn^{2+}	I	Mn^{3+}	I			79
			Cu^{2+}	II	Al^{3+}	I			80
			Pd^{2+}	III	Al^{3+}	I			41
			Pt^{2+}	III	Al^{3+}	I			41
	Ni^{2+}	II	Ca^{2+}	I	Al^{3+}	I			81
			Zn^{2+}	I	Al^{3+}	I			81
	Co^{2+}	II			Al^{3+}	I	Mn^{3+}	I	82
					Al^{3+}	I	Cr^{3+}	I	83
					Al^{3+}	I	Fe^{3+}	I	84
					Al^{3+}	I	Ru^{3+}	II	74
			Cu^{2+}	II	Al^{3+}	I			83
			Ni^{2+}	II	Al^{3+}	I			83
			Mn^{2+}	I	Al^{3+}	I			83
			Fe^{2+}	II	Fe^{3+}	I			85
	Zn^{2+}	I			Al^{3+}	I	Rh^{3+}	II	86
					Al^{3+}	I	Mn^{3+}	I	87
					Al^{3+}	I	Fe^{3+}	I	88
			Pt^{2+}	III	Al^{3+}	I			42
			Cd^{2+}	I	Cr^{3+}	I			89
	Cu^{2+}	II	Ni^{2+}	II	Al^{3+}	I			90, 91
			Ni^{2+}	II	Fe^{3+}	I			91
			Ni^{2+}	II	Cr^{3+}	I			91
			Zn^{2+}	I	Al^{3+}	I			92
			Co^{2+}	II	Al^{3+}	I			91
			Co^{2+}	II	Fe^{3+}	I			93, 91
			Co^{2+}	II	Cr^{3+}	I			91
					Al^{3+}	I	Os^{3+}	II	94

续表

组分	包含离子								参考文献
	M^{2+}	类型	M^{2+}	类型	M^{3+}	类型	M^{3+}	类型	
四元	Mg^{2+}	I	Co^{2+}, Ni^{2+}	II	Al^{3+}	I			95
			Cu^{2+}, Ni^{2+}	II	Al^{3+}	I			
			Co^{2+}	II	Al^{3+}	I	Mn^{3+}	I	82
			Ni^{2+}	II	Al^{3+}	I	Rh^{3+}	II	96
			Cu^{2+} Co^{2+}	II	Al^{3+}	I			97
	Zn^{2+}	I	Cu^{2+} Co^{2+}	II	Al^{3+}	I			
			Cu^{2+} Co^{2+}	II	Co^{3+}	I			98

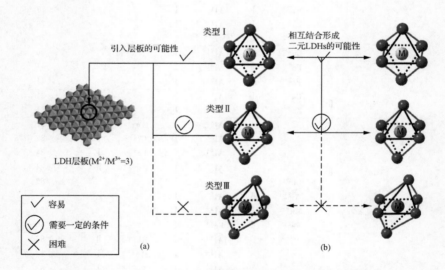

图 2-3　基于 MO_6 八面体变形度的 LDHs 构筑规则示意图

（a）离子的引入顺序；（b）不同类型离子相互结合形成 LDH 层板的难易度

2.3　类水滑石插层结构基元的理论基础

水滑石层板内层的 Mg 或 Al 原子有 6 个羟基配位体并显示出八面体构型，已被广泛认可，利用分子簇模型可以从理论上较好地说明镁铝水滑石的微观结构及其形成过程。

2.3.1　类水滑石层板的微观结构特征

实验研究表明[99],水滑石的层板尺寸在维持制备环境不变的前提下可以随着时间的延长而增大,且始终保持六边形层板形状,这为解释水滑石的生长机理提供了依据。水热合成的类水滑石也大都具有菱形和六边形等规则的多边形形状,这同样与其微观配位结构是密切相关的。日本的 Sato 等[100]利用原子簇方法对水镁石的基本结构单元进行了设计并对水镁石形成机理进行了研究。意大利的 Baranek 等[101]采用从头算和密度泛函方法计算了 $Mg(OH)_2$ 和 $Ca(OH)_2$ 的结构和振动光谱,并对计算结果进行了分析比较,理论数值很好地解释了实验现象。

2.3.1.1　类水滑石层板的分子簇模型[102,103]

镁铝水滑石是由层板和插层阴离子组成的一种重要无机材料,实验可以制得一系列尺寸大小不同的水滑石层板,如果合成条件适宜,在制备过程中水滑石层板的尺寸还会随着时间的延长由小变大,这表明水镁石层板具有相对独立的稳定结构。基于量子化学的 MNDO/d、PM3、B3PW91/Lanl 2DZ 等方法可以构造出水滑石层板的一系列分子簇模型。几何构型的优化结果表明,存在着一系列具有不同镁铝比且尺寸大小不同的六边形和菱形结构的稳定层板,在宏观上它们将分别对应于六边形或菱形显微形貌。

为了从几何学的角度说明水滑石的原子配位结构,可以根据金属离子的位置把镁铝原子均匀分布的完美水滑石层板分为 I 型和 II 型两类:

(1) 在 I 型层板中,每个 Al-O 八面体都有 6 个最近邻 Mg-O 八面体。每个 Mg-O 八面体有型 3 个最近邻 Al-O 八面体和 3 个最近邻 Mg-O 八面体。

(2) 在 II 型层板中,每个 Al-O 八面体都有 6 个最近邻 Mg-O 八面体。每个 Mg-O 八面体有 2 个最近邻 Al-O 八面体和 4 个最近邻 Mg-O 八面体。

用量子化学计算可以得到水滑石层板的原子排布构型,图 2-4 分别给出了利用量子化学方法通过寻找位能面上的能量极小值点,优化得到的水滑石两种典型六边形层板分子簇结构模型,采用 MNDO/d 或 B3PW91/Lanl 2DZ 方法计算得到的结果接近,采用 PM3 方法计算得到的结果相对实验结果有较大的偏离。由于镁

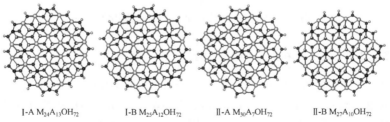

I-A $M_{24}A_{13}OH_{72}$　　　I-B $M_{25}A_{12}OH_{72}$　　　II-A $M_{30}A_7OH_{72}$　　　II-B $M_{27}A_{10}OH_{72}$

图 2-4　四种典型六边形水滑石层板(◯ Mg,● Al,● O,◐ H)

原子或铝原子都可能占据水滑石层板中心,因而存在着铝原子占据水滑石层板中心的 I-A 和 II-A 配位结构以及镁原子占据层板中心 I-B 和 II-B 配位结构。

在确定了水滑石层板的几何生长规则之后,即使不经过精密的量子化学计算也可以构造出完整镁铝水滑石层板的两类配位结构。

2.3.1.2　金属离子比与层板大小及分子结构的关系

根据量子化学计算的能量结果可知,在水滑石层板中镁氧铝原子配体的组合必须遵循一定的规则,镁铝比只能是某些特定的数值。当层板直径较小时,六边形水滑石的镁铝比会随着直径的大小而变化,当层板直径大到一定尺度时,完整水滑石层板的镁铝比趋于极限定值:3 或 2,镁铝比为 3 或 2 取决于层板的镁铝配位结构。图 2-5 给出了利用量子化学和分子力学方法计算得到的完整水滑石层板的镁铝比随层板直径变化的曲线。对于镁铝比极限为 3 的层板,每个 Al-O 八面体有 6个最近邻 Mg-O 八面体,同时每个 Mg-O 八面体有 2 个最近邻 Al-O 八面体和 4 个最近邻 Mg-O 八面体。在层板尺寸较小时,镁铝比随着层板直径变化的波动幅度较大,可以在 1.33 和 6 之间波动变化。当层板直径超过 3nm 后镁铝比值仍有较大的波动。对于镁铝比极限为 2 的层板,即每个 Al-O 八面体有 6 个最近邻 Mg-O八面体,同时每个 Mg-O 八面体有 3 个最近邻 Al-O 八面体和 3 个最近邻 Mg-O 八面体。在层板直径大于 4nm 后镁铝比值已基本上为 2,变化不大。

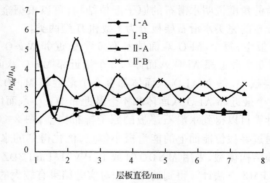

图 2-5　水滑石的镁铝比随六边形直径变化的关系

2.3.1.3　类水滑石层板的电子结构

从电子结构的角度可以较好地说明水滑石层板的生长过程。根据量子化学的分子轨道理论可知,前线分子轨道由最高占据轨道(HOMO)和最低未占轨道(LUMO)组成,图 2-6 和图 2-7 分别为利用量子化学的 MNDO/d 方法计算得到的 Mg/Al 比为 2 时四种六边形镁铝水滑石层板的最高占据轨道和最低未占轨道,利用密度泛函理论的 B3PW91/Lanl 2DZ 方法得到的计算结果与 MNDO/d 相似。

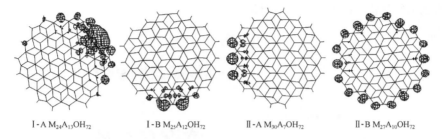

I-A $M_{24}A_{13}OH_{72}$　　I-B $M_{25}A_{12}OH_{72}$　　II-A $M_{30}A_7OH_{72}$　　II-B $M_{27}A_{10}OH_{72}$

图 2-6　水滑石不同层板的最高占据分子轨道（HOMO）

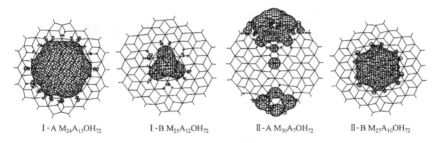

I-A $M_{24}A_{13}OH_{72}$　　I-B $M_{25}A_{12}OH_{72}$　　II-A $M_{30}A_7OH_{72}$　　II-B $M_{27}A_{10}OH_{72}$

图 2-7　水滑石不同层板的最低未占分子轨道（LUMO）

　　理论计算结果表明,镁铝水滑石层板的最高占据轨道及其邻近的次高占据轨道主要为与 Mg 相连的外圈 O 原子的 p 轨道组合而成,且主要位于层板的边缘,这有利于提供电子吸引溶液中的阳离子基团,使层板进一步长大。层板的最低未占轨道和次低未占轨道主要由与 Al 原子相连的 O 原子的 p 轨道组合而成,并位于层板的中央,有利于接受电子与阴离子相互吸引形成插层材料。根据计算得到的体系能量分析,水滑石层板尺寸越大越稳定,这意味着水滑石层板在原料充分且制备条件合适时会一直长大,这与 Sato 的结论类似。考虑到插层阴离子的相互作用将对层板产生应力,水滑石层板生长到一定程度时,层板尺寸会受到材料作用力制约。

2.3.2　类水滑石晶体结构的理论构建

　　LDHs 常见的晶体堆积方式有六方(hexagonal)2H 和斜方(rhombohedral)3R 两种,如图 2-8 所示[104]。它们的不同主要在于六方结构是 ABAB 堆积方式,斜方结构则是 ABCABC 堆积方式。此外,晶胞参数中 c 的值,对于六方结构是层间距的 2 倍,在斜方结构中则是层间距的 3 倍[105]。LDHs 的晶体结构特征主要由层板的元素性质、层间阴离子的种类和数量、层间水的数量及层板的堆积形式所决定,这决定了层板化学组成和层间阴离子的可调控性。正是由于这种性能,使其可以作为研究层状材料插层结构的模板。

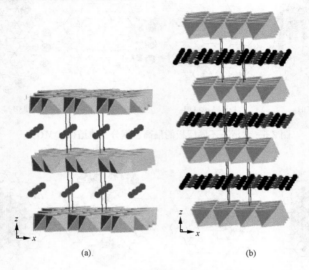

(a)　　　　　　　　　　　　　　　(b)

图 2-8　　LDHs 不同的堆积方式

(a) 六方 $2H_3$;(b) 斜方 $3R$

2.3.2.1　Mg-Al-LDH 层板在三维空间堆积结构的模拟

水滑石层板具有 D_{3d} 对称性[106],对应晶体学中的宏观对称元素为 $\bar{3}m$,理论上,水滑石层板在三维空间既可以采用 P 格子堆积又可以采用 R 格子堆积,由此推断水滑石的层板既可以按空间群 $P\bar{3}m1$ 又可以按空间群 $R\bar{3}m$ 进行堆积。由 JCPDS 粉末衍射卡(PDF)查得碳酸根水滑石 $Mg_6Al_2(OH)_{16}CO_3 \cdot 4H_2O$ 空间群为 $R\bar{3}m$ (166),下面主要对满足 $R\bar{3}m$ 这一空间群堆积方式的水滑石主体进行讨论。对表 2-5(a)原子位置(空间群 $R\bar{3}m$,$a=0.3138nm$,$c=2.3400nm$)采用 MS 进行 XRD 模拟,得到的 XRD 谱(图 2-9(a))与 Mg-Al-CO_3^{2-}-LDH 的 XRD 图 (PDF ID NO.14-0191,空间群 $R\bar{3}m$,$a=0.3070nm$,$c=2.3230nm$)基本一致,比较特征的(015)和(018)晶面衍射峰的出峰位置计算值为 38.27°和 45.52°,实验值分别为 39.13°和 46.28 °,二者吻合得很好。模拟得到的 XRD 谱图中(006)晶面衍射峰相对强度比实验值小是因为模拟中没有考虑层间的阴离子,实际制备得到的水滑石插层材料大多是主体层板结构有序,层间阴离子排列无序,相应 XRD 谱图中的衍射峰主要是由主体层板引起的,所以插层物质无序排列只会加强(003)晶面的次级衍射晶面(006)、(009)形成峰的强度,而对由其他的衍射晶面所引起的峰影响较小。原子在晶胞中的位置见表 2-5,在(a)～(c)的模拟中 Mg—O 和 Al—O 键长均为 0.2047nm,O—H 键长均为 0.0971nm;(d)是在此基础上调整了(c)中部分 O 和 H 的位置得到的,Al—O 键长相应变为 0.1946nm,Mg—O 键长有两组数值分别为 0.2047 和 0.2141nm,O—H 键长为 0.0971nm。对表 2-5(b)～(d)的数据 XRD 的模拟如图 2-9 所示。图 2-9 中(b)的出峰位置与(a)一致,但是二者出峰位置对应的峰强度和衍射晶面指标均不同,(b)与(a)所对应的原子空间位置是不一致的。在 a 值扩大了 3 倍的情况下,(c)模拟得到的晶面衍射指标中的 h 和 k 值与(a)相比增大了 3 倍,并且衍射峰的相对强度完全一致,证明两者在空间结构上是一致的,区别是在(c)模拟中 Al 原子有规律地取代了部分 Mg 原子的位置,形成了 Mg/Al=3 的水滑石层板结构。(d)的 XRD 与(a)没有大的差别,但是因为部分 O 原子位置发生了变化使(021)衍射峰有所加强。(d)的晶胞结构如图 2-10(A)所示,其晶胞中各原子之间的距离参数满足表 2-5 数据,晶胞分子式为 $[Mg_{36}Al_{12}(OH)_{96}]^{12+}$,相邻层板间的距离(层间距)为 0.7800nm,对应的 XRD 模拟图中 $d_{003}=0.7800$nm,晶胞参数 c 值为 d_{003} 的 3 倍。

表 2-5 原子在镁铝水滑石晶胞中的位置

序号	原子	位置	x/a	y/b	z/c	序号	原子	位置	x/a	y/b	z/c
(a)	Mg1	3a	0	0	0	(b)	Al1	3a	0	0	0
	O1	6c	1/3	2/3	0.0407	O1	O1	18h	1/3	1/6	0.0407
	H1	6c	1/3	2/3	0.0822		H1	18h	1/3	1/6	0.0822
							Mg1	9e	1/2	1/2	0
							O2	6c	1/3	2/3	0.0407
							H2	6c	1/3	2/3	0.0822
(c)	Al1	3a	0	0	0	(d)	Al1	3a	0	0	0
	Al2	9e	1/2	0	0		Al2	9e	1/2	0	0
*	O1	18h	1/6	1/12	0.9593	*	O1	18h	0.1532	0.0766	0.9570
*	O2	36i	5/12	1/12	0.9593	*	O2	36i	0.4234	0.0766	0.9570
*	H1	18h	1/6	1/12	0.9178	*	H1	18h	0.1532	0.0766	0.9155
*	H2	36i	5/12	1/12	0.9178	*	H2	36i	0.4234	0.0766	0.9155
	Mg1	18f	1/4	1/4	0		Mg1	18f	1/4	1/4	0
	Mg2	18h	1/4	1/2	0		Mg2	18h	1/4	1/2	0
	O3	18h	1/6	1/3	0.9593		O3	18h	1/6	1/3	0.9593
*	O4	18h	5/12	5/6	0.9593		O4	18h	0.4234	0.8468	0.9570
	H3	18h	1/6	1/3	0.9178		H3	18h	1/6	1/3	0.9178
*	H4	18h	5/12	5/6	0.9178	*	H4	18h	0.4234	0.8468	0.9155
	O5	6c	1/3	2/3	0.0407		O5	6c	1/3	2/3	0.0407
	H5	6c	1/3	2/3	0.0822		H5	6c	1/3	2/3	0.0822

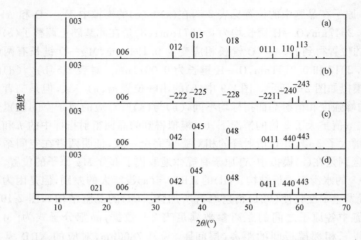

图 2-9　不包含客体阴离子的镁铝水滑石层板主体的 XRD 模拟谱图

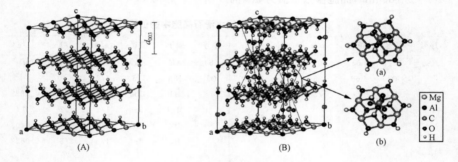

图 2-10　镁铝水滑石的晶体结构
（A）不包含阴离子；（B）包含碳酸根阴离子

2.3.2.2　碳酸根插层水滑石的空间结构模拟

在层间合适的位置引入具有 D_{3h} 或 O_h 对称性的阴离子不会影响水滑石层板主体模型原有的空间群结构,因此可以在水滑石层间的特定位置引入碳酸根,其 C 和 O 原子在晶胞中占据的位置如表 2-6 所示,C—O 键长为 0.1305nm。对不含水分子的 Mg-Al-CO_3^{2-}-LDH 的晶胞结构,从图 2-10(B)及表 2-5 中可以看出,若要保持插层前后空间群不变应满足两个条件:(1)引入的碳酸根要处在水滑石层板的特殊位置,这一特殊位置在图 2-10(B)所示的三角锥的中间,三角锥的 4 个顶点为 Al 原子,其中 3 个 Al 在一个水滑石层板上,围成一个正三角形;(2)碳酸根 4 个原子组成的平面要平行于水滑石层板,即它在晶胞中为 a,b 方向。满足这两个条件的碳酸根离子 C—O 键有两种空间取向,如图 2-10(B)中的(a)和(b)所示。(a)取向中碳酸根的 C 和 O 原子分别在层板 Al 原子和 H 原子的正上方,(b)取向中碳酸根在(a)取向基础上沿 c 轴旋转 $60°$。

表 2-6　镁铝水滑石中碳和氧原子在点阵上的位置

空间取向	原子	位置	x/a	y/b	z/c
(a)	C1	$6c$	0	0	1/6
	O6	$18h$	0.0600	0.1200	1/6
(b)	C1	$6c$	0	0	1/6
	O6	$18h$	0.1200	0.0600	1/6

2.3.2.3　碳酸根对水滑石层板间距的调控

选取晶胞中三角锥空间结构的最小结构单元 $Mg_6Al(OH)_{12}^{3+}\text{-}CO_3^{2-}\text{-}Mg_9Al_3(OH)_{22}^{5+}$ 中的两种结构,在 B3PW91/Lanl2DZ 水平上进行几何构型全优化。结果表明,碳酸根在层间为(a)取向的结构[图 2-11(a)]的阴离子与含 1 个 Al 原子的层

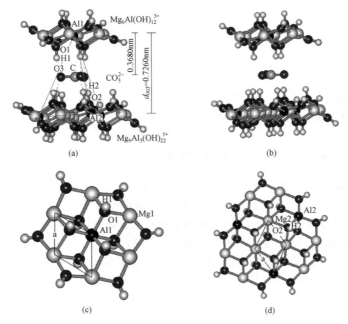

图 2-11　镁铝水滑石的主客体模型

(a),(b) $Mg_6Al(OH)_{12}^{3+}\text{-}CO_3^{2-}\text{-}Mg_9Al_3(OH)_{22}^{5+}$;

(c) $[Mg_6Al(OH)_{12}]^{3+}$;(d) $[Mg_9Al_3(OH)_{22}]^{5+}$

板距离为 0.3680nm,与含 3 个 Al 原子的层板距离为 0.3580nm。层间距(d_{003}= 0.7260nm)小于带 4 个结晶水的水滑石的实验值,这与文献中报道的水滑石体系中水滑石层间距随着层间水与碳酸根比的增加而逐渐增大的结果是一致的。层间距的大小主要是由阴离子与主体层板之间的超分子作用的强弱决定的,碳酸根的引入使层板的结构参数发生了明显的变化,见表 2-7。层板的 Al—O,Mg—O 键长及 Mg⋯Al 距离在引入碳酸根后均有所减小,并且与碳酸根相邻一侧的 O—H 键长都有所增加,说明碳酸根离子与层板发生较强的相互作用。碳酸根的引入,使相邻的层板通过超分子作用堆积起来,而且中和了部分层板所带电荷,进而使晶胞参数 a 值减小,层板发生收缩。对于碳酸根取向为(b)的结构[图 2-11(b)],进行全优化则两个层板发生一定角度的相对旋转;如果先将层板固定然后优化,则碳酸根取向由(b)变为(a)。因此推测层间的碳酸根取向主要为(a)。

表 2-7　优化得到的碳酸根镁铝水滑石结构参数

键	(A)	(C)	(D)
Al1—O1(nm)	0.1917	0.1925	—
Mg1—O1(nm)	0.2065	0.2088	—
O1—H1(nm)	0.1002	0.0974	—
Mg1⋯Al1(nm)	0.2991	0.3030	—
Al2—O2(nm)	0.1856	—	0.1904
Mg2—O2(nm)	0.2086	—	0.2121
O2—H2(nm)	0.1027	—	0.0975
Mg2⋯Al2(nm)	0.3021	—	0.3071

2.3.3　类水滑石插层结构的理论研究进展

实验表明,类水滑石插层材料的层间阴离子可以是无机或有机阴离子,无机的如 CO_3^{2-}、NO_3^-、Cl^-,有机的如苯甲酸根、水杨酸根等阴离子,基于不同的实验条件,插层阴离子可以相互取代,这表明类水滑石层板是相对稳定的主体,层板主体与插层客体阴离子之间主要为超分子弱相互作用,因而类水滑石的微观结构较为复杂,阴离子在层板附近的位置取向等许多问题尚有待于深入研究。目前,文献报道的插层材料结构的理论计算主要为分子动力学和周期性平面波量子化学研究,由于模型化和计算上的困难,相对大量的实验研究而言,水滑石插层微观结构的理论研究仍较少。

O'Hare 等[107,108] 曾用 Insight II 程序包中的分子力学方法研究了无水 [LiAl₂(OH)₆]Cl、[LiAl₂(OH)₆]Br 和 [LiAl₂(OH)₆]NO₃ 的插层结构,优化得到了材料的几何构型,模拟显示所计算出的能量最低的结构与实验测定的数据很好地吻合,并且能够合理地解释 NO_3^- 客体阴离子在层间发生秩序混乱的现象,用这种方法对 $[LiAl_2(OH)_6]_2CO_3$、$[LiAl_2(OH)_6]_2SO_4$ 及 $[LiAl_2(OH)_6]_2C_2O_4$ 的层间阴离子取向和层间距可以进行预测。

用分子动力学方法可以模拟较大的材料体系,Wang 等[109]在不限制任何原子的运动和层板几何构型的情况下,设计了一组层间水分子数目可变的模型,通过改变水分子的位置模拟了 Cl^- 水滑石的结构,计算了晶体结构参数和水合能。得到了两种插层结构,其中一种结构涉及水分子和其他组分的相互作用,主要由层间氢键所控制。另一种结构涉及层板结构的自身张力和随 c 轴延伸静电相互作用的减小。两种稳定的水合状态分别对应 c 轴长度为 23.9Å 和 21.7Å,这与水滑石层间一个氯离子带两个水分子和脱水后的水滑石分别对应,模拟还表明水滑石层板具有扭曲八面体结构。此外,Wang 等[110]用分子动力学方法还模拟了含 Cl^- 的水滑石的红外光谱,对双羟基化合物的层间结构及振动动力学有了更深的理解。模拟结果与实验数据的吻合说明这种计算机模拟技术可以很好地探索层状材料的细微孔道和其他原子的空间排列。通过红外光谱的解析得到了各种振动模式,给出了作为八面体结构的阳离子的相关振动吸收峰:在 390、450 和 540cm^{-1} 附近的三个吸收峰分别对应层间水分子的扭曲、摇摆和转动等振动方式。层间 Cl^- 的运动吸收峰与一些大体积水合氯化物溶液的光谱极为相似,这反映了 Cl^- 在层间和在溶液中的运动环境是相似的。

周期性结构的量子化学计算方法可以给出层状材料结构的电子状态,Greenwell 等[111]利用从头算平面波密度泛函理论研究了以特丁基氧阴离子插层水滑石为固体碱催化剂的反应途径,试图说明分子间相互作用和插层取向的相关问题。计算结果表明水滑石层间的水分子是催化剂再生的重要条件,平衡层板电荷的羟基和特丁醇是催化活性位。利用从头算分子动力学研究材料的结构可以避免量子化学的大量计算,又可以得到材料的电子结构。Trave 等[112]利用可变单胞第一原理分子动力学方法研究了水滑石的几何结构和电子性质,认为二价离子与三价离子比约为 3 时生成能最低,这与实验所得到的金属离子最稳定的比值范围一致。此时层间距最大,且羟基对类水滑石的电子结构性质影响最大,OH^- 比 Cl^- 更能导致最高占据轨道与最低未占轨道的能隙降低,这些特性决定了含 OH^- 和 Cl^- 水滑石具有较好的催化性能。

Newman 等[113]对包含层间客体——对苯二甲酸离子的水合镁铝层状双氢氧化物的层间排列的模拟与测量结果进行了比较,研究了包含层间对苯二甲酸离子的水合镁铝层状双氢氧化物的水合作用和层板电荷的控制。综合粉末 XRD、热重力法和计算机模拟详细研究了层板电荷密度和层间水含量对有机-水合镁铝层状双氢氧化物的层间排列的影响。如果具有高的水含量和电荷密度,层板间距为 1.4nm,这相当于苯二甲酸离子垂直于氢氧化物层板方位时所具有的距离。如果具有低的水含量和电荷密度,层板间距为 0.84nm,这相当于苯二甲酸离子平行氢氧化物层板方位时所具有的距离。粉末 XRD 测试表明,在脱水和再水化循环的过程中,0.84 和 1.4nm 结构共存的比例取决于层板电荷和含水量。还可以发现有 2.24nm 间距的插层材料,这时 1.4 和 0.84nm 层间距的层板在材料结构间规则地交替排列。分子动力学模拟预测,随着层间水分子的增多,苯二甲酸离子的方位从几乎水平变化到垂直,这导致层间距离逐渐地扩大。随着电荷的增多,只需要较少的水分子就能保证苯二甲酸离子的垂直方位,这是根据层-层库仑斥力和层间堆积密度增加的结果推断出来的。计算机模拟和实验结果大体上一致,说明有机物插层水滑石中的层间有机阴离子排布可从分子设计的角度被调控。

Kalinichev 等[114]通过分子模拟研究了两种典型水滑石相的层板间的 Cl^- 阴离子和水分子的层间结构和动力学,$[Ca_2Al(OH)_6]Cl \cdot 2H_2O$ 的模型显示了层间水分子方向显著的动力学无序性,$[Mg_2Al(OH)_6]Cl \cdot nH_2O$ 的水合能被发现有最小值,n 约为 2,与实验结果一致。模拟结合了 NMR 和 MD 的研究,确定了矿物/水系统中的表面结构、动力学及层间物种。

Andrea 等[115]曾采用第一原理分子动力学方法研究无水水滑石 $[Mg_3Al(OH)_8]Cl$,$[Mg_3Al(OH)_8]OH$ 和 $[Mg_3Ga(OH)_8]OH$ 的结构,通过量子化学计算结果解释了实验得出的含 OH^- 阴离子的水滑石 $[Mg_3Al(OH)_8]OH$ 的碱性比 $[Mg_3Al(OH)_8]Cl$ 的碱性强,并指出不同金属离子 Al 和 Ga 对类水滑石酸碱性的影响不是很明显,原子半径大的 Ga 的层间距也较大。倪哲明等[116,117]在 B3LYP/STO-3G 水平上优化了 LDHs 与卤素阴离子的双层簇模型,应用 Materials Studio 4.1 软件建立了 LDHs 主体层板与卤素阴离子(Cl^-)双层周期性计算模型,选取 Cl^- 位于 hcp-Al 位的构型(Al 正对)为模型,加入不同个数的水分子,探求客体在主体层间的分布形态及主客体作用。

近期,Thyveetil 等[118]利用分子动力学的 AMBER 方法对大分子量的 DNA 插层水滑石的晶体结构进行了理论模拟,得到了几何构型和 XRD 谱等结构参数,说明了 Cl^- 和水分子在层间或主客体之间的相互作用。

参 考 文 献

[1] Choy J H, Lee S R, Park M, Park G S. Topochemical transformation of phyllosilicate clay into chlorite and brucite. Chem. Mater., 2004, 16 (17):3206

[2] Shen J Y, Tu M, Hu C. Structural and surface acid/base properties of hydrotalcite-derived MgAlO oxides calcined at varying temperatures. J. Solid State Chem., 1998, 137(2):295

[3] Newman S P, Greenwell H C, Coveney P V, Jones W. Layered double hydroxides: Present and future. New York: Nova Science, 2001

[4] Osman M A, Ploetze M, Skrabal P. Structure and properties of alkylammonium monolayers self-assembled on montmorillonite platelets. J. Phys. Chem. B, 2004, 108:2580

[5] Panneerselvam M, Rao K J. Novel microwave method for the synthesis and sintering of mullite from

kaolinite. Chem. Mater. , 2003, 15(11):2247

[6]　Newman S P, Jones W. Comparative study of some layered hydroxide salts containing exchangeable interlayer anions. J. Solid State Chem. , 1999, 148:26

[7]　Li F, Duan X. Applications of layered double hydroxides. Struct. Bond. , 2006, 119:193-223

[8]　Costantino U. Surface uptake and intercalation of fluorescein anions into Zn-Al-hydrotalcite: photophysical characterization of materials obtained. Langmuir, 2000, 16:10351

[9]　Kameda K. Hydrotalcite synthesis using calcined dolomite as a magnesium and alkali resource. J. Mater. Sci. Lett. , 2002, 21:1747-1749

[10]　段雪,张法智. 插层组装与功能材料. 北京:化学工业出版社, 2007

[11]　Evans D G, Slade R C T. Structural aspects of layered double hydroxides. Struct. Bond. , 2006, 119:1

[12]　Diaz-Nava C, Solache-Rios M, Olguin M T. Sorption of fluoride ions from aqueous solutions and well drinking water by thermally treated hydrotalcite. Separ. Sci. Technol. , 2003, 38(1):131

[13]　Dubey A, Kannan S, Velu S, Suzuki K. Catalytic hydroxylation of phenol over CuM(II)M(III) ternary hydrotalcites, where M(II) = Ni or Co and M(III) = Al, Cr or Fe. Appl. Catal. A-Gen. , 2003, 238(2):319

[14]　Lee J H, Rhee S, Jung D Y. Selective layer reaction of layer-by-layer assembled layered double hydroxide nanocrystals. J. Am. Chem. Soc. , 2007, 129:3522

[15]　Rives V, Dubey A, Kannan S. Synthesis, characterization and catalytic hydroxylation of phenol over CuCoAl ternary hydrotalcites. Phys. Chem. Chem. Phys. , 2001, 3:4826-4836

[16]　段雪,张法智,卫敏,李殿卿. 插层组装材料//沈家骢. 超分子层状结构——组装与功能.北京:科学出版社, 2004

[17]　Li H, Ma J, Evans D G, Zhou T, Li F, Duan X. Molecular dynamics modeling of the structures and binding energies of alpha-nickel hydroxides and nickel-aluminum layered double hydroxides containing various interlayer guest anions. Chem. Mater. , 2006, 18(18):4405

[18]　Kumar P P, Kalinichev A G, Kirkpatrick R J. Hydration, swelling, interlayer structure, and hydrogen bonding in organolayered double hydroxides: insights from molecular dynamics simulation of citrate-intercalated hydrotalcite. J. Phys. Chem. B, 2006 110 (9):3841

[19]　Mascolo G, Marino O. Discrimination between synthetic Mg-Al double hydroxides and related carbonate phases. Thermochim. Acta. , 1980, 35(1):93

[20]　Bhattacharyya A, Hall D B. Novel oligovanadate-pillared hydrotalcite. Appl. Clay Sci. , 1995, 10(1-2):56

[21]　Bhattacharyya A, Hall D B. New triborate-pillared hydrotalcite. Inorg. Chem. , 1992, 31(18):3689

[22]　Martin K J, Pinnavaia T J. Layered double hydroxides as supported anionic reagents. Halide-ion reactivity in zinc chromium hexahydroxide halide hydrates $[Zn_2Cr(OH)_6X \cdot nH_2O](X=Cl, I)$. J. Am. Chem. Soc. , 1986, 108(3):541

[23]　Jones W, Chibwe M, Mitchell I V. Pillared layered structures: current trends and applications. London: Elsevier,1990

[24]　Dimotakis E D, Pinnavaia T J. New route to layered double hydroxides intercalated by organic anions: precursors to polyoxometalate-pillared derivatives. Inog. Chem. , 1990, 29(13):2393

[25]　Newman S P, Jones W. Synthesis, characterization and applications of layered double hydroxides containing organic guests. New J. Chem. , 1998:105

[26]　Rives V, Ulibarri M A. Layered double hydroxides (LDH) intercalated with metal coordination compounds and oxometalates. Coord. Chem. Rev. , 1999, 181:61

[27]　Chibwe K, Jones W. Synthesis of polyoxometalate-pillared layered double hydroxides via calcined precursors. Chem. Mater. , 1989, 1(5):489

[28]　Giannelis E P, Nocera D G, Pinnavaia T J. Anionic photocatalysts supported in layered double hydroxides:intercalation and photophysical properties of a ruthenium complex anion in synthetic hydrotalcite. Inorg. Chem. , 1987, 26(1):203

[29]　Itaya K, Chang H C, Uchida I. Anion-exchanged clay (hydrotalcite-like compounds) modified electrodes. Inorg. Chem. , 1987, 26(4):624

[30]　Lopez-Salinas E, Ono Y. Intercalation chemistry of a Mg-Al layered-double hydroxides ion-exchanged with complex MCl_4^{2-} ($M=Ni$, Co) ions from organic media. Microporous Mater. , 1993, 1(1):33

[31]　Li C, Wang G, Evans D G, Duan X. Incorporation of rare-earth ions in Mg-Al layered double hydroxides: intercalation with an [Eu(EDTA)]⁻ chelate. J. Solid State Chem. , 2004, 177:4569

[32]　Kwon T, Pinnavaia T J. Pillaring of a layerd double hydroxides by polyoxometalates with Keggin-ion structures. Chem. Mater. , 1989, 1(4):381

[33]　Ulibarri M A, Labajos F M, Rives V, Trujillano R, Kagunga W, Jones W. Comparative study of synthesis and properties of vanadate-exchanged layered double hydroxides. Inorg. Chem. , 1994, 33 (12):2592

[34]　Tseng W Y, Lin J T, Mou C Y. Incorporation of C_{60} in layered double hydroxide. J. Am. Chem. Soc. , 1996, 118:4411

[35]　Choy J H, Kwak S Y, Park J S, Jeong Y J, Portier J. Intercalative nanohybrids of nucleoside monophosphates and DNA in layered metal hydroxide. J. Am. Chem. Soc. ,1999, 121:1399

[36]　Shannon R D. Revised effective ionic radii and systematic studies of interatomic distances in halides and chalcogenides. Acta Crystallogr. , 1976, A32:751

[37]　Labajos F M, Sánchez-Montero M J, Holgado M J, Rives V. Thermal evolution of V(III)-containing layered double hydroxides. Thermochimica Acta, 2001,370:99

[38]　Millange F, Walton R I, Lei L, O'Hare D. Efficient separation of terephthalate and phthalate anions by selective ion-exchange intercalation in the layered double hydroxide $Ca_2Al(OH)_6 \cdot NO_3 \cdot 2H_2O$. Chem. Mater. , 2000, 12:1990

[39]　Rousselot I, Taviot-Gueho C, Leroux F, Leone P, Palvadeau P, Bessen J P. Insights on the structural chemistry of hydrocalumite and hydrotalcite-like materials: investigation of the series Ca_2M^{3+} $(OH)_6Cl \cdot 2H_2O$ (M^{3+}: Al^{3+}, Ga^{3+}, Fe^{3+}, and Sc^{3+}) by X-ray powder diffraction. J. Solid State Chem. , 2002, 167:137

[40]　Vichi F M, Alves O L. Preparation of Cd/Al layered double hydroxides and their intercalation reactions with phosphonic acids. J. Mater. Chem. , 1997, 7:1631

[41]　Basile F, Fornasari G, Gazzano M, Vaccari A. Thermal evolution and catalytic activity of Pd-Mg-Al mixed oxides obtained from a hydrotalcite-type precursor. Appl. Clay Sci. , 2001, 18:51

[42]　Basile F, Fornasari G, Gazzano M, Vaccari A. Synthesis and thermal evolution of hydrotalcite-type compounds containing noble metals. Appl. Clay Sci. , 2000,16:185

[43]　Rives V. Characterisation of layered double hydroxides and their decomposition products. Mater. Chem. Phys. , 2002, 75:19

[44]　Meyn M, Beneke K, Lagaly G. Anion-exchange reactions of layered double hydroxides. Inorg. Chem. ,1990, 29:5201

[45]　Khan A I, O'Hare D. Intercalation chemistry of layered double hydroxides:recent developments and applications. J. Mater. Chem. , 2002, 12:3191

[46] Yan H, Lu J, Wei M, Ma J, Li H, He J, Evans D G, Duan X. Jheoretical study of the hexahydrated metal cations for the understanding of their template effects in the construction of layered double hydroxides. J. Mol. Struct. : Theochem, 2008, 866:34

[47] Parida K, Das J. Mg-Al hydrotalcites: preparation, characterisation and ketonisation of acetic acid. J. Mol. Catal. A -Chem. , 2000, 151:185

[48] Millange F, Walton R I, O'Hare D. Time-resolved in situ X-ray diffraction study of the liquid-phase reconstruction of Mg-Al-carbonate hydrotalcite-like compounds. J. Mater. Chem. , 2000, 10:1713

[49] Boclair J W, Braterman P S, Jiang J, Lou S, Yarberry F. Layered double hydroxide stability. 2. formation of Cr(III)-containing layered double hydroxides directly from solution. Chem. Mater. , 1999, 11:303

[50] Kannan S, Jasra R V. Microwave assisted rapid crystallization of Mg-M(III) hydrotalcite where M (III)＝Al, Fe or Cr. J. Mater. Chem. , 2000, 10:2311

[51] Rives V, Labajos F M, Ulibarri M A, Malet P. A new hydrotalcite-like compound containing V^{3+} ions in the Layers. Inorg. Chem. , 1993, 32:5000

[52] Aramend a M A, Avilès Y, Beńtez J A, Borau V, Jiménez C, Marinas J M, Ruiz J R, Urbano F. Comparative study of Mg/Al and Mg/Ga layered double hydroxides. J. Micropor. Mesopor. Mat. , 1999, 29:319

[53] Aramend a M A, Borau V, Jiménez C, Marinas J M, Romero F J, Urbano F J. Synthesis and characterization of a novel Mg/In layered double hydroxide. J. Mater. Chem. , 1999, 9:2291

[54] Roto R, Villemure G. Electrochemical impedance spectroscopy of electrodes modified with thin films of Mg-Mn-CO_3 layered double hydroxides. Electrochimi. Acta, 2006, 51:2539

[55] Chang Z, Evans D G, Duan X, Vial C, Ghanbaja J, Prevot V, Roy M D, Forano C. Synthesis of [Zn-Al-CO_3] layered double hydroxides by a coprecipitation method under steady-state conditions. J. Solid State Chem. , 2005, 178:2766

[56] Beres A, Palinko I, Kiricsi I, Mizukami F. Characterization and catalytic activity of Ni-Al and Zn-Cr mixed oxides obtained from layered double hydroxides. Solid State Ionics. 2001, 141-142:259

[57] Taviot-Guého C, Leroux F, Payenb C, Besse J P. Cationic ordering and second-staging structures in copper-chromium and zinc-chromium layered double hydroxides. Appl. Clay Sci. , 2005, 28:111

[58] Tichit D, Durand R, Rolland A, Coq B, Lopez J, Marion P. Selective half-hydrogenation of adiponitrile to aminocapronitrile on ni-based catalysts elaborated from lamellar double hydroxide precursors. J. Catal. , 2002, 211:511

[59] Arco M D, Malet P, Trujillano R, Rives V. Synthesis and characterization of hydrotalcites containing Ni(II) and Fe(III) and their calcination products. Chem. Mater. , 1999, 11:624

[60] Labajos F M, Sastre M Do, Trujillano R, Rives V. New layered double hydroxides with the hydrotalcite structure containing Ni(II) and V(III). J. Mater. Chem. , 1999, 9:1033

[61] Kovanda F, Grygar T, Dornicák V. Thermal behaviour of Ni-Mn layered double hydroxide and characterization of formed oxides. Solid State Sci. , 2003, 5:1019

[62] Defontaine G, Michot L J, Bihannic I, Ghanbaja J, Briois V. Synthesis of NiGa layered double hydroxides. A combined extended X-ray absorption fine structure, small-angle X-ray scattering, and transmission electron microscopy study. 1. Hydrolysis in the pure Ni^{2+} system. Langmuir, 2003, 19: 10588

[63] Lwin Y, Yarmo M A, Yaakob Z, Mohamad A B, Ramli W, Daud W. Synthesis and characterization of Cu-Al layered double hydroxides. Mater. Res. Bull. , 2001, 36:193

[64] Carja G, Niiyama H. From the organized nanoparticles of copper and vanadium containing LDHs to the small nanoparticles of mixtures of mixed oxides: A simple route. Mater. Lett. , 2005, 59:3078

[65] Depège C, Bigey L, Forano C, Roy A D, Besse J P. Synthesis and characterization of new copper-chromium layered double hydroxides pillared with polyoxovanadates. J. Solid State Chem. , 1996, 126:314

[66] Aisawa S, Hirahara H, Uchiyama H, Takahashi S, Narita E. Synthesis and thermal decomposition of Mn-Al layered double hydroxides. J. Solid State Chem. , 2002, 167:152

[67] Pérez-Ramirez J, Mul G, Kapteijn F, Moulijn J A. A spectroscopic study of the effect of the trivalent cation on the thermal decomposition behaviour of Co-based hydrotalcites. J. Mater. Chem. , 2001, 11:2529

[68] Sampanthar J T, Zeng H C. Synthesis of $Co(II)Co(III)_{2-x}Al_xO_4-Al_2O_3$ nanocomposites via decomposition of $Co(II)_{0.73}Co(III)_{0.27}(OH)_{2.00}(NO_3)_{0.23}(CO_3)_{0.02} \cdot 0.5H_2O$ in a sol-gel-derived γ-Al_2O_3 matrix. Chem. Mater. , 2001, 13:4722

[69] Arco M D, Trujillano R, Rives V. Cobalt-iron hydroxycarbonates and their evolution to mixed oxides with spinel structure. J. Mater. Chem. , 1998, 8:761

[70] Carja G, Nakamura R, Aida T, Niiyama H. Textural properties of layered double hydroxides: effect of magnesium substitution by copper or iron. Micropor. Mesopor. Mat. , 2001, 47:275

[71] Simon L, Francois M, Refait P, Renaudin G, Lelaurain M, Génin J -M R. Structure of the Fe(II-III) layered double hydroxyl sulphate green rust two from Rietveld analysis. Solid State Sci. , 2003, 5:327

[72] Kustrowski P, Rafalska-lasocha A, Majda D, Tomaszewska D, Dziembaj R. Preparation and characterization of new Mg-Al-Fe oxide catalyst precursors for dehydrogenation of ethylbenzene in the presence of carbon dioxide. Solid State Ionics, 2001, 141-142:237

[73] Bahranowski K, Dula R, Kooli F, Serwicka E M. ESR study of the thermal decomposition of V-containing layered double hydroxides. Colloid Surface A, 1999, 158:129

[74] Basile F, Fornasari G, Gazzanob M, Vaccari A. Rh, Ru and Ir catalysts obtained by HT precursors: effect of the thermal evolution and composition on the material structure and use. J. Mater. Chem. , 2002, 12:3296

[75] Takehira K, Shishido T, Shouro D, Murakami K, Honda M, Kawabata T, Takaki K. Novel and effective surface enrichment of active species in Ni-loaded catalyst prepared from Mg-Al hydrotalcite-type anionic clay. Appl. Catal. A -Gen. , 2005, 279:41

[76] Xu Z P, Zeng H C. Ionic Interactions in Crystallite Growth of CoMgAl-hydrotalcite-like Compounds. Chem. Mater. , 2001, 13:4555

[77] Jirátová K, Čuba P, Kovanda F, Hilaire L, Pitchon V. Preparation and characterisation of activated Ni (Mn)/Mg/Al hydrotalcites for combustion catalysis. Catal. Today, 2002, 76:43

[78] Kloprogge J T, Frost R L. Infrared emission spectroscopic study of the dehydroxylation of synthetic Mg/Al and Mg/Zn/Al-hydrotalcites. Phys. Chem. Chem. Phys. , 1999, 1:1641

[79] Fernandez J M, Barriga C, Ulibarri M A, Labajos F M, Rives V. Preparation and thermal stability of manganese-containing hydrotalcite, $[Mg_{0.75}Mn^{II}_{0.04}Mn^{III}_{0.21}(OH)_2](CO_3)_{0.11} \cdot nH_2O$. J. Mater. Chem. 1994, 4:1117

[80] Márquez F, Palomares A E, Reya F, Corma A. Characterisation of the active copper species for the NO_x removal on Cu/Mg/Al mixed oxides derived from hydrotalcites: an in situ XPS/XAES study. J. Mater. Chem. , 2001, 11:1675

[81] Monźn A, Romeo E, Royo C, Trujillano R, Labajos F M, Rives V. Use of hydrotalcites as catalytic precursors of multimetallic mixed oxides. Application in the hydrogenation of acetylene. Appl. Catal. A-Gen. , 1999, 185:53

[82] Kovanda F, Rojka T, Dobesová J, Machovič V, Bezdička P, Obalová L, Jirátová K, Grygar T. Mixed oxides obtained from Co and Mn containing layered double hydroxides: Preparation, characterization, and catalytic properties. J. Solid State Chem. , 2006, 179:812

[83] Liu Y, Liu S, Zhu K, Ye X, Wu Y. Catalysis of hydrotalcite-like compounds in liquid phase oxidation: (II) Oxidation of p-cresol to p-hydroxybenzaldehyde Appl. Catal. A-Gen. , 1998, 169:127

[84] Intissar M, Segni R, Payen C, Besse J-P, Leroux F. Trivalent cation substitution effect into layered double hydroxides $Co_2Fe_yAl_{1-y}(OH)_6Cl \cdot nH_2O$: study of the local order. J. Solid State Chem. , 2002, 167:508

[85] Liu J, Li F, Evans D G, Duan X. Stoichiometric synthesis of a pure ferrite from a tailored layered double hydroxide (hydrotalcite-like) precursor. Chem. Commun. , 2003:542

[86] Oi J, Obuchi A, Ogata A, Bamwenda G R, Tanaka R, Hibino T, Kushiyama S. Zn, Al, Rh-mixed oxides derived from hydrotalcite-like compound and their catalytic properties for N_2O decomposition. Appl. Catal. B-Environ. , 1997, 13:197

[87] Bhattacharjee S, Anderson J A. Synthesis and characterization of novel chiral sulfonato-salen-manganese(III) complex in a zinc-aluminium LDH host. Chem. Commun. 2004:554

[88] Crespo I, Barriga C, Ulibarri M A, González-Bandera G, Malet P, Rives V. An X-ray diffraction and absorption study of the phases formed upon calcination of Zn-Al-Fe hydrotalcites. Chem. Mater. 2001, 13:1518

[89] Guo Y, Zhang H, Zhao L, Li G, Chen J, Xu L. Synthesis and characterization of Cd-Cr and Zn-Cd-Cr layered double hydroxides intercalated with dodecyl sulfate. J. Solid State Chem. , 2005, 178:1830

[90] Rives V, Kannan S. Layered double hydroxides with the hydrotalcite-type structure containing Cu^{2+}, Ni^{2+} and Al^{3+}. J. Mater. Chem. , 2000, 10:489

[91] Dubey A, Kannan S, Velu S, Suzuki K. Catalytic hydroxylation of phenol over CuM(II)M(III) ternary hydrotalcites, where M(II) = Ni or Co and M(III) = Al, Cr or Fe. Appl. Catal. A -Gen. , 2003, 238:319

[92] Melián-Cabrera I, Granados M L, Fierro J L G. Thermal decomposition of a hydrotalcite-containing Cu-Zn-Al precursor: thermal methods combined with an in situ DRIFT study. Phys. Chem. Chem. Phys. , 2002, 4:3122

[93] Iglesias A H, Ferreira O P, Gouveia D X, Filho A G S, Paivab J A C de, Filho J M, Alves O L. Structural and thermal properties of Co-Cu-Fe hydrotalcite-like compounds. J. Solid State Chem. , 2005, 178:142

[94] Friedrich H B, Govender M, Makhoba X, Ngcobo T D, Onani M O. The Os/Cu-Al-hydrotalcite catalysed hydroxylation of alkenes. Chem. Commun. 2003:2922

[95] Tichit D, Ribet S, Coq B. Characterization of calcined and reduced multi-component Co-Ni-Mg-Al-layered double hydroxides. Eur. J. Inorg. Chem. , 2001:539

[96] Basile F, Fornasari G, Trifiò F, Vaccari A. Partial oxidation of methane effect of reaction parameters and catalyst composition on the thermal profile and heat distribution. Catal. Today, 2001, 64:21

[97] Chmielarz L, Kústrowski P, Rafalska-lasocha A, Majda D, Dziembaj R. Catalytic activity of Co-Mg-

　　　　　Al, Cu-Mg-Al and Cu-Co-Mg-Al mixed oxides derived from hydrotalcites in SCR of NO with ammo-
　　　　　nia. Appl. Catal. B-Environ. , 2002, 35:195

[98]　　Rojas R M, Kovacheva D, Petrov K. Synthesis and cation distribution of the spinel cobaltites
　　　　　$Cu_xM_yCo_{3-(x+y)}O_4(M = Ni, Zn)$ obtained by pyrolysis of layered hydroxide nitrate solid solutions.
　　　　　Chem. Mater. , 1999, 11:3263

[99]　　Oh J M, Hwang S H, Choy J H. The effect of synthetic conditions on tailoring the size of hydrotalcite
　　　　　particles, Solids State Ionics, 2002 151(1-4) : 285

[100]　 Sato H, Akihiro M, Kanta O. Templating effects on the mineralization of layered inorganic com-
　　　　　pounds: (1) density functional calculations of the formation of single-layered magnesium hydroxide
　　　　　as a brucite model. Langmuir 2003, 19:7120

[101]　 Baranek P, Lichanot A, Orlando R, et al. Structure and vibrational properties of solid $Mg(OH)_2$
　　　　　and $Ca(OH)_2$- performances of various Hamiltonians. Chem. Phys. Lett. 2001, 340:362

[102]　 Pu M, Zhang B F. Theoretical study on the microstructures of hydrotalcite lamellae with Mg/Al ra-
　　　　　tio of two. Mater. Lett. 2005, 59:3343

[103]　 Pu M, Wang Y L, Liu L Y, et al. Quantum chemistry and molecular mechanics studies of the lamella
　　　　　structure of hydrotalcite with Mg/Al ratio of three. J. Phys. Chem. Solid. , 2008, 69:1066

[104]　 刘亚辉, 郭玉华, 吴静怡, 刘灵燕, 何静, 陈标华, 蒲敏. $n(Mg)/n(Al)=3$ 的水滑石层板结构及层
　　　　　间距的阴离子调控. 高等学校化学学报, 2008, 29(6) :1171

[105]　 Cavani F, Trifirò F, Vaccari A. Hydrotalcite-type anionic clays: Preparation, properties and appli-
　　　　　cations. Catal. Today, 1991, 11(2):173

[106]　 Hernandez-Moreno M J, UlibarrI M A, Rendon J L, et al. IR characteristics of hydrotalicite-like
　　　　　compounds. Phys. Chem. Miner. , 1985, 12:34

[107]　 Fogg A M, Dunn J S, Shyu S G, et al. Selective ion-exchange intercalation of isomeric dicarboxylate
　　　　　anions into the layered double hydroxide $[LiAl_2(OH)_6]Cl \cdot H_2O$. Chem. Mater. , 1998, 10:351

[108]　 Fogg A M, Rohl A L, Parkinson G M, et al. Predicting guest orientations in layered double hydrox-
　　　　　ide intercalates. Chem. Mater. , 1999, 11:1194

[109]　 Wang J W, Andrey G K, James K. Effects of substrate structure and composition on the structure,
　　　　　dynamics, and energetics of water at mineral surfaces: Amolecular dynamics modeling study.
　　　　　Geochimica et Cosmochimica Acta, 2006, 70:562

[110]　 Wang J, Kalinichev A G, Kirkpatrick R J, Hou X. Molecular modeling of the structure and energet-
　　　　　ics of hydrotalcite hydration. Chem. Mater. , 2001, 13(1):145

[111]　 Greenwell H C, Stackhouse S, Coveney P V, Jones W. A density functional theory study of catalytic
　　　　　trans-esterification by tert-butoxide MgAl anionic clays. J Phys. Chem. B, 2003, 107(15):3476

[112]　 Trave A, Selloni A, Goursot A, Tichit D, Weber J. First principles study of the structure and
　　　　　chemistry of Mg-based hydrotalcite-like anionic clays. J Phys. Chem. B, 2002; 106(47):12291

[113]　 Newman S P, Jones W. Synthesis, characterization and applications of layered double hydroxides
　　　　　containing organic guests. New J. Chem. , 1998 22:105

[114]　 Kalinichev A G, Kirkpatrick R J. Molecular dynamics modeling of chloride binding to the surfaces of
　　　　　calcium hydroxide, hydrated calcium aluminate, and calcium silicate phases. Chem. Mater. , 2002,
　　　　　14:3539

[115]　 Andrea S, Giuliana G, Mariarosaria T, et al. Incorporation of Mg-Al hydrotalcite into a biodegrada-

ble Poly(3-caprolactone) by high energy ball milling. Polymer, 2005, 46:1601

[116]　潘国祥,倪哲明,李小年. 类水滑石主体层板与客体 CO_3^{2-}、H_2O 间的超分子作用. 物理化学学报,
　　　　2007, 23(8):1195

[117]　胥倩,倪哲明,潘国祥,等. 水滑石限域空间中 Cl^- 与 H_2O 的超分子作用. 物理化学学报, 2008,
　　　　24(4):601

[118]　Thyveetil M A, Coveney P V, Greenwell H C, Suter J L. Computer simulation study of the struc-
　　　　tural stability and materials properties of DNA-intercalated layered double hydroxides. J. Am.
　　　　Chem. Soc., 2008, 130:4742

第 3 章　插层结构的构筑

3.1　层状材料的制备与形貌控制

3.1.1　晶粒尺寸及其分布的影响因素

晶体的尺寸及其形貌控制与晶体生长条件关系密切。从晶粒尺寸上看，大部分层状化合物系微晶材料，其生长过程是在溶液中进行的，并与溶液的饱和度、酸碱度，以及反应速率等有直接关系。因此，控制反应溶液的饱和度、合理的酸碱度以及反应速率是完整的层状化合物生长的最关键因素。其主要方法有：通过改变反应体系温度、溶液成分、反应速率以及利用某些物质的稳定相和亚稳相溶解度的差别等手段达到控制溶液饱和度的目的；反应体系的酸碱度则可以通过外界加入酸或碱，或者通过反应体系自身释放的氢离子来进行调节；反应速率则可以通过机械搅拌速率的控制以及对反应的温控来进行有效控制。

对于阴离子型层状化合物，例如水滑石类化合物，其大部分产物的生成是在水溶液中进行的。产物晶粒的大小不但与溶液中参与反应的物质离子浓度的比例分配、反应体系的压力以及温度控制等因素有直接的关系，而且还与反应体系中阴离子的种类也有一定的关系。因此，反应条件的合理控制，是形成特定晶粒尺寸和结晶度良好的晶体的关键所在。

对于阳离子型层状化合物，例如磷酸锆类化合物，除以上各种因素能够起到很大作用外，某些中间配位试剂（如氢氟酸等）的加入也能够直接影响到合成化合物的结晶度与晶粒尺寸。

下面以水滑石类化合物为例，从不同的合成方法入手，详细分析以上各种因素对阴离子型层状化合物微晶体合成及形貌的影响。

3.1.2　LDHs 晶粒尺寸及分布的控制

3.1.2.1　成核晶化隔离法的应用及其对 LDHs 晶粒尺寸及其分布的影响

为了达到控制 LDHs 晶粒尺寸的目的，对反应物成核速度的控制是一种有效手段，而成核晶化隔离法就是这样一种控制成核速度的有效方法。该方法将金属盐溶液和碱溶液迅速于全返混旋转液膜反应器中混合，剧烈循环搅拌几分钟后，再将浆液在一定温度下晶化[1]。全返混旋转液膜反应器的工作原理如图 3-1 所示。成核晶化隔离法采用该反应器来实现盐溶液与碱溶液之间的快速沉淀反应,通过控制反应器转子的线速度可使反应物瞬时充分接触、碰撞,成核反应瞬时完成并形成大量的晶核,然后晶核同步生长,保证晶化过程中晶体尺寸的均匀性。

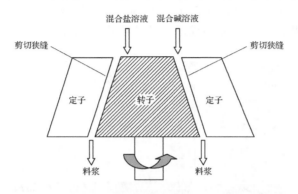

图 3-1　全返混旋转液膜成核反应器快速成核技术示意图

　　成核晶化隔离法制备 LDHs 大致可以分为两个阶段:第一阶段是反应阶段,即成核阶段,在这一阶段中通过离子之间快速反应形成大量的 LDHs 晶核;第二阶段是晶核生长阶段,也称为晶化过程。将这两个阶段分开,可以最大限度地保证 LDHs 粒子生长环境的一致,从而使得最终晶体颗粒的尺寸均一。

　　全返混旋转液膜反应器的反应区域主要是转子和定子之间的超薄空间,操作过程中物料在此空间处于一个强大的剪切力场中,从而达到剧烈返混的目的。该反应器中,有几个可调参数,如槽间隙、转子的旋转速度、进料流速和物料的黏度等,通过对它们的调节可以得到特定工业生产目的的最佳操作条件。基于转子和定子之间的剪切力场效应,北京化工大学化工资源有效利用国家重点实验室设计了全返混液膜反应器。利用该反应器进行金属盐溶液与碱溶液快速混合,瞬间形成大量晶核,最大限度地减少成核和晶体生长同时发生的可能性,并使成核、晶化隔离进行。该方法可以分别控制晶体成核和生长条件,从而实现 LDHs 晶粒尺寸的有效控制,更好地满足各种实际需要。该方法的关键是成核的瞬时性和均匀性,因此探讨成核过程中液膜反应器可调参数对控制 LDHs 尺寸具有重要意义。

　　与恒定 pH 法相比,成核晶化隔离法合成 LDHs 的 XRD 特征衍射峰更强,基线更平稳,样品结晶度更高,晶相结构更完整。另外,两种方法合成的样品在粒径大小和分布上差别显著,成核晶化隔离法产物粒子小,为纳米量级(见图 3-2),且粒径分布均匀。两种方法制备的 $MgAlCO_3$-LDHs 产物粒径分布测定结果见

表 3-1和图 3-3 所示。两种方法导致样品粒径大小和分布差别较大的原因在于：恒定 pH 法在合成 LDHs 的过程中，成核与晶化过程同时发生，导致新成核的粒子和已经晶化一定时间的粒子存在尺寸差别。根据晶体化学原理，对于共沉淀反应制备晶体材料，如果能保证晶体的前驱体晶核大小一致，同时保证粒子的生长条件一致，就有可能合成出粒径均匀的晶体材料。成核晶化隔离法将成核与晶化过程分开，使晶化过程不再有新核的生成，达到产物粒子均匀的目的。

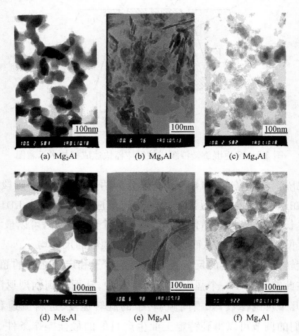

图 3-2　MgAlCO₃-LDHs 的 TEM 照片

（a）～（c）成核晶化隔离法；（d）～（f）共沉淀恒定 pH 法

表 3-1　不同方法制备的 MgAlCO₃-LDHs 样品的粒径分布数据

粒径分布	恒定 pH 法			成核晶化隔离法		
	Mg₂Al	Mg₃Al	Mg₄Al	Mg₂Al	Mg₃Al	Mg₄Al
$d(0.1)/\mu m$	0.098	0.071	0.107	0.082	0.084	0.082
$d(0.5)/\mu m$	0.281	0.145	2.070	0.142	0.139	0.137
$d(0.9)/\mu m$	4.819	0.721	5.388	0.233	0.220	0.249

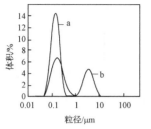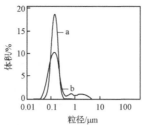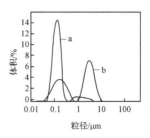

图 3-3　MgAlCO₃-LDHs 粒度分布曲线
a. 成核晶化隔离法；b. 共沉淀恒定 pH 法

3.1.2.2　程序控温动态晶化法

程序控温动态晶化法是指等间隔时间升高相同的温度来达到对样品晶化的一种研究方法。晶胞的形成是晶体生长的必经阶段，这一阶段主要是离子之间形成键合过程，需要吸收一定的能量才能完成。随着晶胞的形成，晶体进入一个逐渐完善的阶段，在这一过程中，部分化学键发生断裂并开始离子重组，使晶体的形貌趋于完美。而旧键的断裂和新键的形成均需要一定的外界能量参与，因此对于大部分晶体化合物来说，晶化过程中是需要加热来进行的。同时我们也必须注意到晶体不同的生长过程需要的能量是不一样的。在晶体形成的初始阶段，晶胞数目对完美晶体的形成往往起到决定性的作用。如果该阶段环境的温度较高，就会导致大量晶胞瞬间形成，从而使得最终形成的晶体数目也相应较多，晶粒尺寸必将较小且晶体形貌不规整，原因是重组需要的大量离子被数目众多的晶胞形成所消耗。所以，较温和的环境温度在晶体形成初期是必要的，而在晶体的生长过程中，由于化学键的重新断裂和离子之间的重组，较高的环境温度是必要的。总体来说，逐渐提高晶化环境温度，即程序化升温，在晶体生长过程中往往会发挥极其重要的作用。

水滑石是一类晶体化合物，晶化温度的控制对于该类化合物的晶体形成是非常重要的。张慧等[2]在研究成核晶化隔离法合成 MgFe-LDHs 中发现，程序化晶化温度的控制对晶粒尺寸以及晶体的结晶度影响非常显著。图 3-4 为程序控温条件下（20～100°C）所制备的 MgFe-LDHs 的 XRD 谱图。可以看出，在晶化时间相同时，程序化温控条件下所得产物 MgFe-LDHs 的特征衍射峰比固定温度条件下产物的特征衍射峰明显增强且尖锐。从二者的 XRD 参数值（表 3-2）可知，MgFe-LDHs 的 d_{002} 值和晶胞参数 c 值均逐渐增大，而 d_{110} 和晶胞参数 a 值只是略有增大。这一结果表明，程序升温控制水滑石合成，水滑石的晶体结构趋于完善，晶粒尺寸显著增大。

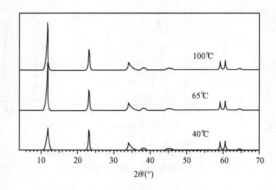

图 3-4　不同晶化温度所制备的 MgFe-LDHs 的 XRD 图

表 3-2　不同晶化温度条件下所制备 MgFe-LDHs 的 XRD 结构参数（晶化 6h）

晶化温度/℃	40	65	100
d_{002}/nm	0.7665	0.7678	0.7675
d_{004}/nm	0.3831	0.3835	0.3837
d_{110}/nm	0.1550	0.1551	0.1551
半峰宽[002]/(°)	0.7400	0.4631	0.4159
半峰宽[110]/(°)	0.5201	0.3236	0.2960
a/nm	0.3100	0.3102	0.3102
c/nm	2.300	2.303	2.303
粒子尺寸（a方向）/nm	16.95	27.24	30.62
粒子尺寸（c方向）/nm	10.68	17.06	18.97

3.1.2.3　非平衡晶化法

非平衡晶化法的实施可采取两种方式：保持前期成核条件相同，调节后期溶液中补加的离子浓度；保持后期溶液中补加的离子浓度相同，调节前期成核离子浓度[3]。表 3-3 和表 3-4 分别列出了上述两种方式合成的 LDHs 的粒径分布结果。从表 3-3 可以看出，在前期成核条件一致时，随后期离子浓度的增大及滴加液的增加，LDHs 粒径在增大。对样品 A，B，C 来说，第一步成核条件完全相同，所以各体系中晶核的数量基本一样。在相同晶化条件下，晶化一段时间后，体系中粒子数目相同，且晶体生长几乎达到了平衡。此外通过补加原料改变体系中离子的浓度，促使 LDHs 的沉淀溶解平衡向沉淀方向移动，表现为 LDHs 粒子长大；又由于 LDHs 体系中粒子数目一样，且滴加时尽量不形成新的晶核，即在等量 LDHs 粒子上沉淀，这样随粒子浓度增大或补加原料量的增多，LDHs 晶粒尺寸加大。

表 3-3　非平衡晶化法 LDHs 的制备条件及粒径分布(前期的成核离子浓度相同)

样品	成核离子浓度/(mol/L)		粒径分布/%		
	第一步[Mg^{2+}]	第二步[Mg^{2+}]	<0.4μm	0.4~1.5μm	>1.5μm
A	0.086	0.60	73.8	26.2	0
B	0.086	1.08	61.6	38.4	0
C	0.086	2.00	56.3	40.9	2.8

表 3-4　非平衡晶化法水滑石的制备条件及粒径分布(后期补加的离子浓度相同)

样品	成核离子浓度/(mol/L)		粒径分布/%	
	第一步[Mg^{2+}]	第二步[Mg^{2+}]	<0.4μm	0.4~1.5μm
A	0.086	0.60	73.8	26.2
D	0.857	0.60	75.0	25.0
E	1.543	0.60	80.9	19.1

表 3-4 结果表明,当保持后期溶液中粒子浓度相同即第二步滴加液相同时(样品 A、D、E),随第一步成核离子浓度提高,LDHs 粒径减小。因为成核离子浓度越高,随晶核生成的 LDHs 晶体数量越多。晶化 2h 后,体系中粒子数目仍较多,等量的离子在较多的 LDHs 粒子上沉淀,晶粒尺寸自然小。样品 A 和 D 在第一步中成核离子浓度相差大,所得 LDHs 的粒径分布却相差不多的原因,可能除了与体系中粒子数目有关外,还与体系的过饱和度及晶体生长速率有关。

美国专利[4]将铝化合物(氢氧化铝或铝的水溶性盐)与镁化合物(氢氧化物或镁的水溶性盐)和碳酸盐混合,保持水溶液的 pH 为 8 或略高,采用非平衡晶化法制备 LDHs。所得产物的颗粒细小且具有较高的纯度,被用作抗胃酸药物。

加拿大专利[5]采用非平衡晶化法来合成 LDHs([$Mg_6Al_2(OH)_{14}(HPO_4)\cdot4H_2O$]和[$Mg_6Al_2(OH)_{14}(SO_4)\cdot4H_2O$]),首先由含 $Mg(OH)_2$ 和 $Al(OH)_3$ 的浆液在氮气保护条件下共沉淀形成 LDHs,然后再用 K_2HPO_4 或 $NaHSO_4$ 处理,得到插层结构的 LDHs。

3.1.2.4　牺牲模板法

利用有机模板来合成具有从介观尺度到宏观尺度复杂形态的无机材料是一个新近崛起的材料化学研究方向。以自组装的有机聚集体或模板通过材料复制而转变为有序化的无机结构,自组装的有机体对无机物的形成起模板作用,使得无机矿物生长具有一定的形状、尺寸、取向和结构。模板制备无机矿物一般按照以下步骤进行:先形成有机物的自组装体,无机先驱物在自组装聚集体与溶液相的界面处发生化学反应,在形貌可控的自组装体的模板作用下,形成无机/有机复合体,将有机物模板去除后即得到具有一定形状的无机材料。常用作有机物模板的有：由表面活性剂形成的微乳、囊泡、嵌段共聚物、形态可控多肽、聚糖以及 Langmuir-Blodgett 自组装膜等。1992 年 Mobil 公司[6]利用表面活性剂形成的液晶为模板首先合成了具有介孔结构的 MCM-41 分子筛。Walsh 等[7]利用微乳状液为模板先后合成了海绵状结构和网状结构的介孔碳酸钙矿物。

　　利用模板法制备 LDHs 的文献报道不多。He 等[8]利用 Langmuir-Blodgett 方法定向生长了 MgAlCl-LDHs 和 NiAlCl-LDHs 单层膜。他们首先在云母片上负载 $K_2[Ru(CN)_4L]$ 化合物，利用 LDHs 粒子与 $K_2[Ru(CN)_4L]$ 相互作用来生长单层 LDHs 薄膜（图 3-5 所示）。Mariko 等[9]在水/乙二醇混合溶液体系中，通过尿素水解制备 $MgAlCO_3$-LDHs。在水/乙二醇混合溶液体系中制备的 LDHs 颗粒尺寸比在水溶液中制备的 LDHs 颗粒明显减小，乙二醇所占的比例越大，所制备的 LDHs 颗粒越小（图 3-6 所示）。He 等[10]在正辛烷-十二烷基磺酸钠-水的乳液中共沉淀反应得到了纤维状形态的 $MgAlCO_3$-LDHs。与常规共沉淀相比，其比表面积明显增大，由于乳液微水池的限域作用，产物颗粒尺寸分布窄化（如图 3-7 所示）。

图 3-5　LB 膜上定向生长 $K_2[Ru(CN)_4L]$/LDHs 杂化膜
(a) $K_2[Ru(CN)_4L]$/MgAlCl-LDHs 杂化膜；(b) $K_2[Ru(CN)_4L]$/NiAlCl-LDHs 杂化膜

图 3-6　尿素法水/乙二醇体系中制备 LDHs 的 SEM 照片

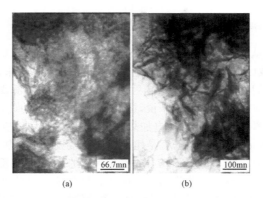

图 3-7　正辛烷-十二烷基磺酸钠-水的乳液中制备纤维状 MgAlCO₃-LDHs 粒子

（a）恒定 pH 法；（b）变化 pH 法

3.1.2.5　水热合成法

此法是以含有构成 LDHs 层板的金属离子的难熔氧化物和/或氢氧化物为原料,在高温高压下水热处理得到 LDHs[11]。水热处理温度、压力、投料比等对 LDHs 的制备具有较大的影响。

2007 年,O'Hare 等[12]在水热条件下利用 MgO 和 Al₂O₃ 浆液原位合成得到了 MgAlCO₃-LDHs,实验发现,反应体系在 100℃ 时能够得到结晶度良好的 LDHs 微晶,而随着温度的升高,反应产物中水镁石和水软铝石的成分在逐渐增大。同时研究了水滑石生成速率与温度之间的关系。研究得到的不同温度条件下生成的水滑石 XRD 谱图如图 3-8 所示。不同反应温度条件下合成得到的 MgAlCO₃-LDHs 微晶(003)衍射面和晶化时间之间的变化规律如图 3-9 所示。

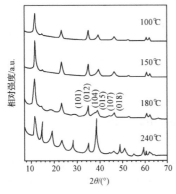

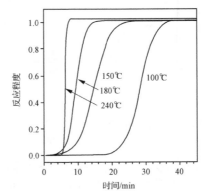

图 3-8　不同温度条件下合成得到的
MgAlCO₃-LDHs 的 XRD 谱图

图 3-9　不同反应温度条件下合成得到的 MgAlCO₃-LDHs 微晶(003)衍射面和晶化时间之间的变化规律

3.1.2.6　微波合成法

微波是频率从 0.3～300 GHz 的电磁波,其对应波长为 1.0mm～1.0 m。在电磁波谱中,微波区位于红外线和无线电波频率之间。近些年来,微波因其独特的性质已经引起人们的广泛关注,微波辐射技术扩展到了化学领域并逐渐形成一门交叉学科——微波化学[13]。一般来说,微波促进化学反应的进行,主要原因来自于两个方面的因素:一是微波的介电加热效应,二是微波场效应。微波增强化学(microwave-enhanced chemistry)就是建立在通过微波介电加热效应来有效地加速分子的运动碰撞速度,瞬间使反应体系产生大量的热量,达到反应所具备的活化能的效果之上的[14]。这种加热作用对于极性有机分子来说是通过分子的偶极极化来完成的,而对于无机离子来说,则是通过离子传导作用来实现。在离子传导过程中,溶液中的带电粒子(通常指离子)在微波场的影响下前后振荡,与其邻近的分子或原子相互碰撞,碰撞引起运动,便产生了热。与此同时,反应的微波场效应(即非热效应)使得反应的活化能降低,或者使得极性物种产生运动的定向作用,导致了阿伦尼乌斯定律中的指前因子增大,反应速率大大增加[15]。

利用微波技术制备 LDHs 及其插层材料是一种新的尝试,它快捷方便,而且能够得到一些意想不到的效果。

1998 年,杜以波等[16]以微波晶化法制备了 MgAlCO₃-LDHs。图 3-10 为微波晶化法和水热晶化法所得产物的粉末 X 射线衍射(PXRD)示意图。经过对比发现,微波处理8min即得到常规热晶化法效果的 LDHs,LDHs 的结晶度和 65℃条件下水热晶化 24h 得到产物的结晶度相似。

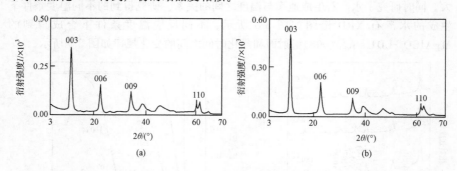

图 3-10　不同方法合成得到的 MgAlCO₃-LDHs PXRD 谱图
(a) 水热晶化法;(b) 微波晶化法

从结构角度来看,晶体的晶化过程实际上是一个晶体结构自我调整和自我完善的过程。在晶体内部的晶格中,处于相对无序的阵点或缺陷是能量相对高且不稳定的部分,晶格点阵的固有排列方式要求那些处于相对无序的阵点或缺陷按照其固有的排列方式进行调整,达到能量最低最稳定的状态,从而使晶体的结晶度得到提高,该过程也可以视为一个能量传输和物质传输的过程。如果晶化在微波场中进行,那么微波场将起到能量传输的作用。

LDHs 及其他黏土类物质是由许多微晶组成。在水滑石的这些微晶体形成过程中,由于沉淀速度较快,使得反应液体的环境不均匀,部分晶体结构出现相对无序和发生晶格缺陷现象,尤其是层板上 OH⁻ 离子常常发生配位缺陷。热晶化过程将促使溶液中的 OH⁻ 离子去补偿由于以上因素所形成的 LDHs 晶格缺陷(pH 适宜的条件下),使无序的 LDHs 晶格部分得到调整。在微波场中,由于吸收微波电磁辐射能量,OH⁻ 将加快迁移速率,它们将在较短时间内从溶液中迅速扩散并进入层板之间以至层板上的晶格位置;另外,晶格中部分无序点阵也会在微波场中获得能量,在短时间内完成晶格的自我调整,从无序变有序,这样就大大地节省了 LDHs 结晶时间。

对于客体分子在主体层状材料的组装,微波场能也有着明显的增速作用效果。通过对 1,5-萘二磺酸对 MgAlCO₃-LDHs 插层研究[16]发现,微波场对 1,5-萘二磺酸和 MgAlCO₃-LDHs 混合物作用几分钟比常规插层操作几十个小时效果更加明显、更加彻底(图 3-11 是两种插层方法所得产物的 XRD 谱图)。在微波场中,微波交变电磁场对 1,5-萘二磺酸阴离子的洛伦兹力作用可以在瞬间全方位地提高其分子能量,从而克服因 LDHs 层间阴离子通道窄(硝酸根离子在水溶液中的有效离子半径约为 3×10^{-10} m)和 1,5-萘二磺酸阴离子离子半径大所带来的扩散阻力和离子交换阻力;另一方面,微波交变电场会引起 LDHs 层板上的晶格点和层间离子瞬间极化方向的改变,在较短时间内削弱层板之间、层板与阴离子之间的相互作用力,使离子交换作用顺利完成,因而用微波法制备柱撑 LDHs 在速度上优于常规加热交换法。

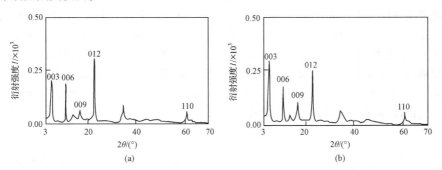

图 3-11　不同方法得到的萘二磺酸插层水滑石的 XRD 谱图
(a) 常规法;(b) 微波法

磷钨酸在 MgAlCO₃-LDHs 中的插层研究同样也证明了上述结论。

大量的实验结果证明,微波的应用大大地提高了层状材料的合成效率,带来了巨大的社会经济效益。

3.1.2.7　表面原位合成法

表面原位合成技术主要用于制备复合材料。通过化学或物理方法将一种化合物或功能材料负载在另外一种材料基质的表面,使得这种化合物或材料的力学性能、热稳定性、分散性等大大提高,得到同时具有材料本身和载体基质共同优点的复合材料。复合陶瓷材料的制备方法常采用表面原位合成技术[17]。例如,通过化学沉积在 SiC 陶瓷基体表面沉积 C 纤维。表面原位合成技术同样可以用于水滑石类化合物的复合材料中,该技术手段可使单分散的 LDHs 颗粒负载在大比表面积、高机械强度的 Al_2O_3 颗粒上,从而增强 LDHs 颗粒的机械强度、热稳定性以及回收利用率。

早在 1983 年,Mok 等[18]就利用尿素水解法在 α-Al_2O_3 上负载 NiAl-LDHs。Schaper 等[19]则首先往硝酸镍溶液中加入浓氨水,使之形成镍氨络合物,然后采用强碱氢氧化钠为沉淀剂,在 Al_2O_3 载体孔内生成 NiAl-LDHs。Clause 等[20]相继报道了采用 γ-Al_2O_3 作为载体,将其浸渍于含有 Co^{2+}、Ni^{2+} 或者 Zn^{2+} 的溶液中,通入氨气控制溶液的 pH 在 $7\sim8.2$,在 γ-Al_2O_3 载体表面形成 LDHs。

毛纡冰、张蕊等[21]分别以氨水和尿素为沉淀剂调节 pH,以硝酸镍、硝酸镁为原料,通过"激活"γ-Al_2O_3 载体表面的 Al 源,在 γ-Al_2O_3 孔道内表面原位合成了 NiAl-LDHs/γ-Al_2O_3 和 MgAlCO$_3$-LDHs/γ-Al_2O_3。以上合成过程中,反应体系存在着两个平衡,即 $NH_3\cdot H_2O$ 在溶液中电离生成 NH_4^+ 和 OH^- 以及 $NH_3\cdot H_2O$ 与 Ni^{2+} 作用生成 $[Ni(NH_3)_6]^{2+}$ 配离子,反应体系中各个组分的浓度受到电离平衡和配位的共同制约。如图 3-12 所示,反应过程中因为表面 Al 源被激活而不断消耗 OH^-,$NH_3\cdot H_2O$ 的电离平衡向反应正方向移动,电离平衡移动的结果使 NH_3 浓度下降,促使了溶液中 $[Ni(NH_3)_6]^{2+}$ 的离解,Ni^{2+} 离子被释放,同时使得溶液中的 NH_3 的浓度又有一定的升高并继续"激活"表面 Al 源。这样,Ni^{2+}、Al^{3+}、OH^- 和 CO_3^{2-} 就共同构成了 NiAlCO$_3$-LDHs 的形成条件,并抑制了体相反应的进行,从而在 γ-Al_2O_3 表面形成了 LDHs。

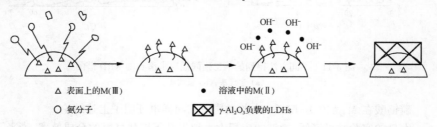

△ 表面上的M(Ⅲ)　　　　● 溶液中的M(Ⅱ)
○ 氨分子　　　　　　　▨ γ-Al$_2$O$_3$负载的LDHs

图 3-12　NiAlCO$_3$-LDHs/Al_2O_3 复合物的表面原位合成示意图

3.1.2.8　双粉末合成法

采用双粉末合成法制备 LDHs,首先是用天然或者合成的含镁固体粉末与含铝固体粉末在水浆中反应,形成羟镁铝石中间体,然后将生成的中间体用二氧化碳或者其他阴离子(草酸、琥珀酸盐、对苯二酸盐等)处理,转化为 LDHs[22]。

此方法最早是由 Roy 等[23]提出的,研究中通过机械混合 MgO 和 Al₂O₃ 而得到了 MgAlCO₃-LDHs。Martin 等[24]在他们的一系列专利文献中报告了 LDHs 的双粉末合成法。其经典的方法是首先将 70 g MgO 固体粉末和 45.6 g Al(OH)₃ 固体粉末混合,置于 1200 mL 蒸馏水的圆底烧瓶形成浆液。然后,通入氮气保护并搅拌加热浆液直至沸腾。经过 16 h 的加热反应生成了羟镁铝石。将浆液冷却到 40℃,然后用 CO₂ 气体处理,羟镁铝石转变为 LDHs。Pausch 等[11]以 MgO 和 Al₂O₃ 的机械混合物为原料制备层间阴离子分别为 CO_3^{2-}、OH^- 的 MgAl-LDHs,反应温度 100~350℃之间,反应时间 7~42 天。水热处理温度、压力、投料比等对 LDHs 的制备具有较大的影响。采用该方法可制得高铝含量(Mg/Al 比 1∶3)的 LDHs。

双粉末法采用天然的含镁和含铝矿物,可以降低合成 LDHs 的成本。另外,由于不用氢氧化物或者碳酸钠等碱性物质,可以大大降低钠离子的污染。

3.1.2.9　盐-氧化物法

盐-氧化物法是由 Boehm 等[25]于 1977 年制备 ZnCrCl-LDHs 时提出来的。其制备过程是将 ZnO 浆液与过量的 CrCl₃ 水溶液在室温下反应数天,得到组成为 ZnCr(OH)₆Cl · 2H₂O 的产物。而制备 MgAl-LDHs 则采取加热 MgCO₃ 或者 Mg(OH)₂ 使之脱除 H₂O,生成活性 MgO,再将新生成的活性 MgO 与 NaAlO₂、Na₂CO₃ 以及 NaOH 混合反应形成 LDHs[26]。

在 Kosin 等[26]提出的一项用作塑料阻燃剂的 LDHs 制备技术中,首先将氢氧化镁 Mg(OH)₂ 浆液与 NaAlO₂、NaHCO₃ 混合,在温度 150~200℃时反应 1~3 h,然后将所得到的产物过滤并在高温下干燥。LDHs 产品平均粒径大约为 1 μm,具有片晶状的形貌。将该片晶状 LDHs 用磷酸处理,PO_4^{3-} 置换出 LDHs 层间的阴离子 CO_3^{2-},就得到了含有磷酸根插层的 LDHs。

3.1.3　酸碱度对晶粒尺寸及分布的影响

众所周知,大部分层状化合物的板层是由金属元素和某些无机非金属元素共同组成的,在其形成过程中,要求金属离子与无机离子之间进行充分接触而成键。这种结构的构建是在一定浓度的酸或者碱性环境中进行的,它可以通过酸或者碱性溶液去调节混合金属离子的溶液来完成,也可以通过金属离子和酸或碱的溶液同时加入来完成。该方法有利于纯度较高、尺寸更均匀的微晶形成,因为这些微晶是在同一时间定量被合成,从而避免了某些杂晶的生成。

在 LDHs 类材料物质的合成过程中,金属离子混合溶液和碱溶液通过一定的方式混合而发生共沉淀,其中在金属离子混合溶液中或碱溶液中含有构成 LDHs 的阴离子物种。然后将得到的胶体在一定条件下晶化得到目标产物。根据要求不同,应用 pH 梯度法可以合成出系列不同 M^{2+}/M^{3+} 比的 LDHs 材料物质,并能实现对产物尺寸的有效控制。

3.1.3.1　恒定 pH 的影响

恒定 pH 法又称为双滴法或低过饱和度法。在体系成胶过程中将金属盐溶液和碱溶液通过控制滴加速度同时缓慢滴加到搅拌容器中,混合溶液体系的 pH 由控制滴加速度[27]来进行调节。该方法的特点是在溶液滴加过程中体系的 pH 保持恒定,容易得到晶相单一的 LDHs 类化合物产品。

Corma 等[28]采用该方法制备得到了 CO_3^{2-} 型 MgAl-LDHs, Mg^{2+} 浓度为 1.0mol/L, OH^- 滴加速率为 1mL/min,溶液滴加过程中控制 pH 为 13.0,滴加完毕后于 200℃晶化 18 h,所得产物为六方片状晶体,晶粒尺寸范围为 250~500nm。Hibion 等[29]采用恒定 pH 法制备 MgAlCO₃-LDHs 时,控制溶液体系的 pH 恒定为 10.0,滴加时温度保持 70℃,盐溶液滴加速率为 50mL/min,滴加完毕后不再进行高温晶化,所得产物为片状晶体,晶粒尺寸范围为 25~50nm。Yun 等[30]则控制 pH 恒定为 10.0,滴加温度为 40℃,滴加完毕后于 70℃晶化 40 h,所得产物为晶形完整的六方形片状晶体,晶粒尺寸范围为 40~120nm。比较研究表明,采用变化 pH 法(见下文)得到的 LDHs 晶形不完整,晶粒尺寸较小,约为 3~25nm。Meng 等[33]采用该方法成功合成出 SO_4^{2-} 型 ZnFe-LDHs,并以此为前驱体合成了 ZnFe₂O₄尖晶石。

3.1.3.2　变化 pH 的影响

变化 pH 法又称单滴法或高过度饱和法。制备过程是首先将含有金属阳离子 M^{2+} 和 M^{3+} 的混合盐溶液在剧烈搅拌条件下滴加到碱溶液中,然后在一定温度下晶化[30]。该方法特点是在滴加过程中体系 pH 持续变化,但是体系始终处于高过饱和状态,而在高过饱和条件下往往由于搅拌速度远低于沉淀速度,常会伴有氢氧化物或者难溶盐等杂晶相的生成,导致 LDHs 产品纯度降低。Reichle 等[31]采用该方法制备了 CO_3^{2-} 型 MgAl-LDHs。 Mg^{2+} 溶液滴加速度为 1.1mol/L, OH^- 浓度为 3.5mol/L,成胶温度为 35℃,滴加速率为 3.5~4mL/min,滴加完毕后于 65℃晶化 18 h。所得产物晶粒尺寸较小,约为 30~150nm;当晶化温度控制在 200℃时,所得晶粒的形态较为完整,晶粒尺寸较大,约为 150~550nm。Han 等[32]将碱溶液滴加到盐溶液中来制备 MgAlCO₃-LDHs,成胶温度为室温,滴加速率控制在 15mL/min,滴加完毕后于室温晶化 5 h。所得产物的晶粒尺寸范围为 60~200nm,平均粒径为 100nm。

3.1.3.3　尿素法的应用

尿素法制备 LDHs 的过程是首先向金属盐溶液中加入一定量的尿素,然后将该反应体系置于自生压力釜中,经过一定时间的高温反应,利用缓慢分解释放出的氨来达到调节水滑石合成所需要的碱度,保证水滑石的成核及生长[33]。该方法特点是体系过饱和度低,产物晶粒尺度大,晶体生长完整(如图 3-13 和图 3-14 所示)[34]。杨飘萍等[35]向含二价金属(Mg^{2+}、Zn^{2+} 或者 Ni^{2+})硝酸盐和三价金属(Al^{3+})硝酸盐溶液的四口烧瓶中加入一定量的尿素,搅拌下将烧瓶浸入 105℃油浴中晶化反应。观察发现,当反应温度超过 90℃时,尿素开始分解,溶液逐渐变浑浊,体系 pH 持续上升,反应约 1h 后,溶液彻底变成浆液。保持晶化温度为 95～105℃,动态晶化 10h,然后在 95℃下静态晶化 20h,即可得到高结晶度的 LDHs 产品。

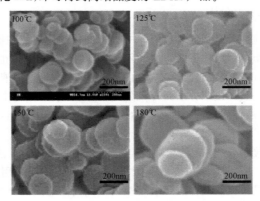

图 3-13　共沉淀法制备的 $MgAlCO_3$-LDHs 的 SEM 照片
晶化温度:100℃、125℃、150℃ 和 180℃

图 3-14　尿素法制备的 $MgAlCO_3$-LDHs 的 SEM 照片
金属离子总浓度:0.87mol/L、0.67mol/L、0.44mol/L 和 0.065mol/L

尿素是一种弱的布朗斯特碱($pK_b = 13.8$),易溶于水,通过调解反应温度可以控制尿素的热分解速率。尿素的热分解过程包括以下两步[36]:第一步是氰酸胺的生成,为速率控制步骤,第二步是氰酸胺快速分解生成碳酸氨:

$$CO(NH_2)_2 \longrightarrow NH_4CNO$$
$$NH_4CON + 2H_2O \longrightarrow (NH_4)_2CO_3$$

由于尿素溶液在低温下呈中性,可与金属离子形成均一溶液,而当溶液温度超过 90℃时,尿素则开始分解,并有大量氨形成,使得溶液的 pH 均匀逐步地升高。该方法的优点是溶液内部的 pH 始终是一致的。在一定的条件下,采用尿素法可以合成出高结晶度的 MgAl-LDHs、ZnAl-LDHs 及 CoCr-LDHs[37]。作者认为这可能与溶液中不同金属离子发生共沉淀时所需的 pH 不同有关。

3.1.3.4　气液接触法

气液接触反应主要是指气体在液体中进行的化学反应。在该反应体系当中,至少有一种反应组分以气体形式存在,而液体可以是反应组分,也可以是含有反应组分、反应催化剂的溶液或者悬浮液。由于气液反应是气体在液体中进行的化学反应,因此,对任一气体反应分子而言,都必须先溶解于液体之中才有可能发生化学反应。此时,气液传质与液相中的化学反应相互影响、相互制约,共同实现反应所要达到的目的[38,39]。

传统的气液接触合成法用于有机反应当中,例如,Wacker 法乙烯制备乙醛、丙烯制备丙酮等[40]。后来逐步发展到无机反应体系当中。采用气液接触法合成层状材料则很少见报道。该方法要求酸性或碱性气体通过混合盐溶液,并为盐溶液提供生成产物可沉降的适当酸碱条件,达到合成材料的目的。2004 年,Lei 等[41]采用该方法成功地合成出了晶形较好且晶粒分布均匀的 MgAlCO_3-LDHs 和 ZnAlCO_3-LDHs。在该合成过程中,首先在一烧杯中配制 Mg/Al(或 Zn/Al)摩尔比为 2:1 的 $Mg(NO_3)_2 \cdot 6H_2O$[或者 $Zn(NO_3)_2 \cdot 6H_2O$]和 $Al(NO_3)_3 \cdot 9H_2O$ 溶液,满足溶液中金属离子的总浓度为 0.06mol/L。同时在一培养皿中加入 $(NH_4)_2CO_3$[$(NH_4)_2CO_3/NO_3^-$(摩尔比)=3]若干。然后将培养皿和烧杯放置于一干燥器中,整个装置如图 3-15 所示。封闭干燥器后,将其放入 60℃的烘箱中反应 24h,即得晶形良好的 MgAlCO_3-LDHs 和 ZnAlCO_3-LDHs。

众所周知,合成碳酸根 LDHs 必须具备以下几种条件:

(1)含有一定摩尔浓度、离子比例的

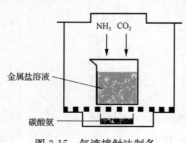

图 3-15　气液接触法制备
LDHs 的装置示意图

不同价态(一般来说是指二价和三价)金属离子和阴离子(一般指 CO_3^{2-} 和 NO_3^- 等)混合盐溶液。

(2) 可使金属离子形成沉淀的、一定 pH 的碱性溶液环境。

以上两种条件对于合成水滑石来说缺一不可。本合成方法中,水滑石生成的碱性环境将由碳酸氨受热分解生成的氨气提供。碳酸氨受热发生分解生成氨气和二氧化碳气体,氨气溶于水后使得盐溶液的 pH 升高,而二氧化碳溶于盐溶液后则使盐溶液的 pH 降低,但二者综合起来的结果不但使得溶液的碱性提高,而且溶液中有大量的 CO_3^{2-} 阴离子生成,可形成 LDHs 生成的必要条件。实验结果发现,反应开始前,混合盐溶液的 pH 为 3.0 左右,随着反应的进行,受 CO_2 和 NH_3 分子扩散的影响,溶液表面的 pH 和 CO_3^{2-} 的浓度在整个体系中最高,首先达到饱和状态,进而在溶液表面形成 LDHs 晶核。随着反应的进行和两种气体在溶液中的进一步扩散,溶液内部和烧杯底部的溶液也逐渐达到 LDHs 生成的基本条件,这时LDHs 晶核开始在溶液中全面形成和晶核进入深度晶化,进而形成结晶度良好的LDHs 晶体。采用气液接触法通过控制 $(NH_4)_2CO_3$ 分解速度制备以上两种水滑石的过程表示如下(其中 M^{2+} 为 Mg^{2+} 或者 Zn^{2+}):

$$(NH_4)_2CO_3 \longrightarrow 2NH_3(g) + CO_2(g) + H_2O \ (1)$$

$$NH_3 + H_2O \longrightarrow NH_3OH \longrightarrow NH_4^+ + OH^-$$

$$CO_2 + H_2O \longrightarrow H_2CO_3 \longrightarrow H^+ + HCO_3^- \longrightarrow 2H^+ + CO_3^{2-}$$

$$2OH^- + (x/2)CO_3^{2-} + (1-x)M^{2+} + xAl^{3+} + yH_2O$$

$$\longrightarrow \left[M_{1-x}Al_x(OH)_2\right]^{x+}(CO_3)_{x/2} \cdot yH_2O$$

反应体系中 pH 梯度和 CO_3^{2-} 浓度梯度变化的存在对于获得粒度均匀的水滑石比较有利。反应过程中,LDHs 优先在金属盐溶液表面成核。由于受重力作用的影响,LDHs 晶核逐渐下沉至容器的底部。由于溶液中存在 pH 梯度和 CO_3^{2-} 浓度梯度,LDHs 晶粒下沉到容器的一定位置后,溶液中的过饱和状态消失,晶粒停止生长。这样,水滑石晶粒具有均匀的粒径。随着反应的进行,金属离子被消耗,盐溶液浓度逐渐降低。这样,当反应进行到一定阶段后,由于金属离子的消耗也使得溶液的过饱和状态消失,体系重新达到平衡。这时,$(NH_4)_2CO_3$ 的分解速度维持溶液表面层的 pH 不变,而扩散作用使得溶液本体的 pH 升高。尽管 LDHs 晶核不是同时形成的,但粒径均匀的 LDHs 几乎同时进入老化阶段,使得终产物的粒径相差不大。反应溶液的 pH 和 pH 的变化速度也可以通过调节 $(NH_4)_2CO_3$ 或者调节 $(NH_4)_2CO_3$ 的分解速度加以控制。实验结果发现,在较高的温度、较低的金属盐浓度和较高的 $(NH_4)_2CO_3$ 用量条件下,所得到的 LDHs 晶粒粒度分布较窄。

3.1.4　小结

对于水滑石合成的一些传统方法来说,它们的共同特点是固液相反应,通过控制反应温度、体系 pH 或反应时间等条件可以调变其产物的晶体结构,从而得到晶体结构完整的 LDHs。但是产物的晶粒尺寸及分布却难以控制,原因在于制备过程为液固相反应,固相原料的晶粒尺寸及分布决定了产物的晶粒尺寸及分布。而采用共沉淀法制备 LDHs,通过控制投料 Mg/Al 比、体系 pH、晶化温度、晶化时间等条件可以调变其产物的晶相结构,得到晶体结构完整的 LDHs。但由于具体实施手段方面的差异,LDHs 晶粒尺寸及分布仍有特点。具体如下:

(1) 对于变化 pH 法,初始滴入反应原料盐溶液时,达到过饱和度便会生成 LDHs 晶核,后续滴入的盐溶液除了生成新的晶核外,还能够在原有晶核上发生沉积,使得 LDHs 晶体生长。一般情况下,新核生成与晶体生长同时发生,因此晶粒尺寸分布宽且难以控制。另外,盐溶液滴入碱溶液的过程中,盐与碱分子发生碰撞的概率较高,故成核数量相对较多,造成 LDHs 产物的晶粒尺寸较小。

(2) 对于恒定 pH 法,反应原料盐溶液和碱溶液同时被缓慢滴入反应器。与变化 pH 法相比,初始滴入时,到达过饱和度便会生成 LDHs 晶核,而后逐滴滴加时,则会造成成核与晶化同时发生,因此产物的晶粒尺寸亦较宽且难以控制。另外,与变化 pH 法相比,盐和碱分子在滴加条件下碰撞概率较小,因此成核数量较少,产物的晶粒尺寸相对较大。

对于上述几种共沉淀法,通过调变 LDHs 成核、晶化时的浓度、温度,可以适当控制晶体成核速率和生长速率。但是由于实验方法本身的问题,在控制产物晶粒尺寸及分布方面均存在着一定难度,而成核/晶化隔离法在控制 LDHs 晶粒尺寸分布方面取得了突破。该方法采用液-液两相共沉淀反应的全返混旋转液膜反应器进行盐液与碱液反应,使反应物溶液快速混合,促使大量晶核瞬间生成,最大限度地减少成核和晶化生长同时发生的可能性,使成核和晶化两个步骤隔离进行,从而有可能通过分别控制晶体成核和生长条件,制备出晶粒尺寸较小且粒度分布均匀的 LDHs。

3.2　插层材料的微观结构控制

天然的水滑石最早于 1842 年前后在瑞典被发现,其结构类似于水镁石的正八面结构,理想分子式为 $Mg_6Al_2(OH)CO_3 \cdot 4H_2O$。水镁石的正八面体结构中心为 Mg^{2+},6 个顶点为 OH^-,相邻的八面体通过共边形成层,层与层对顶叠在一起,层间通过氢键缔合。当位于层上的 Mg^{2+} 在一定范围内被 Al^{3+} 同晶取代,使得 Mg^{2+},Al^{3+},OH^- 组成的板层带有正电荷,层间有可交换的阴离子 CO_3^{2-} 与层板上的正电荷平衡,构成类水滑石。其结构通式为: $[M_{1-x}^{II} M_x^{III} (OH)_2]^{x+} (A^{n-})_{x/n} \cdot yH_2O$,其中 M^{II} 和 M^{III} 分别为二价和三价金属阳离子,位于主体层板上; A^{n-} 为层间阴离子; x 为 $M^{III}/(M^{II}+M^{III})$ 的摩尔比值; m 为层间水分子的个数。

3.2.1　主体层板微观结构的控制

一般而言,只要金属阳离子具有适宜的离子半径和电荷数,即与 Mg^{2+} 的离子半径(72 pm[42])相差不大的 M^{II} 、 M^{III} 才能容纳进由 OH^- 密堆积形成的八面体配位中心,构成稳定的类氢氧镁石层板,进而形成 LDHs。不同的金属阳离子组合可以合成一系列的二元、三元甚至四元的 LDHs。常见组成 LDHs 的二价金属离子有 Mg^{2+} 、 Zn^{2+} 、 Ni^{2+} 、 Mn^{2+} 和 Cu^{2+} 等,三价金属离子有 Al^{3+} 、 Fe^{3+} 和 Cr^{3+} 等。一价阳离子 Li^+ 也可以形成水滑石,如 $[LiAl_2(OH)_6]^+[A^{n-}]_{1/n} \cdot yH_2O$[43]。另外 M(IV)的离子形成类水滑石也有文献报道,如 $Mg/Al/Zr^{IV} \cdot CO_3$[44-47], $Mg/Al/Sn^{IV} \cdot CO_3$[48], $Mg/Al/Ti^{IV} \cdot CO_3$[49], $Mg/Al/Si^{IV} \cdot CO_3$[50],甚至合成了没有 M^{3+} 的 $Zn/Ti^{IV} \cdot CO_3$ 的水滑石[51]。对于半径过小或过大的金属离子,如 Be^{2+} 、 Sr^{2+} 、 Ba^{2+} 、 Au^+ 、 Tl^{3+} 、 Bi^{3+} 等,均不能与其他金属离子组合构成稳定的二元层板。但是 Ca^{2+} 却很特殊,尽管其离子半径(100 pm)与 Mg^{2+} 离子半径相差很大,却能与 Al^{3+} 等组合形成稳定的二元层板[52,53]。

水滑石在自然界中以 Al/Mg 比为 1:3 即 $x=0.25$ 的形式存在,而通过人工合成,可得到多种 Al/Mg 比的类水滑石。对于人工合成的 Al/Mg 类水滑石, x 在 0.1~0.4 之间时,都能生成类水滑石相,而要生成较纯的水滑石相, x 应为 0.2~0.33。当 x 值小于 0.1 或者超出 0.5 时,会得到氢氧化物或其他结构的化合物。通过理论计算研究表明水滑石中铝氧八面体和镁氧八面体的能量比例为 6:13 和 7:12 时,两个基本单元能量值较小,故这两种比例的水滑石层板结构的能量值也会最小,比其他比例的水滑石具有明显的优势,所以 Al/Mg 比为 1:3 和 1:2 为最佳的比例。

在 LDHs 结构中,当 M(II)仅为 Cu^{2+} 时,会由于 Jahn-Teller 变形而偏离正八面体构型,不利于 LDHs 层板叠合,因而很难合成出晶型完整的含 Cu 的二元金属 LDHs;一般情况下 Cu^{2+} 与另外一种二价金属离子的摩尔比≤1 时才能生成 LDHs,此时层板内的 Cu^{2+} 分散在正常的没有扭曲的八面体形态层板结构中。当 Cu^{2+} 与另外一种二价金属离子的摩尔比大于 1 时,则容易形成扭曲的八面体结构而形成 $Cu(OH)_2$ 和 CuO 沉淀。冯拥军等[54]的研究表明,二价金属阳离子的配比对 CuNiMgAl 四元 LDHs 的合成有显著影响,当 $Mg^{2+}/\sum(M^{2+})=0.25$ 时,为得到结构规整的四元 LDHs,则 $Cu^{2+}/\sum(M^{2+})<0.438$;当 $Mg^{2+}/\sum(M^{2+})=0.50$ 时,则 $Cu^{2+}/\sum(M^{2+})<0.375$ 。

3.2.2 层间客体微观结构的控制

水滑石(LDHs)由于独特的层间阴离子可交换性,使其在插层组装方面得到了很大的进展。以插层组装概念为基础,应用插层化学方法,将不同的客体阴离子引入主体水滑石层间,并与层板形成相互作用力,组装出结构有序的层柱体,从而得到不同性能的插层水滑石材料。组装过程主要涉及插层方法、主客体的性质、主客体之间的相互作用力以及客体在主体层间的定位等方面。其中,客体分子的尺寸和功能团是决定客体在层间分布和排列的关键,客体的数目(单层,双层)、大小、取向、还有带负电荷客体和带正电荷主体之间的相互作用也是影响插层反应的因素。目前,有关 LDHs 插层组装体的插层组装原理、可控制备实验规律、插层材料的精细结构描述及结构模型等科学问题的研究,逐渐成为此类材料的研究热点。本节将着重探讨不同的插层组装方法对层间客体分布的微观结构控制的影响。

3.2.2.1 离子交换法

离子交换法是利用 LDHs 层间阴离子的可交换性,将所需插入的阴离子与 LDHs 前驱体的层间阴离子进行交换,从而得到目标 LDHs 插层产物[55]。研究表明,一些常见阴离子的交换能力顺序是:$CO_3^{2-} > SO_4^{2-} > HPO_4^{2-} > F^- > Cl^- > B(OH)_4^- > NO_3^-$,高价态阴离子易于交换进入层间,低价态阴离子易于被交换出来。该方法是合成一些特殊组成 LDHs 的重要方法。目前,离子交换法已经应用于以下有机和无机阴离子的插层反应:羧酸根[56]、阴离子表面活性剂[57]、膦酸根[58]、环糊精衍生物[59]、聚环氧乙烷衍生物[60,61]、聚苯乙烯磺酸根[62]、药物分子[63,64]、生物大分子[65]、草甘膦阴离子[66]、染料阴离子[67,68]、多金属氧阴离子盐[69,70]、磷酸根[71,72]、金属配合物离子等[73-83]。

通常,离子交换法可以按照以下两种过程进行:

(1) $LDHs \cdot A^{m-} + X^{n-} \longrightarrow LDHs(X^{n-})_{m/n} + A^{m-}$

(2) $LDHs \cdot A^{m-} + X^{n-} + mH^+ \longrightarrow LDHs(X^{n-})_{m/n} + H_mA$

第一种情况下,LDHs 前驱体一般是一价阴离子(A^-)插层 LDHs,例如氯离子、硝酸根离子、高氯酸根离子插层 LDHs 等。这些阴离子与 LDHs 层板的静电作用力相对较弱。Choudary 等[84]采用离子交换法以含不同层间阴离子的 MgAl-LDHs 为前驱体制备了 OsO_4^{2-} 插层 MgAl-LDHs,并考察了产物的催化性能。del Arco 等[85]采用该法制备了 $W_7O_{24}^{6-}$ 插层 MgAl-LDHs,发现晶化温度、晶化时间等制备条件对插层产物的层间距具有很大影响。Shichi 等[86]通过离子交换法将对乙烯基苯甲酸、对(间)苯二丙烯酸分子插入 LDHs 层间,然后在层间实现上述有机分子的聚合。Wei 等[87]用该方法制备了萘普生插层 MgAl-LDHs,其 d_{003} 值为

2.347nm。根据萘普生的尺寸及电荷密度,认为萘普生在 LDHs 层间为单层排列,其萘环垂直于层板并以末端羧基与层板相互作用。Li 等[88]用该法制备了 Eu(EDTA)⁻插层 MgAl-LDHs,层间通道高度为 0.9nm,与 Eu(EDTA)⁻的尺寸近似。最近,Wei 等[89]通过离子交换法将具有阴离子型功能基团的水溶性铑膦配合物 RhCl(CO)(TPPTS)插入 ZnAl-LDHs 层间,由于 RhCl(CO)(TPPTS)的-SO₃⁻与层板的作用力,因而形成在 LDHs 限域空间内的排列,层间距大约为 1.6nm,并考察了插层产物的催化性能。

第二种情况下,LDHs 前驱体为碳酸根插层 LDHs。酸性条件下,羧酸根或者对苯二酸根离子插层 LDHs 也可以作为前驱体进行离子交换反应。Bish[90]首先采用这种方法以碳酸根插层 LDHs 为前驱体制备了氯离子、硝酸根离子、溴离子、硫酸根插层 LDHs。Chisem 等[91]制备了氯离子和硝酸根离子插层 LiAl-LDHs,并使用 Hammentt 指示剂测定了插层产物的表面酸性。结果表明插层产物的酸性与层间阴离子的性质有很大关系。本实验室以碳酸根型 LDHs 为前驱体,在酸性条件下用离子交换法合成了己二酸、对苯二甲酸、丁二酸、十二烷基磺酸、对羟基苯甲酸、苯甲酸插层 LDHs[92-94]。郭军等[95]以硝酸根型 LDHs 为前驱体,采用水溶液中高浓度杂多阴离子对 NO₃⁻ 的直接交换作用,合成了具有不同钒含量的磷钨钒杂多阴离子插层 LDHs。Wu 等[96]以硝酸根型 LDHs 为前驱体,将[M(EDTA)²⁻]插层 Mg/Al 水滑石层间。

此外,Crepaldi 等[97,98]以十二烷基硫酸根或十二烷基苯磺酸根阴离子表面活性剂插层 LDHs 为前驱体,通过添加阳离子表面活性剂(如十六烷基三甲基溴化铵)将氯离子、碳酸根、对苯二酸根、胆酸、磺酸根、Cu-酞菁等离子分别交换进入 LDHs 层间。研究认为,前驱体 LDHs 的层间阴离子表面活性剂与所添加的阳离子表面活性剂形成不溶于水的盐而被交换出 LDHs 层间,如图 3-16 所示。

研究表明,离子交换反应进行的程度与下列因素有关:

(1) 离子的交换能力:一般情况下,离子的电荷密度越高,半径越小,交换能力越强。NO₃⁻、Cl⁻ 等容易被交换出来,因此常用作交换前驱体。

(2) LDHs 层板的溶胀:选用合适的溶剂和适宜的溶胀条件将有利于前驱体 LDHs 层板的溶胀,使得离子交换易于进行。如无机阴离子的交换往往采用水为溶剂,而对于有机阴离子在一些情况下采用有机溶剂可使交换更容易进行。通常提高温度有利于离子交换的进行,但实际操作时要考虑温度对 LDHs 结构的影响。

(3) 交换介质的 pH:通常条件下,交换介质的 pH 越小,越有利于减小层板与层间阴离子的作用力,有利于交换的进行。但是,溶液中的 pH 过低对 LDHs 的碱性层板有破坏作用,因此交换过程中溶液的 pH 一般要大于 4。

此外,在某些情况下,LDHs 的层板组成对离子交换反应也产生一定影响,如

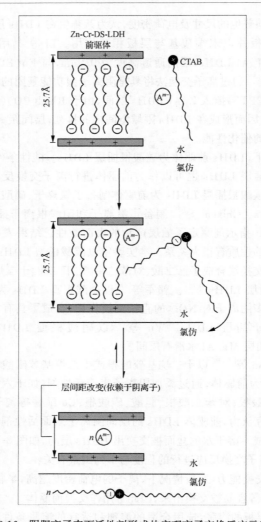

图 3-16　阴阳离子表面活性剂形成盐实现离子交换反应示意图

MgAl-LDHs、ZnAl-LDHs 适于作为离子交换的前驱体,而采用 NiAl-LDHs 作前驱体则较难进行离子交换。同时,LDHs 的层板电荷密度也对交换反应产生影响,层板电荷密度高将有利于离子交换的进行。

　　在离子交换反应中,如果客体阴离子的体积太大,将难以进入水滑石层间。此时可以采用二次组装法(或预支撑法)。二次组装法是基于离子交换法的一种制备插层 LDHs 的方法。根据动力学原理,离子交换的速率控制步骤是插入客体阴离子向 LDHs 层间的扩散过程。大体积的客体阴离子向层间扩散常受到层内空间的限制而很难插入层间,对于电荷密度较小的阴离子甚至中性的客体分子由于其与主体阳离子层板静电作用力弱也很难插入层间。因此对于插层客体为体积较大或者电荷密度较小的有机阴离子,二次组装法将是一条有效的途径。该方法的具体操作过程是:首先采用共沉淀法或者离子交换法制备插层前驱体 LDHs,使层间距增大(预支撑),降低层与层之间的作用力,再通过前驱体的预支撑客体与待插层客体之间的阴离子交换使大体积或者电荷密度低的客体阴离子插入 LDHs 层间,组装得到设想的插层材料[98]。

通过设计 LDHs 插层材料的结构,采用二次组装法可以将酶分子[99]、聚氧乙烯[100]等许多种功能性客体引入层间,赋予其特殊应用性能,组装出结构规整的功能性材料[101]。多金属氧阴离子就是利用有机阴离子柱撑 LDHs 作为前驱体,进行二次组装进入 LDHs 层间的[102,103]。Gago 等[104]首先以 2,2-二吡啶基-5,5-二羧基阴离子柱撑 ZnAl-LDHs,然后进行二次组装将 $MoO_2Cl_2(THF)_2$ 插入层间。Tagaya 等[105]报道采用二次组装法实现了光敏剂 SP-SO$_3^-$ 的插层组装(图 3-17)。MC 只在极性条件稳定存在,而 SP-SO$_3^-$ 在非极性条件下稳定存在。未插层的 LDHs 内表面有较高的极性,而甲基苯磺酸根插层后的 LDHs,在 LDHs 内部形成了极性和非极性条件共存的环境。因此,利用甲基苯磺酸根插层 LDHs 的这一

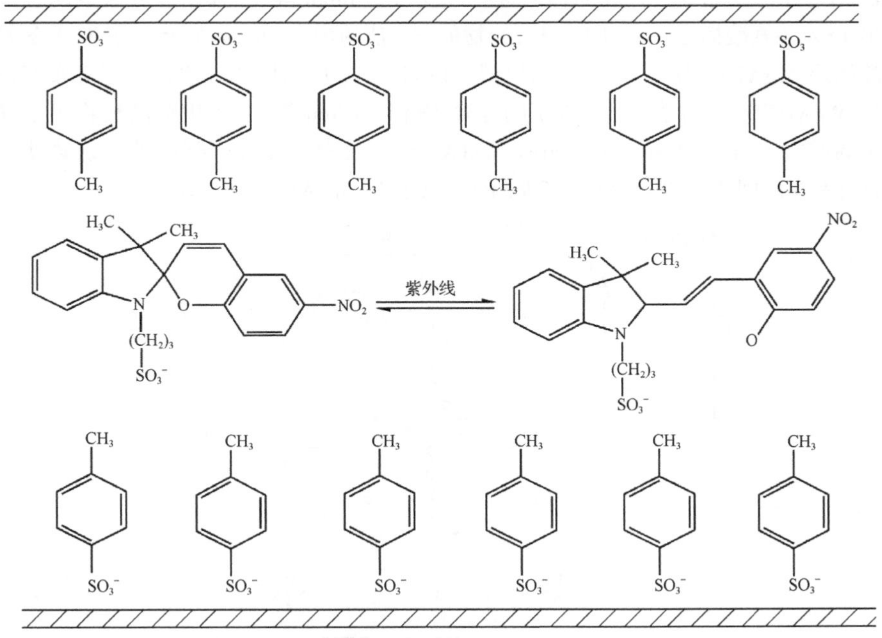

图 3-17 光敏剂 SP-SO$_3^-$ 插层 LDHs 的结构示意图

性质,可以将 SP-SO$_3^-$ 插层进入 LDHs 层间,在紫外线照射下实现 MC 和 SP-SO$_3^-$ 的转换。

3.2.2.2　共沉淀法

共沉淀法是将预插入的阴离子与含有层板组成金属阳离子的混合盐溶液在隔绝 CO_2 的条件下共同沉淀,组装得到结构规整的插层材料。此法是制备 LDHs 插层组装体的基本途径,且通过调节 M^{2+}/M^{3+} 比值可控制产物层板的电荷密度。如 Whilton 等[106] 成功将天冬氨酸和谷氨酸通过共沉淀法插入层间,组装出结构规整的氨基酸柱撑水滑石层柱材料,其层间距由原来的 0.76nm 增大为 1.11~1.19nm。根据具体实施手段不同,制备 LDHs 插层组装体的共沉淀法又可分为如下两种。

(1) 变化 pH 法。该方法是将含有 LDHs 层板组成的 M^{2+} 和 M^{3+} 混合盐溶液在剧烈搅拌条件下滴加到含有预插入阴离子的碱溶液中,然后在一定温度下晶化[107-110]。Drezdzon[102] 采用该法合成了层间离子为对苯二甲酸根的 MgAl-LDHs,盐溶液 Mg^{2+} 浓度为 1.25mol/L,碱溶液 OH^- 浓度为 3.5mol/L,滴加温度为室温,滴加速率为 17mL/min,滴加完毕以后在 73~74 ℃下晶化 18 h,产物晶粒尺寸约为 100~200nm。del Arco 等[85] 采用单滴法制备了 $W_7O_{24}^{6-}$ 插层 MgAl-LDHs,并与其他方法合成的样品进行了比较。Yuan 等[111] 采用该方法成功合成出 L-天冬氨酸插层 MgAl-LDHs,产物的 d_{003} 值约为 1.20nm,并建立了 L-天冬氨酸插层 MgAl-LDHs 的立体结构模型。Li 等[112] 采用同样的方法合成了芬布芬插层 MgAl-LDHs,并尝试将其应用于药物缓释。Chen 等[113] 采用单滴法将甲基异丁烯酸盐(methyl methacrylate, MMA)插入 MgAl-LDHs 层间,然后加热使得 MMA 在层间原位聚合得到聚合物 PMMA 插层 MgAl-LDHs(图 3-18)。

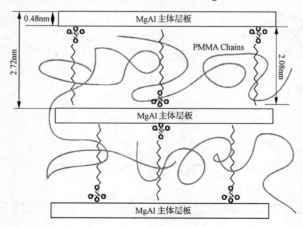

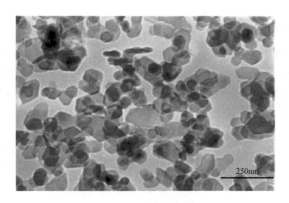

图 3-18　PMMA/MgAl-LDHs 的结构示意图及其电镜照片

　　(2) 恒定 pH 法。该方法是将两种溶液(其中一种是含有 LDHs 层板组成的
M^{2+} 和 M^{3+} 盐溶液,另一种是含有预插入阴离子的碱溶液)同时缓慢滴加到一搅拌
容器中。溶液体系的 pH 由控制相对滴加速率进行调节,然后将混合浆液在一定
温度下晶化。该法的特点是在滴加的过程中体系 pH 保持不变,容易得到晶相纯
度较高的插层 LDHs 样品[114-119]。Aisawa 等[120] 采用该方法将苯丙氨酸(Phe)插
入到几种具有不同层板组成的 LDHs 中,得到两种不同层间距的插层产物(图 3-19)。
对于 Phe/MgAl-LDHs 插层产物,其层间距 d_{003} 值为 0.86nm,而 Phe/MnAl-(ZnAl,
ZnCr-)LDHs 的 d_{003} 值约为 1.80～2.03nm,这可能是由于 Phe 与不同的主体层板
具有不同的相互作用力,从而导致客体分子在层间的排布和取向不同。Zou 等[121]
采用共沉淀法将 5-氨基水杨酸插层到 ZnAl 水滑石层间,探讨层板元素不同的摩
尔比对客体分子层间排布的影响。Bonnet 等[122] 采用恒定 pH 法合成了内消旋-四
对羧基苯卟啉,内消旋-四对磺酸苯卟啉铵盐和内消旋-四邻羧基苯卟啉插层 ZnAl-
LDHs。研究发现,采用共沉淀法和离子交换法能得到单相的插层 LDHs 产物,而
采用焙烧复原法制得的产物中含有一定量的 ZnO。

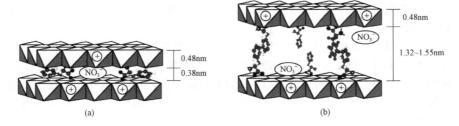

图 3-19　Phe 插层 LDHs 的结构模型图

(a) Phe/MgAl-LDHs;(b) Phe/MnAl-(ZnAl-, ZnCr-)LDHs

3.2.2.3　焙烧复原法

焙烧复原法是建立在 LDHs 的"结构记忆效应"(memory effect)特性基础上的一种制备方法。在一定温度下将 LDHs 的焙烧产物(层状双金属氧化物,LDO)加入到含有某种阴离子的溶液中,LDHs 的部分层板结构得到恢复,从而将阴离子插入层间,形成新型结构的 LDHs(图 3-20)。

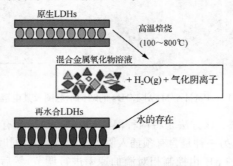

图 3-20　焙烧复原法插层示意图

采用这一方法可以合成出一些复杂的无机、有机阴离子插层 LDHs[86,123,124]。但是由于 LDHs 的层板结构只能得到部分恢复,所以很难得到纯的晶相结构。del Arco 等[85,125]采用焙烧复原法制备了 $W_7O_{24}^{6-}$、$[Cr(C_2O_4)_3]^{3-}$ 插层 MgAl-LDHs,并与离子交换法及共沉淀法进行了比较。李蕾等[126-128]采用本方法,在 70℃下以 80% 的乙醇溶液为分散介质,制备出苯甲酸、邻苯二甲酸、间苯二甲酸、对苯二甲酸阴离子插层 MgAl 及 ZnAl-LDHs,研究发现插层过程的选择性与层板组成元素、反应介质、插层有机阴离子的空间结构和电子结构相关。

Wong 等[129]研究了 $Li_2[Al_2(OH)_6]_2CO_3 \cdot nH_2O$ 在潮湿空气和水溶液条件下的"结构记忆效应"。研究结果表明 220℃条件下焙烧所得的样品,比 820℃条件下的焙烧产物 $LiAlO_2$ 和 $LiAl_5O_8$ 水合复原速度快;焙烧后的 LDO 在水溶液中的水合复原速度比在潮湿空气中快,而且两种条件下的结构复原过程可用相同的动力学机理解释。图 3-21 是 LDO 于 0.5mol/L NaCl 溶液中结构复原各阶段样品的 XRD 谱图。

在采用焙烧复原法制备 LDHs 时应特别注意前驱体 LDHs 的焙烧温度,要依据前驱体 LDHs 的组成不同来选择相应的焙烧温度。一般而言,焙烧温度在 500℃以内,结构重建是可能的。以 MgAl-LDHs 为例,温度在 500℃以内焙烧的产物是双金属氧化物,当焙烧温度在 600℃以上,焙烧产物中有尖晶石生成,则不能够完全恢复其层板结构。

焙烧复原法的优点是消除了与有机阴离子竞争插层的无机阴离子的影响,但合成过程较繁琐。LDO 经结构复原生成 LDHs 的程度与前驱体层板金属阳离子

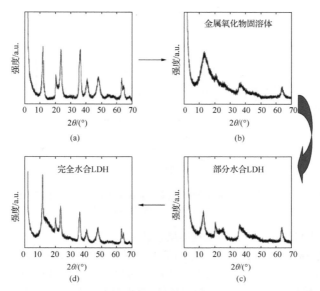

图 3-21 LDO 于 0.5mol/L NaCl 溶液中结构复原各阶段样品的 XRD 谱图

(a)新制的 LDH 粉末;(b)220℃烧结;(c)0.5mol/L NaCl,水合 5 天;(d)0.5mol/L NaCl,水合 1 天

的性质及焙烧温度有关。焙烧时采用逐步升温法可提高 LDO 的结晶度,若升温速率过快,CO_2 和 H_2O 的迅速逸出易导致层状结构被破坏[130]。

3.2.2.4 返混/沉淀法

返混/沉淀法是一种新的插层组装方法。该方法是将 LDHs 加入到一定酸性范围的有机酸溶液中使其为澄清溶液,再将此溶液滴加至 NaOH 溶液中,由此制得该有机酸插层 LDHs 产物。返混/沉淀法适宜于制备 pH 要求控制在较低范围内的插层产物。该法无需 N_2 保护即能合成出无 CO_3^{2-} 干扰、晶相单一的 LDHs 插层组装体,这是其他方法难以做到的。任玲玲等[131]以这种方法实现了晶相单一的谷氨酸插层 LDHs。Zhang 等[132]分别在柠檬酸、草酸、酒石酸、苹果酸中溶解 $MgAlCO_3$-LDHs 前驱体,然后再加入到 NaOH 溶液中,并保持溶液 pH 高于9,最终得到了上述有机酸插层 MgAl-LDHs 产物,其 XRD 谱图如图 3-22 所示。

3.2.2.5 其他方法

(1)模板法。这种插层组装途径是在去除 CO_2 条件下,让 LDHs 层板在待插入的有机阴离子溶液中生长,得到插层组装的有机阴离子型 LDHs[133]。这种方法适用于阴离子交换法动力学上受限制的相对质量较大的聚合物阴离子的插层组装。例如聚乙烯磺酸盐插层 LDHs、聚丙烯磺酸盐插层 LDHs、聚苯乙烯磺酸盐插

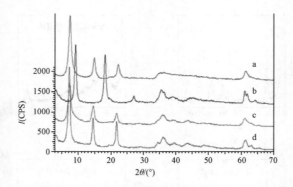

图 3-22　返混/沉淀法制备的有机酸插层 MgAl-LDHs 产物的 XRD 谱图
a. 柠檬酸；b. 草酸；c. 酒石酸；d. 苹果酸

层 LDHs 等即可通过这种途径实现插层组装[134]。

　　（2）溶胶-凝胶法。溶胶-凝胶法的基本过程主要包括水解、沉淀、洗涤、干燥等步骤，与传统的共沉淀法不同，该方法使用金属烷氧基化合物在 HCl 水溶液中进行水解反应，然后再进行沉淀，并控制条件，得到凝胶。Prinetto 等[135]用该法合成了 MgAl/HTLcs，并首次合成有机阴离子柱撑的 NiAl/HTLcs。其插层 LDHs 焙烧所得混合氧化物的比表面积要比共沉淀法合成样品的高 10%，对其催化应用极为有利。Jitianu 等[136]采用溶胶-凝胶法合成了含 Cr^{3+} 的 HTLcs，其结构与纯的水滑石相似，层间阴离子的对称性与二价阳离子有关，且 Mg/Cr 的热稳定性较好。

3.3　插层结构的构筑原理

3.3.1　超分子插层结构热力学

3.3.1.1　水滑石热力学数据的估算

　　1995 年，d'Espinose de la Caillerie 等[137,138]指出铝氧化物或氢氧化物通常是以形成水滑石类沉淀的形式吸收二价金属离子，而并非原先认为的形成表面吸附物。这些结果现已被确认并验证，这对于地球化学研究非常重要，因为预测含水土层中的金属离子总浓度通常依赖于天然水中固定组成矿物的计算溶解度。所考虑的矿物包括：氢氧化物，碳酸盐，硫酸盐等，这些物质的热力学数据是可以得到的。像水滑石类的可变组成固体，经常会忽视，这是由于其精确的热力学数据难于获得。由于土壤中金属的迁移速率和它们的生物获得性常常比例于平衡浓度，因此鉴别对平衡金属浓度产生歧化作用的痕量矿物是十分重要的。特别重要的是，那些减少与简单物相平衡时溶液中的溶解金属总浓度的矿物，因为这些反应直接影响到环境安全的评价。由于在较大范围内组成可变的水滑石是无序且易于交换阴离子,其热力学数据无法得到。对这类为数众多的化合物建立一种基于测量的热力学数据估计方法是非常有用的[139]。

获得数据的第一步是设计热力学模型,采用高温氧化物-熔盐量热法,测定三种 Co-Al 水滑石($Co_{0.68}Al_{0.32}(OH)_2(CO_3)_{0.16} \cdot 0.779H_2O$(HT-1), $Co_{0.756}Al_{0.244}(OH)_2(CO_3)_{0.122} \cdot 0.805H_2O$(HT-2)和 $Co_{0.756}Al_{0.244}(OH)_2(CO_3)_{0.1202}(NO_3)_{0.0018} \cdot 0.710H_2O$(HT-3))的生成焓。在一个双 Calvet 微量热计中将 15mg 水滑石样品片投入 973K 的熔融硼酸铅溶剂中进行 drop-solution 实验,样品溶解形成氧化物稀溶液(CoO 和 Al_2O_3),释放出水和二氧化碳气体,测得焓变为 $\Delta_f H_{ds}$。使用适当的热化学循环,可以从氧化物($\Delta_f H^{Ox}$)、氢氧化物混合物或碳酸盐($\Delta_f H^c$)和元素($\Delta_f H_{298}^\ominus$)的生成焓,计算每种化合物的生成焓(见表 3-5)。

表 3-5　水滑石及相关化合物的生成焓

样品	ΔH_{ds}/(kJ/mol)	$\Delta_f H^{Ox}$/(kJ/mol)	$\Delta_f H_{298}^\ominus$/(kJ/mol)	$\Delta_f H^c$/(kJ/mol)
$Al(OH)_3$ (gibbsite)	184.56±0.97	−31.46±1.12	−1293.34±1.30	
β-$Co(OH)_2$	147.16±1.8	−20.93±1.98	−544.70±2.35	
$CoCO_3$	203.66±0.73	−114.36±1.10	−745.82±1.68	
$Co(NO_3)_2$	484.5±4.9①		−420.5[140]	
CoO	57.23±0.84		−237.94±1.255[141]	
α-Al_2O_3	108.62±0.99		−1675.7±1.3[141]	
CO_2			−393.51±0.13[141]	
H_2O			−285.83±0.042[141]	
HT-1	226.98±1.24	−42.80±1.50	−1044.17±2.54	−5.05±2.86②
HT-2	228.50±1.25	−43.51±1.42	−991.79±1.72	−9.78±2.07②
HT-3	226.31± 2.94		−967.89±3.33	−13.64±3.13③

注:① 由反应 $Co(NO_3)_2(s) + Na_2CO_3(s) \longrightarrow 2NaNO_3(s) + CoCO_3(s)$ 计算。

② 由反应 $(1-3x/2)Co(OH)_2 + xAl(OH)_3 + x/2CoCO_3 + mH_2O \longrightarrow Co_{1-x}Al_x(OH)_2(CO_3)_{x/2} \cdot mH_2O$ 计算。

③ 由反应 $0.634Co(OH)_2 + 0.244Al(OH)_3 + 0.1202CoCO_3 + 0.0018Co(NO_3)_2 + 0.710H_2O \longrightarrow Co_{0.756}Al_{0.244}(OH)_2(CO_3)_{0.1202}(NO_3)_{0.0036} \cdot 0.710H_2O$ 计算。

对两种含有碳酸盐的纯水滑石来说,从氢氧化物和碳酸盐计算的生成焓在0～−10kJ/mol。一般来说,这样小的数值说明可以把水滑石看作是结构相似的二元化合物的混合物来估计其热力学性质。例如,对于组成:$M(II)_{1-x}Al_x(OH)_2(CO_3)_{x/2} \cdot mH_2O$,由元素热力学数据得到的生成焓($\Delta_f H_{298}^\ominus$)和 Gibbs 自由能

($\Delta_f G_{298}^{\ominus}$)，可以看作是组成成分的加权求和：

$$\Delta_f H_{298}^{\ominus} = \Delta H_{HTlc} = x/2\Delta H_{MCO_3} + x\Delta H_{Al(OH)_3} + (1-3/2x)\Delta H_{M(OH)_2} + m\Delta H_{H_2O} \quad (1)$$

$$\Delta_f G_{298}^{\ominus} = \Delta G_{HTlc} = x/2\Delta G_{MCO_3} + x\Delta G_{Al(OH)_3} + (1-3x/2)\Delta G_{M(OH)_2} + m\Delta G_{H_2O} \quad (2)$$

其中，$M(OH)_2$ 具有水镁石（brucite）结构，$Al(OH)_3$ 具有水铝石（gibbsite）结构，MCO_3 具有方解石（calcite）结构。这样的近似忽略了 5kJ/mol 以下的能量贡献，因为这些都小于实验的误差，这些过程的反应熵变可以认为是阳离子无序（Co 和 Al）导致的构型熵变。在 298K 这样的无序熵变（$T\Delta S$）大约为 -2kJ/mol。高于 5kJ/mol 的过量 Gibbs 混合能导致了水滑石矿物在室温条件下有一个混溶区，这样就可以忽略在这一数量级或更小的偏离理想状况的偏差。可以证明，水滑石层间区域中，阴离子组成的微小变化将对溶解度产生显著影响，远大于 Gibbs 生成能误差（10kJ/mol）。而且，这种机械混合模型在原子水平上是合理的，因为水滑石中阴阳离子配位环境在结构上是相似的。因此，相对于看作组成成分的简单矿物也是能量上相似的。二元氢氧化物和碳酸盐都具有层状结构，它们组合形成新的三元层状化合物水滑石，其中，阳离子在层间的位置与它们的二元前驱物相似，阴离子分布在这些平面的上下方，这样反应物（氢氧化物和碳酸盐）和产物（水滑石）在结构上就是相似的。与其他离子交换矿物（黏土、沸石、含 Mn 或 U 的氧化物）相比，水滑石的组成可以在很大程度上可以调控，可以预计，水滑石的溶解度受到每种可交换物种特性的强烈影响。这可以通过下面的溶解度计算证明。

采用上面的近似，在水溶液中，与一定组成的水滑石矿物相平衡的 Co(II)离子的浓度，可以通过每种末端成分组成的溶解度的加权求和而估算得到。采用方程 2，得到纯水滑石的 $\Delta_f G_{298}^{\ominus}$，$\Delta_{rxn} G_{298}^{\ominus}$ 是以下反应的自由能，由此溶解度就很容易计算。

$$M(II)_{1-x}M(III)_x(OH)_2(CO_3)_{x/2} \cdot mH_2O + 2H^+(aq)$$

$$= (1-x)M^{2+}(aq) + xM^{3+}(aq) + x/2CO_3^{2-}(aq) + (m+2)H_2O(l) \quad (3)$$

这种方法在计算中的优势是显著的，它显示了矿物溶解度对组成变化的敏感性。在绝大多数土壤中，三价金属（在此为 Al）常常是难溶的。可以假设水滑石与土壤矿物水铝石之间的平衡，例如，层间含有碳酸根和硝酸根的，具有以下组成的矿物 $Co_{0.8}Al_{0.2}(OH)_2(CO_3)_{0.1(1-x)}(NO_3)_{0.2x} \cdot (0.7-0.3x)H_2O$，其溶解度可以简单地通过末端组成溶解度的加权求和来得到：

$$Co_{0.8}Al_{0.2}(OH)_2(CO_3)_{0.1(1-x)}(NO_3)_{0.2x} \cdot (0.7-0.3x)H_2O(s) + 1.4 H^+(aq)$$

$$+ 0.6H_2O(l) = 0.2Al(OH)_3(s) + 0.8Co^{2+}(aq) + 0.1(1-x)CO_3^{2-}(aq)$$

$$+ 0.2xNO_3^-(aq) + (2.7-0.3x)H_2O(l) \quad (4)$$

其中，x 是水滑石成分中硝酸根的摩尔含量，此反应的平衡常数（$\lg K_4$）相对于 x 的变化，显示于图 3-23 实线。如果 Ni(II)取代了 Co(II)，反应也是一样的（图 3-23 虚线）：

$(Ni_xCo_{1-x})_{0.8}Al_{0.2}(OH)_2(CO_3)_{0.1} \cdot 0.7H_2O(s) + 1.4 H^+(aq) + 0.6H_2O (l)$
$= 0.2Al(OH)_3(s) + 0.8(1-x)Co^{2+}(aq) + 0.8xNi^{2+}(aq) + 0.1CO_3^{2-}(aq) + 2H_2O (l)$ (5)
其中，x 代表了水滑石成分中 Ni(II)取代 Co(II)的摩尔含量，这两种情况下，平衡常数都随取代量指数增加(自由能线性变化)。然而，由于 Ni(II)取代 Co(II)所导致的溶解度变化影响相对较小(小一个数量级)，而在结构相似的水滑石中，硝酸根取代碳酸根的效应却超过两个数量级。水滑石结构中阴离子易交换，使得这个物相和共存水溶液的阴离子化学在决定溶解度和相关的二价金属的浓度方面至关重要。Mg-Al、Zn-Al、Ni-Al 和 Co-Al 羟基碳酸盐的溶解度计算预测为 $10^7 \sim 10^{11}$，尽管当进行仔细计算时，平衡常数的准确数值或许会多少有些不同，但是主要的热力学驱动力是生成自由能。对于含有不同阳离子的水滑石，生成自由能有些不同，但对那些含有不同阴离子的水滑石生成自由能差别更大。缺乏不溶性框架使得水滑石溶解度较黏土类矿物的溶解度对水溶液条件更敏感，这一点或许是水滑石作为土壤中污染物载体的重要因素。

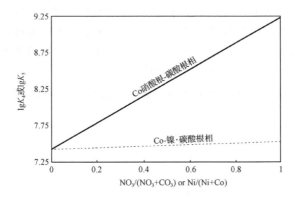

图 3-23 方程(4)、(5)中平衡常数(K_4, K_5)随水滑石组成的变化

在自然界中，水滑石的主要相是镁铝羟基碳酸盐，重金属在水滑石和水溶液中的分布由末端组成(如 Pb、Co、Zn、Ni)水滑石的稳定性、固溶体热力学和水溶液热力学控制。相比于末端成员自由能的较大差异，固相和水相中偏离理想混合物很小，这种计算可以直接应用于水相和固相之间痕量金属的分配。

这些结果对于环境地球化学有重要意义，首先，少量碳酸盐的污染会影响水滑石溶解度，使得仅从水相溶解度研究中很难得到水滑石的实验热力学数据。其次，痕量的水滑石相对控制天然水中金属污染物的浓度起关键作用。与水滑石相平衡的金属浓度对能插入水滑石层间的阴离子敏感，含有碳酸盐的水滑石是一种分离水溶液中像 ^{60}Co 这样的有毒金属的有效材料。其他的阴离子，如硅酸根、硼酸根，也可以进入层间，进一步减小溶解度。硝酸根、硫酸根进入层间，可增加溶解度。这些效应都可以通过使用机械混合模型,从二元硅酸盐、硼酸盐、硝酸盐、硫酸盐相对于碳酸盐的热力学性质得到。再次,水滑石一旦形成,其层间组成可以改变(完全交换需要几小时到几天),因此,一定矿物组成的平衡金属浓度也将随着时间变化,即水滑石的时效效应。这种方法可以预计水滑石的热力学数据在5~10kJ/mol内(对应于298 K 一个数量级的溶解度),由此可以改进用于放射性和金属污染废物的设计计算。

3.3.1.2　离子交换反应的热效应

虽然人们已经深入研究过层状黏土材料层间离子的交换性质,但对其热力学行为却知之甚少。为了使人们更好地理解在 LDH 层间进行离子交换反应的热力学过程,实际上大多数关于层间离子交换反应的报道都集中在对其热力学平衡常数的计算和探讨上。Morel-Desrosiers 等[142]研究了 298.15K 下,ZnAl-Cl-LDH 离子交换反应的热力学特性。利用微量热计测出了 Cl^- 与 F^-、Br^-、I^-、OH^-、NO_3^-、SO_4^{2-} 离子交换反应产生的热量,并且建立了这些离子交换反应的标准摩尔焓。通过计算得出,OH^-、NO_3^- 离子交换过程中的标准摩尔 Gibbs 自由能和焓变与被交换出来的 Cl^- 存在函数关系。如表 3-6 所示,LDH 层间的 $Cl^- \rightarrow A^-$ 离子交换是弱放热反应,依 $I^- < Br^- < NO_3^- < F^- < OH^- < SO_4^{2-}$ 的顺序放热效应依次增大,表明交换反应的选择性由反应热决定。

表 3-6　Zn-Al-Cl LDH 层间 Cl^- 与阴离子交换反应的反应热与标准摩尔焓变

A^-	Q_{total}	$\Delta_r H^\ominus$
F^-	-5.7 ± 0.2	-2.1 ± 0.1
Br^-	-2.7 ± 0.1	-0.99 ± 0.04
I^-	-1.2 ± 0.1	-0.44 ± 0.02
OH^-	-9.7 ± 0.3	-3.6 ± 0.1
NO_3^-	-3.5 ± 0.2	-1.3 ± 0.1
$0.5SO_4^{2-}$	-19.7 ± 0.5	-7.3 ± 0.2

与 OH^-,NO_3^- 的离子交换反应的热力学数据如表 3-7 所示,这两个反应都是熵驱动的,这种熵增效应有利于 $Cl^- \rightarrow OH^-$ 的交换而不利于 $Cl^- \rightarrow NO_3^-$ 的交换,$Cl^- \rightarrow NO_3^-$ 交换中产生负的熵增值,这可能与硝酸根插层时为了较密堆积而偏离平面构型,从而失去了部分自由度。

表 3-7　298.15K 下,Zn-Al-Cl LDH 中 $Cl^- \rightarrow OH^-$,与 $Cl^- \rightarrow NO_3^-$ 过程中的标准摩尔热力学参数值

阴离子交换	$\lg K$	$\Delta_r G^\ominus$	$\Delta_r H^\ominus$	$T\Delta_r S^\ominus$
$Cl^- \rightarrow OH^-$	1.8 ± 0.3	-10 ± 2	-3.6 ± 0.1	6 ± 2
$Cl^- \rightarrow NO_3^-$	-0.63 ± 0.07	3.6 ± 0.4	-1.3 ± 0.1	-4.9 ± 0.5

为了使人们更好地理解在 LDH 层间进行离子交换反应的热力学过程，Morel-Desrosiers 等[143]利用微量热研究手段，研究了 ZnAl-Cl/LDH 与有机二羧酸盐(乙酸盐、琥珀酸盐、酒石酸盐和己二酸盐)的离子交换反应过程中的焓变。如图 3-24 所示，除了酒石酸盐插层反应是放热的以外，其余离子交换反应都是吸热反应，并且反应的焓变与交换离子的 C 原子数成正比关系，这表明二羧酸盐在 LDH 层间是垂直于层板排列的。并且通过对力能参数的研究，发现了在 LDH 层间琥珀酸根和己二酸根中，互相平行的—CH₂—基团存在着疏水相互作用，在 LDH 层间酒石酸根中，互相平行的—OH 中存在氢键相互作用(图 3-25)。

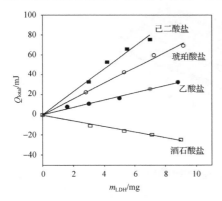

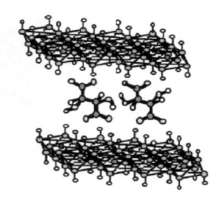

图 3-24 Cl-ZnA/LDH 与二羧酸盐的离子交换反应过程中的总热量与反应物 LDH 质量的关系

图 3-25 在 LDH 层间酒石酸根中，互相平行的—OH 中存在氢键相互作用

3.3.2 超分子插层结构的反应动力学

3.3.2.1 锂盐在 γ-Al(OH)₃ 中的插层与脱出反应

水铝矿(γ-Al(OH)₃)和 LiX 盐(X＝Cl, Br, I, NO₃, 1/2CO₃, 1/2SO₄ 等)在溶液中制备 LiAl₂(OH)₆X·mH₂O 的反应是少数几个阳离子和阴离子同时插入主体层板的例子。尽管其他途径，如，(n-BuO)₃Al 在 Li₂CO₃ 存在下的水解，用含水的氧化铝凝胶和氢氧化锂水热合成也能用于合成这类 LDHs，但是水铝矿或三羟铝石和锂盐直接反应是制备这类 LDHs 高结晶度样品的一种独特的方法[144-147]。应用 EDXRD 分析 LiX 插层水铝矿的情况。如果在水中搅拌 LiAl-XLDHs 时，X 从 LDH 结构中脱出并产生水铝矿和 LiX，这个过程是可逆的。在水热条件 $T>$ 150 ℃时，除了产生锂盐外也会有水软铝石(AlOOH)生成。

Fogg 等用 EDXRD 研究了一系列的锂盐插入水铝矿的情况[148]。插层反应原位研究发现，所有的反应过程均是从主体水铝矿直接生成产物，观察不到其他的结晶过程。可以发现，水铝矿的(001)和(110)衍射峰强度平稳的下降，主峰 LiAl-Cl

LDH 的(002)衍射峰在 49.1keV 时增强(相当于 7.65Å)。较小的产物的(004)衍射峰也能被观察到。峰位置和半峰宽都不改变。

尽管如此,高精度的动力学参数依然能通过对产物相的(002)衍射峰积分求出。120℃下,7.5mol/L LiCl 和水铝矿反应随时间的变化如图 3-26 所示。对不同温度下的反应作 Sharp-Hancock 曲线,确定每个温度下的 n 和 k 值。曲线如图 3-27 所示,数据如表 3-8 所示。

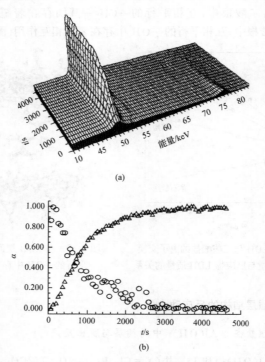

图 3-26　120℃下 LiCl 和水铝矿反应随时间的变化曲线和
[LiAl$_2$(OH)$_6$]Cl·H$_2$O 的(002)衍射强度(△)的时间变化曲线
(a) 3D 作图;(b) 水铝矿的(001)衍射(○)

$\alpha \sim t/t_{0.5}$ (α 是转化率, $t_{0.5}$ 是反应时间的一半)曲线在实验误差允许的范围内重叠,证实了不同温度下反应机理的一致性。指数 n 约等于 1,实际上,$n=1$ 能很好地拟合绝大多数的实验数据。这与瞬时成核的二维扩散控制反应吻合。通过分析 $\alpha \sim t/t_{0.5}$ 曲线交点能进一步给出这个模型的依据。在 α 约为 0.5 处的交点意味着主体中所损失的相干衍射与产物获得的相关性一致。由于成核反应是随机的,那么主体晶格相干衍射的损失速率就大于产物相生成速率,因此 $\alpha < 0.5$。

插层反应的活化能利用 Arrhenius 关系:

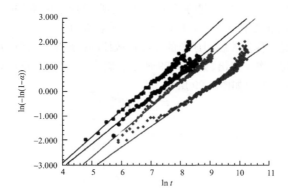

图 3-27　在 140℃(□)、120℃(△)、100℃(○)80℃(▽)
以及 60℃(◇)LiCl 和水铝矿反应 Sharp-Hancock 曲线

表 3-8　由不同温度下的反应作 Sharp-Hancock 曲线分析而得到的动力学参数

$T/℃$	n	$k/10^{-3}\mathrm{s}^{-1}$	$t_{1/2}/\mathrm{s}$
140	1.06	1.25	720
120	1.00	0.740	960
110	1.07	0.582	1140
100	1.06	0.476	1320
90	1.05	0.480	1830
80	0.80	0.277	2280
60	1.82	0.181	4080

$$k = A\mathrm{e}^{-E_\mathrm{a}/RT} \tag{6}$$

如图 3-28 所示,$\ln k$ 对 $1/T$ 作图,得到活化能为 27kJ/mol。

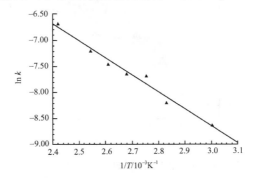

图 3-28　10mol/L 的 LiCl 与水铝矿反应的 Arrhenius 曲线

　　第二步实验考虑 LiCl 浓度的影响，实验发现，反应速率随 LiCl 浓度的增加显著加速。当 LiCl 浓度低于 5mol/L 时，反应不能在 3h 内完成。$n=1$ 时，满足试验中的大多数情况。伴随着瞬间成核的二维扩散控制机理适合各种情况。反应级数由 $\ln k$ 对 $\ln[\text{LiCl}]$ 作图得出，如图 3-29 所示。斜率 0.52 代表反应是关于 LiCl 的 0.5 级反应。速率方程如图 3-29 所示。

$$v \propto [\text{LiCl}]^{0.5} \tag{7}$$

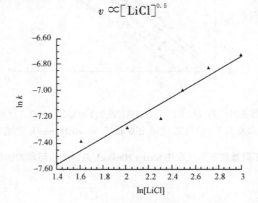

图 3-29　$\ln k$ 对 $\ln[\text{LiCl}]$ 的曲线，由此确定反应级数

　　插层过程中自由离子的影响也被研究了。120℃下，LiX（X = Cl，Br，I，NO_3，$0.5CO_3$，$0.5SO_4$），反应曲线的走向完全不同，如图 3-30。图 3-29 是对比时间图，时间被反应的半衰期分开。反应的半衰期区别很大，从硫酸盐 450 s 到硝酸盐 4800 s。反应最快的硫酸盐是因为 SO_4^{2+} 带有的电荷最多。另外，反应速率大致与插层的离子半径一致，但 NO_3^- 除外。如图 3-30 所示，反应机理随离子的不同

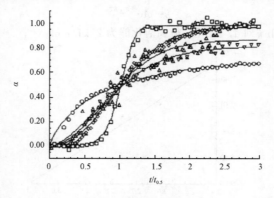

图 3-30　LiX 插入水铝矿反应的转化率-约化时间（$t/t_{0.5}$）作图
X = NO_3（○）、Br（△）、Cl（◇）、OH（□）、SO_4（▽）

而有很大区别。LiCl，LiBr，Li₂SO₄ 的图形基本重叠，说明具有同样的反应机理。对于 LiOH 的插层反应存在很长的诱导期，但是一旦反应开始在 10 min 内就完成了。与其相对比的是硝酸盐一开始就反应很快但 6h 后才能达到平衡。

对于 LiBr，Li₂SO₄，n 值在 1～2 之间意味着二维扩散机理伴随着成核减速。尽管对于硝酸锂 $n=0.5$ 意味着插层反应完全由成核过程控制。对于 LiOH，$n=2.2$，与在二维方向上相界控制过程一致，成核过程使其二次减速。

脱出反应观察发现很多情况下，Li^+ 会从 LiAl-XLDH 中脱出得到产物 $Al(OH)_3$。这些 LiAl-XLDHs 体系的脱出反应通过将主体悬浮于水中并加热的方法研究[149]。产物 $Al(OH)_3$ 的衍射峰比通常的三水铝石强度低，峰宽，这是由晶畴太小、层间堆积无序所致。没有发现铝离子浮在溶液的表面，说明反应过程中氢氧化物是全溶的。反应完全是局部化学，脱出反应是一步直接从主体到产物的反应，如图 3-31 所示。

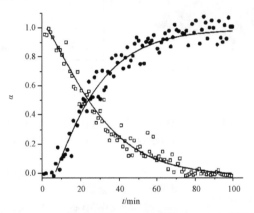

图 3-31　$[LiAl_2(OH)_6]Cl \cdot H_2O$（□）的（002）衍射晶面
和水铝矿（●）的（001）衍射晶面在 80℃的延伸曲线

研究了反应对温度的依赖，以及计算得出反应活化能大概为 100kJ/mol。指数 n 在 1～2 之间，是伴随成核减速的二维扩散控制机理。反应速率随加入到水滑石中的水的总量的增加而显著增加；加入水很少时，脱出反应不完全。这是 LiCl 渗透到溶液中的结果。在溶液中存在水滑石与 $Al(OH)_3/LiCl$ 的平衡。

对不同的 LiAl-X 水滑石进行了试验，其中 $X=Cl，NO_3^-，0.5SO_4^{2-}$。在插层反应过程中，自由离子对反应影响很大。当是硫酸根时，脱出甚至不能完全反应完，只有 40% 的硫酸锂被释放。脱出反应起始时很快，然后就被中断了。脱出反应的速率顺序为硝酸根＞氯离子＞溴离子。这个排布与插层反应的离子选择性不同，即硫酸根＞氯＞溴＞硝酸根。释放速率与离子的水合热也不一致。这是因为，插层脱出反应过程是一系列因素的平衡结果，包括客体离子与主体层板的相互作用。

　　离子交换反应的晶化过程是一个能使插层反应势能垒减小的方法。然而,传统晶化的模式需要主体层板弯曲,具有一定的柔韧性[149,36]。可是水滑石层板是刚性的,那么就不可能经历晶化过程。

　　Fogg 等利用时间分辨方法 EDRXD 对 LiAl-Cl 水滑石的形成进行了大量研究[150]。他们发现,插层反应并不是经过一步直接发生的,而是经过了一个二次晶化过程。同样的过程也发生在磷酸根插入水滑石的过程中[151,152]。在 pH 为 8 时,MPA 的插层反应数据如图 3-32,晶化过程如图 3-33。

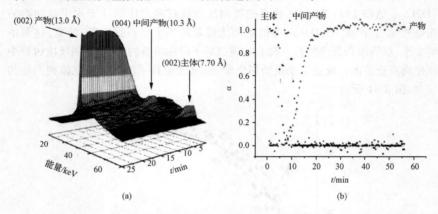

(a)　　　　　　　　　　　　　　(b)

图 3-32　MPA 插层到[LiAl₂(OH)₆]Cl·H₂O 随时间的原位 EDXRD 图
(a) 3D 作图;(b) 主体(002)衍射和产物的(004)衍射随时间的反应曲线

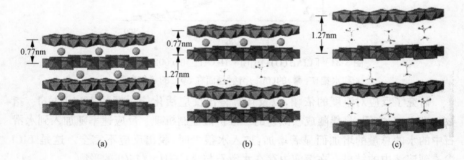

(a)　　　　　　　　　(b)　　　　　　　　　(c)

图 3-33　MPA 插层[LiAl₂(OH)₆]Cl·H₂O 的晶化过程
(a) 主体物质,层间由 Cl 所填充;(b) 插层第二阶段;
层间由 Cl 和 MPA 所填充;(c) 层间全部由 MPA 填充

　　实验同样研究了层板的堆积顺序,LiX 插入氢氧化铝可以形成六方 LiAl-X LDH(堆积次序为 ABAB),与三羟铝石的反应是一致的。而三水铝石则生成立方 LiAl-X LDH(堆积次序为 ABCA)。

　　Fogg 等通过试验证明立方水滑石没有晶化过程[153]。原位测试表明这种插层反应是一步过程。同样,在磷酸盐插层反应中也没有看到晶化过程,如图3-34(a)。层板的交替堆积顺序对反应过程有很大影响[154]。

　　初始的层间阴离子也很大程度地决定了反应过程。LiAl-NO₃ LDHs 既不是六方也不是立方说明了反应是一步进行的,直接从主体到产物,如图 3-34(b),(c)。

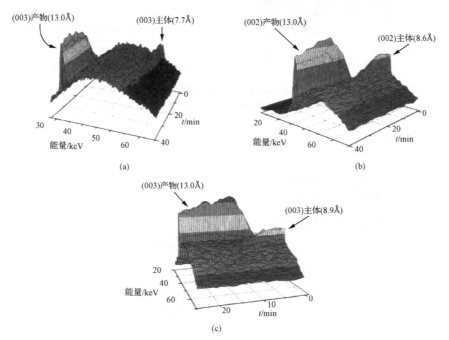

图 3-34　MPA 插入到(a) LiAl-Cl,(b)六方晶系 LiAl-NO₃,
(c)立方晶系 LiAl-NO₃ 中的原位 EDRXD 的 3D 作图

　　当最初层间阴离子为溴时,情况就更有趣了。对于六方的 LiAl-Br,邻苯二甲酸盐、BPA、PPA 插入时均没有看到晶化过程。相对比的是,当 pH 为 8 时,MPA 插层会看到极少的晶体中间体产生(图 3-35)。因为这种晶体很少,很难被检测出来。

　　对于立方 LiAl-Br,结果也很有趣。马来酸盐、邻苯二甲酸盐、对苯二酸盐、EPA、BPA、PPA 插层为一步反应,直接从主体到产物,同样在 α=0.5 处相交。当 pH 为 8 时,MPA 插层过程是不同的,如图 3-36。从 2D 曲线上很明显地看到交叉点 α≈0。同样在 3D 曲线上,主体衍射强度下降,但是在产物相最终长出来之前,有一段是观察不到布拉格衍射的。如果反应在主体衍射消失及产物出现衍射之间半途出现终止,那么这种 XRD 模式在图 3-37 给出,相关参数如表 3-9。从中可以看出,隔离的材料中包括三种相:主体、产物和中间相。中间相被定义为二次晶化

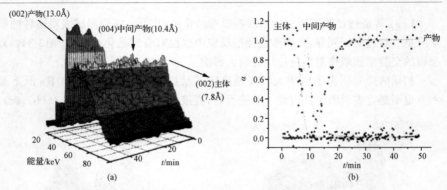

图 3-35　MPA 插入六方 LiAl-Br LDH 时间分辨 XRD 数据

（a）3D 作图；（b）主体、中间产物、产物的转化率-时间曲线

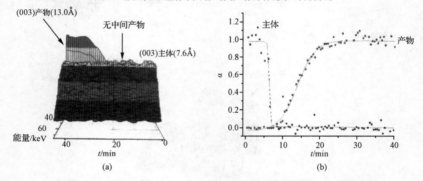

图 3-36　MPA 插入到三方 LiAl-Br LDH 时间分辨 XRD 数据

（a）3D 作图 ；（b）主体、中间产物、产物的转化率-时间曲线

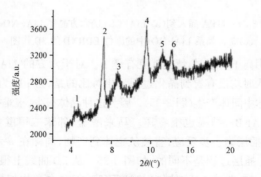

图 3-37　在中间产物浓度最大时中断立方 LiAl-Br LDH

和 MPA 反应时所得 XRD 图

相，d_{003} 为 20.8Å。在原位测试中没有观察到中间相是由两个原因造成的：中间相的晶型差，以及 EDXRD 的分辨度低。同样这种晶型差的中间体在琥珀酸盐和延

胡索酸盐的插层中也被发现了。

表 3-9　图 3-37 中的 Bragg 衍射峰指认

No.	d/nm	指数
1	2.08	2 nd 003
2	1.26	1st 003
3	1.04	2 nd 006
4	0.77	主体 003
5	0.68	2 nd 009
6	0.63	1 st 006

　　因此,层板堆积顺序和最初的层间阴离子共同决定了反应机理。这是因为这些因素可以影响到主客体相互作用的强度、层板和最终客体物种的相互作用强度。更多的信息在文献[154]中给出。需要补充的是,ZnAl-Cl,ZnCr-Cl LDHs 的晶化过程也被研究了[155,156]。

3.3.2.2　生物分子的插层动力学

　　近年来生物分子插层尤其是维生素、核酸和药物插层反应引起了人们极大的兴趣。药物分子包裹在主体中是控制有效成分在目标位置释放的有用手段。与传统的药物输送方法相比,插层方法有许多优点,最为重要的是,它能通过控制释放过程使活性成分在体内相当长的时间内维持有效且非毒的浓度。作为药物的载体,可以控制其释放。选择不同的主客体结合,可以控制释放的时间。相比之下,传统方法只能保持药物在短时间内有效。

　　由于 LDHs 的生物相容性,生物活性物质可以插入到层间提高其稳定性。O'Hare等[157]的工作集中在使用 LDHs 作为储存和控制释放药物的母体。如图 3-38 所示的药物已经成功地插入到 LiAl-Cl,CaAl-NO₃ 和 MgAl-NO₃ LDHs 中。

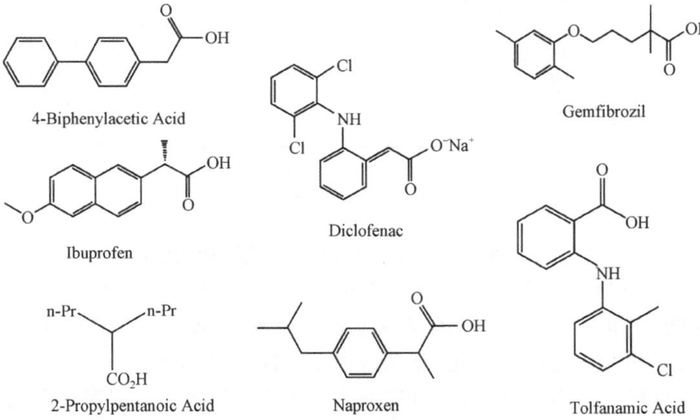

图 3-38　几种成功插层的药物分子

采用时间分辨的 EDXRD 用于研究这些物质的插层。LiAl-Cl LDH 插层系统,对 2(4-异丁基苯基)丙酸(Nx)、2(2,6-二氯苯胺基)苯乙芬酸(Df)和 4-联苯乙酸(4-Bpaa)的动力学分析表明这些反应都是瞬间成核的二维扩散控制过程。在很多情况下,较高温度($T>60℃$)时成核的重要性减小,相应的,n 值从 1 降到 0.5。而 0.5 意味着成核不再控制反应速率。图 3-39 中的数据对应着 Nx 插层。这些反应的活化能在 $25\sim55\text{kJ/mol}$,与成核控制过程一致(水溶液中扩散控制过程活化能为 15kJ/mol)。

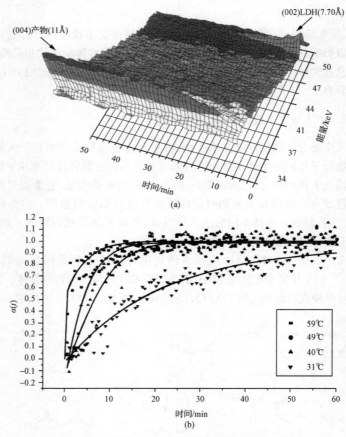

图 3-39　Nx 插入 LiAl-Cl LDH 的原位 EDXRD 数据
(a) 在 31℃ 的 3D 作图;(b) 插层物的(004)衍射转化率-时间曲线

相反的,吉非罗齐(Gz)、2-丙基戊酸(2-Pp)和布洛芬(Ib)在室温下能极快插层,不到两分钟就能完成。因此,监控这些反应需逐滴加入试剂。对于 Gz 和 2-Pp 来说,反应直接从主体到产物,没有中间态。然而,Ib 插层过程有中间态。主体在 7.7Å 处的衍射强度下降,在 10.4Å 处出现一个新的衍射峰并移动到 11.4Å

（图 3-40）。10.4Å 处的是二级中间体的（006）衍射峰，11.4Å 处的是一级产物相
的（004）衍射峰，这已为非原位研究证实。

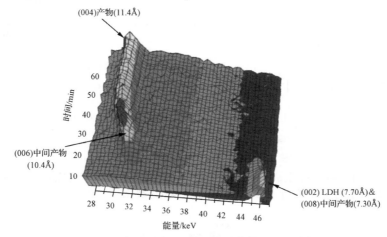

图 3-40　Ib 插入六方 LiAl-Cl LDH 中的 EDXRD 图

药物插入 MgAl-NO$_3$ 过程太快而不适合用 EDXRD 研究。药物插入 CaAl-
NO$_3$ 和插入 LiAl-Cl LDH 的情况有些不同。Nx 插层时，n 值约为 1.5，说明这是
一个慢速成核的二维扩散控制反应。而当 Ib 和 4-Bpaa 插层时，n 值是 1，也是二
维扩散控制反应，不同的是成核瞬间完成。这三个过程的活化能和成核控制过程
一致，在 45～85kJ/mol 范围内（图 3-40）。

3.3.2.3　农用化学品的插层

用 LDHs 储存和控制释放农用化学品是近年来科学界另一个有意思的课题。
农用化学品是提高经济作物质量和产量的生物活性剂。它们的用量逐年增长，但
是它们在土壤、空气和地表地下水中的残留引起了巨大的环境问题。泥土矿物质
（包括 LDHs）已经被研究是否适合作为农用化学品母体。

目前，O'Hare 等的工作[158,159]就是如图 3-41 所示的农用化学品插入 LiAl-
Cl，MgAl-NO$_3$ 和 CaAl-NO$_3$ LDH 系统。所有的农用化学品都成功插层并得到表
征。由于草甘膦（N-(磷酰甲基氨基乙酸)）有许多氢离子，在草甘膦的插层过程中
随着 pH 的改变能观察到一些过渡态。

除草剂插层反应的动力学可应用时间分辨的原位 EDXRD 进行分析。对于
2,4-D（2,4 二氯苯氧基乙酸），MCPA（2-甲基-4-氯苯氧基乙酸）和毒莠定（4-氨基-
3,5,6-三氯吡啶甲酸）的插层反应，n 接近 1，说明它们是瞬间成核的二维扩散控
制反应。2-(2-甲基-4-氯苯氧基)丙酸的插层反应中，低温时 n 约为 1，但在较高温
度下降为 0.5，说明在这个过程中，反应机理从成核控制转变为扩散控制。草甘膦
能极快的反应，是扩散控制过程。将客体溶液逐滴加入主体悬浊液中，像其他反应

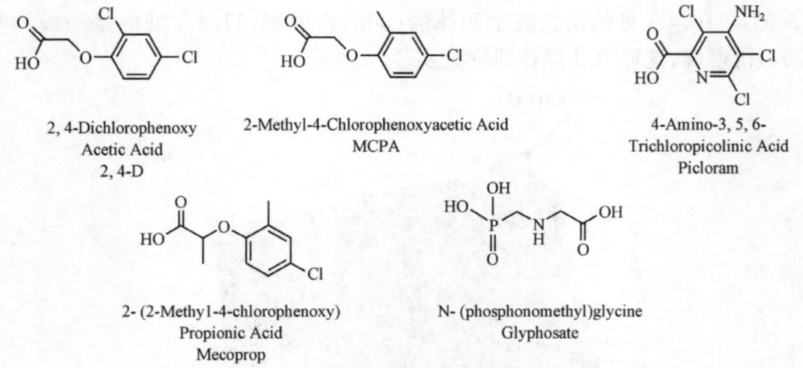

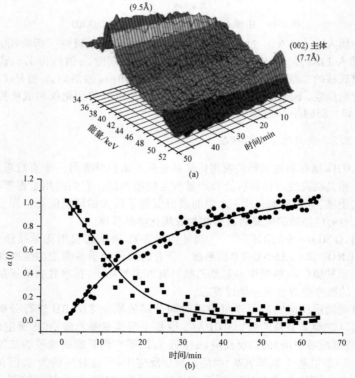

2, 4-Dichlorophenoxy
Acetic Acid
2, 4-D
2-Methyl-4-Chlorophenoxyacetic Acid
MCPA
4-Amino-3, 5, 6-
Trichloropicolinic Acid
Picloram
2- (2-Methy1-4-chlorophenoxy)
Propionic Acid
Mecoprop
N- (phosphonomethyl)glycine
Glyphosate

图 3-41　几种插入水滑石系统的农用化学品

一样，它们直接反应生成产物，而没有中间体，这表明这个反应是一步完成的。图 3-42所示的是 50℃时 MCPA 插层的 EDXRD 数据。

(004)产物
(9.5Å)
(002) 主体
(7.7Å)
能量/keV
时间/min
(a)
α(t)
时间/min
(b)

图 3-42　在 50℃MCPA 插到六方 LiAl-ClLDH 的 EDXRD 数据

(a) 3D 堆积图；(b) 主体(002)衍射晶面(■)和产物的(002)衍射晶面(●)的反应速率-时间曲线

通常来说,使用时间分辨原位 EDXRD 研究 LiAl-Cl 和 CaAl-NO₃ LDH 的插层反应很容易获得动力学及其机理的信息。对于 MgAl-NO₃ LDHs,由于插层反应太快而难以观察。其他的水滑石如 CuCr-Cl 也被研究过,但是需要解决层板结晶度的问题。EDXRD 技术已经越来越多地应用于插层反应研究中,在某些情况下,可以准确得到反应动力学的定量信息。这就使我们能够获得反应机理复杂的内部原因。由 Avrami-Erofe'ev 模型推断出活化能,使机理的可信度增加。其他情况下,即使在很低的温度下,插层反应也能在几分钟内完成。这就需要将客体溶液逐滴加入到主体悬浊液中,排除全动力学控制,进而研究反应机理。这样对于具有刚性主体层板的水滑石,其晶化过程也能观察到,而使用非原位方法是很难做到的。

3.3.3 插层组装的选择性

3.3.3.1 二羧酸根的选择性插层反应

客体选择性插入固相主体为其在催化、分离等化学领域的应用提供了可能。一个成功的例子就是沸石,它表现出形状选择性和面积选择性,并且在许多反应中得以应用。一些层状插层材料,如层状金属磷酸盐、蒙脱石、镁铝氧化物、水滑石等,都具有选择性插层的性质。这些反应的原位研究会得到许多关于选择性插层的重要信息。然而,在很多情况下,EDXRD 不适合作为检测仪器,如两种竞争阴离子的插层驱动力非常接近时,EDXRD 则检测不出来。只有在一些特定的情况下,EDXRD 才能用来研究选择性插层反应。

研究表明 LiAl₂(OH)₆ClH₂O 能够从相同浓度的马来酸盐和延胡索酸盐混合溶液中分离出马来酸根;对于对苯二酸盐、异构邻苯二甲酸盐及磺酸盐存在形状选择性,可从混合液中选择插入大于 98% 的对苯二酸根。

在 1,2-、1,3-,和 1,4-苯二甲酸根(BDA)的竞争性插层反应中,1,4-BDA 有超过 95% 的选择性。用注射泵向水中的主体材料的悬浮液加入按 1∶1∶1 比例混合的异构体,反应初期主体衍射的(002)峰较弱,与此同时中间体衍射峰增强。第一产物的衍射峰的 $d_{002} = 15.1$Å。然后,这个峰减弱,同时 14.2Å 处的峰增强(如图 3-43 所示)。这与对苯二酸根的插层一致。

对反-,顺-丁烯二酸做了相似的实验,在反应的最初阶段,能观察到几乎一致的现象,以 10.0Å 为中心的宽的 Bragg 衍射峰增强,这和顺-,反-丁烯二酸根插层的第二阶段是对应的。随着二酸盐的加入,和顺-丁烯二酸根插层的基本层间距相对应的 12.9Å 的峰开始出现。然后经过与反-丁烯二酸根阴离子的快交换,峰位置迁移到 12.2Å。如果客体能分别插层,两种产物的 Bragg 衍射在恒定能量时变化缓慢,说明峰位置的迁移是由交换而非层间客体的再排布造成的。然而,初始相有可能不是纯的顺-丁烯二酸根插层,但是,由于顺式和反式的丁烯二酸根都插入

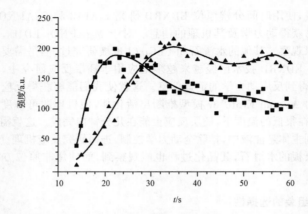

图 3-43　三种苯羧酸根插层六方 LiAl-Cl LDH 在 15.1Å
（■）和 14.2 Å（▲）的 Bragg 衍射峰强度随时间的变化

同一层间，导致观察到的 D 值较大。随着热力学不稳定的阴离子的排出，动力学稳定相很快被破坏，得到最终产物。BDA 系统也产生一个相似的过程（如图 3-44所示）。

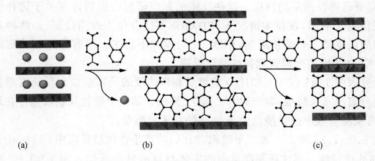

图 3-44　六方 LiAl-Cl LDH 的插层动力学和热力学插层过程

　　同样，人们也研究了 $Ca_2Al(OH)_6NO_3 \cdot 2H_2O$ [160] 的反应。搅拌 LDH 和 1,2-BDA 和 1,4-BDA 的混合物，得到大于 95 ％的 1,4-BDA 插层产物。在 80℃时，这个反应很快，因此反应物需逐滴加入。不能在低温下研究这个反应，因为低温时产物的结晶能力差。$Ca_2Al(OH)_6NO_3 \cdot 2H_2O$ 和 1,2-BDA 的反应如图 3-45所示。开始时能观察到主体材料在 8.7Å 处的一个强的 Bragg 衍射峰。随着客体溶液的加入，14.8Å 处出现一个峰并增强。这是 1,2-BDA 插层的第一阶段，所有的层间均被二酸根占据。观察不到第二阶段的中间体。继续滴加 1,2-BDA 将导致 14.8Å 的衍射峰强减弱，11.2Å 的衍射峰形成。后面这个峰的形成被认为是由于邻苯二甲酸钙的生成而引起的。当使用两种盐的均混溶液时，反应速率很快，在

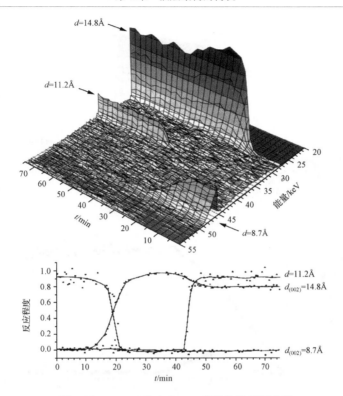

图 3-45　CaAl-Cl 和 1,2-BDA 的转化率-时间曲线

数据收集之前,主体的峰就已经完全消失了,衍射图中出现 14.8Å 和 13.4Å 的 Bragg 衍射峰,分别对应着 1,2-和 1,4-BDA 的插层(如图 3-46 所示)。14.8Å 处的峰存在的时间小于 15 min,而 1,4-BDA 衍射峰强度增强并最终成为唯一的衍射峰。这说明 LiAl-Cl LDH 选择性的插层机理同样适用于 CaAl-NO₃ LDH。这个机理是两个阴离子最开始的时候都插入层间,然后优势小的异构体从层间脱出得到热力学稳定的产物。

　　利用原位 EDXRD 研究了双环和三环的羧酸根(1-金刚烷乙酸根,5-降冰片烯基-2-羧酸,1,3-金刚烷二乙酸根)被插入到 LiAl-Cl,MgAl-NO₃ 和 CaAl-NO₃ LDH 中,如:1-金刚烷乙酸根插入到六方 LiAl-Cl LDH 中,利用 Avrami 方程:$\alpha = 1 - \exp(-kt)^n$ 拟合,由 $\ln k$ 和 $1/T$ 可以计算出活化能 $E_a = (68.4 \pm 4.7)\text{kJ/mol}$,指数可以给出反应机制的信息。当 $1.5 < n < 2$,反应是核控制过程。速控步骤是夹层膨胀。有机羧酸盐的插层反应速率较快。而在 NiAl-NO₃ LDH 中速控步骤是扩散过程。有些反应比较快,用 Avrami 方程无法拟合,在层间没有客体插入时,而其他的地方充满了客体[161]。

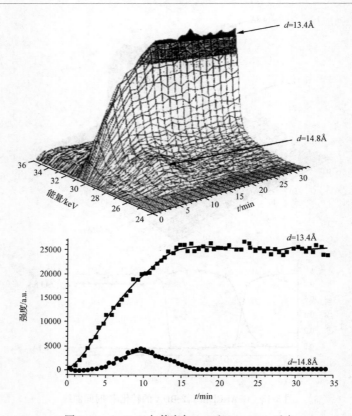

图 3-46　CaAl-Cl 与等摩尔 1,2-和 1,4-BDA 反应

吡啶二羧酸盐的六个异构体(2,3-PDA, 2,4-PDA, 2,5-PDA,2,6-PDA,3,4-PDA,3,5-PDA)都能在 100℃水溶液中插入到 $LiAl_2(OH)_6Cl \cdot H_2O$ 层间。产物的化学式为：$LiAl_2(OH)_6G_{0.5} \cdot xH_2O$(G = 2,3-PDA, 2,4-PDA, 2,5-PDA, 2,6-PDA, 3,4-PDA, 3,5-PDA,$x = 2 \pm 3.5$)。产物的层间距是不同的(表 3-10)。当溶液中的客体的浓度是相同的情况下,插入的客体的量是不同的。

表 3-10　吡啶二羧酸根插层 $LiAl_2(OH)_6Cl \cdot H_2O$ 的元素分析与衍射数据

客体	水含量(x)	c/nm	元素分析(计算)		
			H	C	N
2,3-PDA	3.0	2.96	4.30(4.54)	15.67(14.03)	2.50(2.34)
2,4-PDA	2.5	2.44	3.98(4.33)	14.95(14.31)	2.42(2.41)
2,5-PDA	3.5	2.80	4.33(4.74)	14.33(13.62)	2.33(2.27)
2,6-PDA	2.5	2.94	4.30(4.34)	14.70(14.47)	2.32(2.41)
3,4-PDA	3.0	2.30	4.21(4.54)	12.91(14.03)	2.03(2.34)
3,5-PDA	2.0	2.18	3.87(4.12)	15.13(14.93)	2.41(2.49)

在主体过量的情况下，60 和 100℃下重复分离两种吡啶二羧酸盐的混合溶液，利用 ^{1}H NMR 来监控异构体插入量。反应结果如表 3-11 和表 3-12 所示，表中所列数据是本列异构体的插入量。

表 3-11　60℃时，两种等摩尔吡啶二羧酸根异构体的竞争插层反应产物百分比

异构体	2,5-PDA	2,3-PDA	2,4-PDA	2,6-PDA	3,5-PDA	3,4-PDA
2,5-PDA		25.8	2.4	9.4	4.5	0.9
2,3-PDA	74.2		17.1	10.0	5.4	11.9
2,4-PDA	97.6	82.9		15.6	58.3	10.2
2,6-PDA	90.6	90.0	84.4		28.4	26.0
3,5-PDA	95.5	94.6	41.7	71.6		1.9
3,4-PDA	99.1	88.0				

表 3-12　100℃时，两种等摩尔吡啶二羧酸根异构体的竞争插层反应产物百分比

异构体	2,5-PDA	2,3-PDA	2,4-PDA	2,6-PDA	3,5-PDA	3,4-PDA
2,5-PDA		6.4	0.9	0.4	6.8	1.1
2,3-PDA	93.6		15.1	0.0	4.0	11.3
2,4-PDA	99.1	84.9		6.5	50.2	13.3
2,6-PDA	99.6	100.0	93.5		34.8	16.1
3,5-PDA	93.2	96.0	49.8	65.2		2.9
3,4-PDA	98.9	88.7	86.7	83.9	97.1	

分析这 15 种二元异构体混合物的竞争插层反应结果可以得到选择性择优顺序为：

2,5-PDA＞2,3-PDA＞2,4-PDA＞2,6-PDA＞3,5-PDA＞3,4-PDA

研究发现，择优选择性与客体的最小膨胀无关。用半经验量子化学计算六种异构体的偶极矩和电荷，如表 3-13 所示。结果表明线形棒状分子易于插入层间。如 2,5-PDA 因为氧的负电荷而更加靠近层间。第二个进入层间的是 2,3-PDA，因为两羧基之间的夹角为 60°。第三为 2,4-PDA，第四为 2,6-PDA，第五为 3,5-PDA，因为 N 原子更易与层板形成氢键。最后为 3,4-PDA。

表 3-13　吡啶二羧酸根异构体的计算偶极矩和电荷

阴离子	偶极矩/D	计算电荷				
		N1	O1	O2	O3	O4
2,3-PDA	10.05	−0.15	−0.60	−0.49	−0.48	−0.66
2,4-PDA	5.92	−0.14	−0.57	−0.58	−0.57	−0.61
2,5-PDA	1.54	−0.15	−0.56	−0.60	−0.60	−0.60
2,6-PDA	7.93	−0.08	−0.54	−0.62	−0.62	−0.54
3,4-PDA	8.73	−0.22	−0.65	−0.50	−0.49	−0.65
3,5-PDA	4.89	−0.22	−0.61	−0.58	−0.58	−0.61

3.3.3.2　阴离子除草剂的选择性插层反应

氯代苯氧乙酸(CPA)是一种除草剂。利用离子交换反应已将 4-CPA(4-氯代苯氧乙酸),2,4-D(二氯代苯氧乙酸),2,4,5-T(三氯代苯氧乙酸)插入了 LiAl₂(OH)₆Cl·H₂O 层间。通过原位 EDXRD 研究插层反应动力学和机理。4-CPA,2,4-D 和 2,4,5-T 插层的过程为直接过程,没有中间产物生成。4-CPA 的插层反应快,在 0～5℃才可以获得 10～30s 的动力学数据,而 2,4-D 和 2,4,5-T 的温度范围分别为 50～70℃和 50～80℃。2,4,5-T,转化率(α)对时间(t)的关系如图 3-47 所示,1.58＜n＜1.85,表明反应的机理是伴随缓慢成核反应的二维相界控制。对于 2,4-D,0.99＜n＜1.29,说明伴随瞬间成核反应的二维分散控制。而对于 4-CPA,0.5＜n＜0.7,说明反应机理为单纯扩散控制。

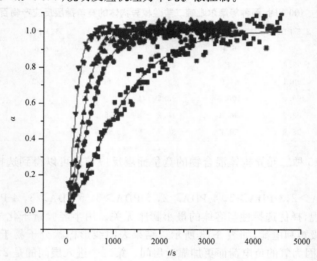

图 3-47　Avrami-Erofe'ev 方程的最小二乘法拟合 2,4,5-T 插层 LiAl-ClLDH 动力学曲线
■,●,▲,▼分别表示 50,60,70,80℃

动力学结果表明插层的顺序为 4-CPA ＞2,4-D＞2,4,5-T。而热力学表明插层的顺序为 2,4-D＞4-CPA＞2,4,5-T。利用温度和插层速率的关系,可以计算得到 4-CPA,2,4-D 和 2,4,5-T 三种插层的活化能分别为 43、(53.6 ± 9.4)和 (61.7 ± 9.1)kJ/mol,因此动力学插层顺序为 4-CPA＞2,4-D＞2,4,5-T。此顺序与客体分子的尺寸有关。4-CPA 在动力学方面要优于 2,4-D,而在热力学方面却不及 2,4-D。利用 ¹H NMR 监测竞争性插层反应,结果如图3-48所示:2,4-D＞4-CPA＞2,4,5-T[162]。

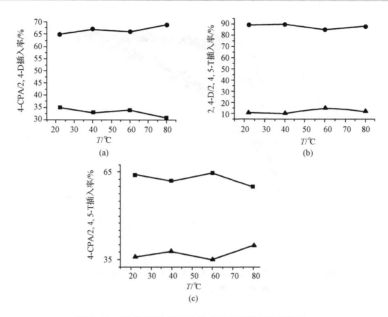

图 3-48　氯代苯氧基乙酸的竞争性插层反应结果

■，●，▲分别代表 4-CPA、2，4-D 和 2,4,5-T

3.3.3.3　选择分离硝基苯酚盐异构体

在 2-NP，3-NP 和 4-NP 的混合溶液中，[LiAl₂(OH)₆]Cl·H₂O 对 4-NP 有选择性插层。而在 2,4-DNP 和 4-NP 混合溶液中 LiAl₂(OH)₆Cl·H₂O 对 2,4-DNP 有选择插层。对于两种 NP，它们的选择性插层与温度和溶剂有关。在高温和极性溶剂中，2,4-DNP 更易于插层。利用时间分辨原位能量分散 X 射线衍射分析对两种物质插层进行了动力学研究。4-NP 插层的速率较快，而在热力学方面 2,4-DNP 更易于插层。

4-硝基苯酚(4-NP)和 2,4-二硝基苯酚(2，4-DNP)通过离子交换插入到 LiAl₂(OH)₆ClH₂O 层间，产物分别为 LiAl₂(OH)₆(4-NP) 和 (LiAl₂(OH)₆(2，4-DNP)。由图 3-49 所示，4-NP 的插层速率与温度有明显的关系，随温度的升高 4-NP 的插层反应加快。由动力学分析 n(Avrami 指数)对于 4-NP 和 2,4-DNP 分别为 0.99～1.38 和 0.86～1.38。方程的有效性可以 Sharp-Hancock 作图说明(图 3-50)，图中每条拟合线都是直线，说明反应机理是相似的。

4-NP、2-NP 和 3-NP 的混合液中进行插层反应，所得产物的 XRD 分析未发现 2-NP 和 3-NP 插层的迹象，产物的[1]H NMR 分析，同样也未发现 2-NP 和 3-NP，因此可排除有无定形或是随机包合现象，确定了 4-NP 在三种异构体中择优插层并

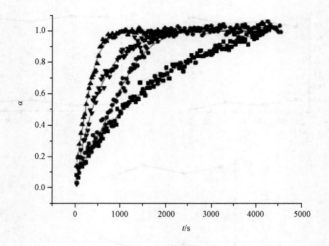

图 3-49　4-NP 插层 LiAl₂(OH)₆Cl 的转化率(α)-时间(t)曲线

■,●,▲,▼分别表示 5,15,25,33℃

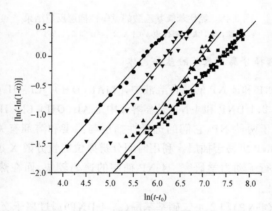

图 3-50　图 3-32 数据的 Sharp-Hancock 作图

■,●,▲,▼分别表示 5,15,25,33℃

得以分离。

　　4-NP 和 2,4-DNP 的竞争插层反应显示了温度依赖性,温度升高,2,4-DNP 的选择性增加而 4-NP 下降,二者在 63℃附近选择性相同,如图 3-51 所示。

　　图 3-52 表明两者插层反应的动力学关系,插层剩余溶液中 2,4-DNP 的 ¹H NMR的响应降低的速率比 4-NP 的快,说明 2,4-DNP 插层的速度要快于4-NP。而在纯溶液中 4-NP 的插层要快于 2,4-DNP。因此,2,4-DNP 和 4-NP 混合溶液的

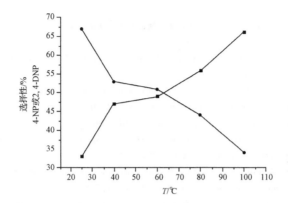

图 3-51　水-醇溶液中 4-NP 与 2,4-DNP 的竞争性插层反应结果

■,●分别表示 2,4-DNP 和 4-NP

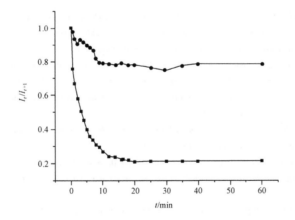

图 3-52　80℃,D_2O 溶液中 4-NP 与 2,4-DNP

的竞争性插层反应,未插层量与时间的关系

■,●分别表示 2,4-DNP 和 4-NP

竞争插层说明,2,4-DNP 的存在对 4-NP 的插层有抑制作用[163]。

参 考 文 献

[1]　Zhao Y, Li F, Zhang R, Evans D G, Duan X. Preparation of layered double-hydroxide nanomaterials
　　 with a uniform crystallite size using a new method involving separate nucleation and aging steps. Chem.
　　 Mater., 2002, 14:4286

[2]　张慧,齐荣,刘丽娜,段雪. 镁铁双羟基复合金属氧化物的可控合成及晶面生长特征研究. 化学物理学

报,2003,16:45.

[3]　赵芸,矫庆泽,李峰,Evans D G,段雪. 非平衡晶化控制 LDHs 晶粒尺寸. 无机化学学报,2001,17 (6):830

[4]　Kumura T, Imataki N, Hasui K, Inoue T, Yasutomi K. Process for the preparation of hydrotalcite. US patent 3539306, 1970

[5]　Buehler J D, Luber J R, Grim W M. Antacid compositions which contain as the active ingredient a hydrotalcite-like complex of the general formula: $Mg_6Al_2(OH)_{14}(A^{2-})_2 \cdot ((1.5\text{-}12)H_2O$ wherein A^{2-} represents SO_4 or HPO_4. Canadian patent 1198675, 1998

[6]　(a) Kresge C T, Leoniwicz M E, Roth W J. Ordered mesoporous molecular, sieves synthesized by a liquid-crystal template mechanism. Nature, 1992, 359:710

　　(b) Beck J S, Vartuli J C, Roth W J. A new family of mesoporous molecular, sieves prepared with liquid-crystal templates. J. Am. Chem. Soc., 1992, 114: 10834

[7]　(a) Walsh D, Lebeau B, Mann S. Morphosynthesis of calcium carbonate (vaterite) microsponges. Adv. Mater., 1999, 11:324

　　(b) Walsh D, Mann S. Fabrication of hollow porous shells of calcium carbonate from self-organizing media. Nature, 1995, 377:28

[8]　He J X, Kebayashi K, Takahashi M, Villemure G, Yamagishi A. Preparation of hybrid film of an anionic Ru(Ⅱ) cyanide polypyridyl complex with layered double hydroxides by the langmuir-blodgett method and their use as electrode modifiers. Thin Solid Film, 2001, 397:255

[9]　Mariko A P, Claude F, Basse J P. Synthesis of Al-rich hydrotalcite-like compounds by using the urea hydrolysis reaction-control of size and morphology. J. Mater. Chem., 2003, 13:1988

[10]　He J, Li B, Evans D G, Duan X. Synthesis of layered double hydroxides in an emulsion solution. Colloid Surface A, 2004, 251:191

[11]　Pausch I, Lohse H H, Schurmann K, Allmann R. Synthesis of disordered and Al-rich hydrotalcite-like compounds. Clay Clay Miner., 1986, 34:507

[12]　Sharon M, Timothy B, William J, Gareth W, O'Hare D. A synchrotron radiation study of the hydrothermal synthesis of layered double hydroxides from MgO and Al_2O_3 slurries. Green Chem., 2007, 9: 373

[13]　陆模文,胡文祥,恽榴红. 有机微波化学研究进展. 有机化学,1995,15:561

[14]　Baghurst D R, Mingos D M P. Chem. Soc. Rev., 1991, 20:1

[15]　Gabriel C, Gabriel S, Grant E H, Halstead B S, Mingos D M P. Chem. Soc. Rev., 1998, 27:213

[16]　杜以波,何静,李峰,Evans D G,段雪,王作新. 微波技术在制备水滑石和柱撑水滑石中的应用. 应用科学学报,1998,16:349

[17]　Claussen N, Janssen R, Holz D. Reaction Bonding of Aluminum Oxide (RBAO). J. Ceram. Soc. Jpn., 1995, 103:749.

[18]　Mok K B, Ross J R H, Sambrook R M. In: Poncelet G, Grange P, Jacobs P A, Ed. Thermally and mechanically stable catalysts for steam reforming or methanation. A new concept in catalyst design. Preparation of catalysts Ⅲ. Amsterdam: Elsevier, 1983:291

[19]　Schaper H, Docesburg E B M, Quartel J, Reijin L L Van. In: Poncelet G, Grange P, JACOBS P A, ed. Preparation of Catalysts Ⅲ. Amsterdam: Elsevier, 1983: 301

[20]　(a) Paulhiac J L, Clause O. Surface coprecipitation of Co(Ⅱ), Ni(Ⅱ), or Zn(Ⅱ) with Al(Ⅲ) ion

during impregnation of alumina at neutral pH. J. Am. Chem. Soc. , 1993,115:11602

(b) d'Espinose de la Caillerie J B, Kermarec M, Clause O. Impregnation of gammaalumina with Ni (Ⅱ) or Co (Ⅱ) ions at neutral pH: hydrotalcite-type coprecipitate formation and characterization. J. Am. Chem. Soc. , 1995, 117:1147

(c) Merlen E, Gueroult P, d'Espinose de la Caillerie J B, Rebours B, Bobbin C, Clause O. Hydrotalcite formation at the almina/water interface during impregnation with Ni (Ⅱ) aqueous solution at neutral pH. Appl. Clay Sci. , 1995, 10:45

[21] (a) 毛纡冰,李殿卿,张法智,David G E,段雪. γ-Al$_2$O$_3$ 表面原位合成 Ni-Al-CO$_3$ LDHs 研究. 无机化学学报,2004,20:596

(b) 张蕊,李殿卿,张法智,David G E,段雪. γ-Al$_2$O$_3$ 载体孔内原位合成水滑石. 复旦学报(自然科学版),2003,42:333

[22] (a) Pausch I, Lohse H H, Schurmann K, Allmann R. Synthesis of disordered and Al-rich hydrotalcite-like compounds. Clay Clay Miner. , 1986, 34:507.

(b) Martin E S, Stinson J M, Cedro Ⅲ V, Horn Jr W E. Two power synthesis of hydrotalcite-like compounds with divalent or polyvalent organic anions. US Patent 5578286, 1995

(c) Martin E S, Stinson J M, Cedro Ⅲ V, Horn Jr W E. Two power synthesis of hydrotalcite and hydrotalcite-like compounds with polyvalent inorganic anions. US Patent 5730951, 1996

(d) Martin E S, Stinson J M, Cedro Ⅲ V, Horn Jr W E. Two power synthesis of hydrotalcite and hydrotalcite-like compounds with monovalen inorganic anions. US Patent 5776424, 1996

(e) Martin E S, Stinson J M, Cedro Ⅲ V, Horn Jr W E. Two power synthesis of hydrotalcite and hydrotalcite-like compounds with monovalen organic anions. US Patent 5728366, 1996

[23] Roy D M, Osborn E F. The system MgO-Al$_2$O$_3$-H$_2$O and influence of carbonate and nitrate ion on the phase equilibria. Am. J. Sci. , 1953, 251:337

[24] Martin E S, Stinson J M, Cedro Ⅲ V, Horn Jr W E. Two power synthesis of hydrotalcite and hydrotalcite-like compounds with monovalen organic anions. US Patent 5728366, 1996

[25] Boehm H P, Steinle J, Vieweger C. New layer compounds capable of anion exchange and intracrystalline swelling. Angew. Chem. Int. Ed. Engl. , 1977, 16:265

[26] (a) Misra C. Synthesis hydrotalcite. US Patent RE34164, 1991

(b) Grubbs D K, Valente Ⅲ P E. Direct synthesis of anion substituted hydrotalcite. US Patent 5362457, 1992.

(c) Misra C. Synthesis hydrotalcite. US Patent 4904457, 1985

(d) Kosin J Preston B W, Wallace D N. Modified synthetic hydrotalcite. US Patent 4883533, 1988

[27] (a) Shen J Y, Guang B, Tu M, Chen Y. Preparation and characterization of Fe/MgO catalysts obtained from hydrotalcite-like compounds. Catal. Today, 1996, 30:77

(b) Clause O, Goncalves C C, Gazzano M, Matteuzzi D. Synthesis and thermal reactivity of nockel-containing anionic clay. Appl. Clay Sci. , 1993, 8:169

(c) Wang J, Wei M, Rao R, Evans D G, Duan X. Structure and thermal decomposition of sulfates β-cyclodextrin intercalated in a layered double hydroxide. J. Solid State Chem. , 2004, 177: 366

(d) Wei M, Shi S, Wang J, Li Y, Duan X. Studies on the intercalation of naproxen into layered double hydroxide and its thermal decomposition by in situ FT-IR and in situ HT-XRD. J. Solid State Chem. , 2004, 177: 2534

[28] Corma A, Fornes V, Martin-Aranda R M, Rey F. Determination of base properties of hydrotalcites: Condensation of benzaldehyde with ethyl acetoacetate. J. Catal. , 1992, 134: 58

[29] Hibion T, Yamashita Y, Kosuge K, Tsunashima A. Decarbonation behavior of Mg-Al-CO$_3$hydrotalcite-like compounds during heat treatment. Clay Clay Miner. , 1995, 43: 427

[30] Yun S K, Pinnavaia T J. Water content and particle texture of synthetic hydrotalcite-like layered double hydroxide. Chem. Mater. , 1995, 7: 348

[31] Reichle W T, Kand S Y, Everhardt D S. The nature of the thermal decomposition of a catalytically active anionic clay mineral. J. Catal, 1986, 101: 352

[32] Han S H, Zhang C G, Hou W G, Sun D J, Wang G T. Study on the preparation and structure of positive sol composed of mixed metal hydroxide. Colloid Polym. Sci. , 1996, 274: 860

[33] Meng W Q, Li F, Evans D G, Duan X. Photocatalytic activity of highly porous zinc ferrite prepared from a Zinc-iron (Ⅲ)-sulfate layered double hydroxide precursor. J. Porous Mater. , 2004, 11: 97

[34] (a) Fornasari G, Gazzano M, Matteuzzi D, Trifirò F, Vaccari A. Structure and reactivity of high-surface-area Ni/Mg/Al mixed oxides. Appl. Clay Sci. , 1995, 10: 69

(b) Millange F, Walton R I, O'Hare D. Time-resolved in situ X-ray diffraction study of the liquid-phase reconstruction of Mg-Al-carbonate hydrotalcite-like compounds. J. Mater. Chem. , 2000, 10: 1713

(c) Aramendia M M A, Aviles Y, Borau V. Thermal decomposition of Mg/Al and Mg/Ga layered-double hydroxides: A spectroscopic study. J. Mater. Chem. , 1999, 9: 1603

(d) 孟锦宏, 张慧, Evans D G, 段雪. 超分子结构草甘膦插层水滑石的组装及结构表征. 高等学校化学学报, 2003, 24, 1315

(e) Gastuche M C, Brown G, Mortland M. Mixed magnesium-aluminium hydroxides. Ⅱ. Structure chemistry of synthetic hydroxyl-carbonates and related minerals and compounds. Clay Miner. , 1967, 7: 193

[35] 杨飘萍, 宿美平, 杨胥微, 刘国宗, 于剑锋, 吴通好, 赵得熙, 张泰善, 李东求. 尿素法合成高结晶度类水滑石. 无机化学学报, 2003, 19: 485

[36] Mariko A P, Claude F, Besse J P. Synthesis of al-rich hydrotalcite-like compounds by using the urea hydrolysis reaction-control of size and morphology. J. Mater. Chem. , 2003, 13: 1988

[37] Oh J M, Hwang S H, Choy J H. The effect of synthetic conditions on tailoring the size of hydrotalcite particles. Solid State Ionics, 2002, 151: 285

[38] Shaw W H R, Bordeaux J J. The decomposition of urea in aqueous media. J. Am. Chem. Soc. , 1955, 77: 4729

[39] 姜信真等. 气液反应理论与应用基础. 北京: 烃加工出版社, 1989

[40] Doraiswamy L K, Sharma M M. Heterogeneous reactions: analysis, examples, and reactor design. New York: Wiley-interscience, 1984

[41] Lei X D, Yang L, Zhang F Z, Duan X. A novel gas-liquid contacting route for the synthesis of layered double hydroxides by decomposition of ammonium carbonate. Chem. Eng. Sci. , 2006, 61: 2730

[42] Shannon R D. Revised effective ionic radii and systematic studies of interatomic distances in halides and chalcogenides. Acta Crystallogr, 1976, A32(5): 751

[43] Besserguenev A V, Fogg A M, Francis R J, Price S J, O'Hare D, Isupov V P, Tollchko B P. Synthesis and Structure of the Gibbsite Intercalation Compounds [LiAl$_2$(OH)$_6$]X {X = Cl, Br, NO$_3$} and

[LiAl₂(OH)₆]Cl · H₂O Using Synchrotron X-ray and Neutron Powder Diffraction. Chem. Mater. , 1997,9:241

[44]　Velu S,Ramaswamy V,Ramani A,Chanda B M,Sivasanker S. New hydrotalcite-like anionic clays containing Zr^{4+} in the layers. Chem. Commun. ,1997,(21) : 2107

[45]　Velu S, Sabde D P, Shah N, Sinasanker S. New Hydrotalcite-like Anionic Clays Containing Zr^{4+} in the Layers: Synthesis and Physicochemical Properties. Chem. Mater. , 1998,10:3451

[46]　Velu S,Suzuki K,Osaki T,Ohashi F,Tomura S. Synthesis of new Sn incorporated layered double hydroxides and their evolution to mixed oxides. Mater. Res. Bull. , 1999,34:1707

[47]　Das N N, Konar J, Mohanta M K, Srivastava S C. Adsorption of Cr(Ⅵ) and Se(Ⅳ) from their aqueous solutions onto Zr^{4+}-substituted ZnAl/MgAl-layered double hydroxides: effect of Zr^{4+} substitution in the layer. J. Colloid Inerface Sci. , 2004,270: 1

[48]　Dsa N,Samal A. Synthesis, characterisation and rehydration behaviour of titanium(Ⅳ) containing hydrotalcite like compounds. J. Micropar. Mesopor. Mater. , 2004,72:219

[49]　Ren Q L,Luo Q,Liu D Z,Chen S T. Effect of Si^{4+} doping on the thermal property and thermal decomposition mechanism of nanocrystalline Mg, Al-hydrotalcite. Mater. Sci. Forum (Funct. Graded Mater. Ⅶ), 2003,157:423

[50]　Saber O, Tagaya H. New layered double hydroxide, Zn-Ti LDH: Preparation and intercalation reactions. J. Incl. Phenom. Macrocyclic Chem. , 2003,45: 109

[51]　Saber O, Tagaya H. Structural Aspects of Layered Double Hydroxides. J. Incl. Phenom. Macrocyclic Chem. solids, 2003, 65:453

[52]　Allmann R N. Refinement of the hybrid layer structure [Ca₂Al(OH)₆] · [1/2SO₄] · 3H₂O. N. Jb. Miner. Mh. , 1977, 3:136

[53]　Millange F, Walton R I, Lei L, O'Hare D. Efficient Separation of Terephthalate and Phthalate Anions by Selective Ion-Exchange Intercalation in the Layered Double Hydroxide Ca₂Al(OH)₆ NO₃ · 2H₂O. Chem. Mater. , 2000, 12(7):1990

[54]　冯拥军、李殿卿、李春喜、王子镐、Evans D G, 段雪. Cu-Ni-Mg-Al-CO₃ 四元水滑石的合成及结构分析. 化学学报, 2003,61:78

[55]　Cavani F, Trifiro F, Vaccari A. Hydrotalcite-type anionic clays: preparation, properties and applications. Catal. Today,1991,11:173

[56]　Morel-Desrosiers N, Pisson J, Israëli Y, Taviot-Guého C, Besse J P, Morel J P. Intercalation of dicarboxylate anions into a Zn-Al-Cl layered double hydroxide: microcalorimetric determination of the enthalpies of anion exchange. J. Mater. Chem. , 2003, 13:2582

[57]　Xu Z P, Braterman P S. High affinity of dodecylbenzene sulfonate for layered double hydroxide and resulting morphological changes. J. Mater. Chem. , 2003, 13:268

[58]　Williams G R, Norquist A J, O'Hare D. Time-Resolved, In Situ X-ray Diffraction Studies of Staging during Phosphonic Acid Intercalation into [LiAl₂(OH)₆]Cl · H₂O. Chem. Mater. , 2004, 16:975

[59]　Wang J, Wei M, Rao R, Evans D G, Duan X. Structure and thermal decomposition of sulfated betacyclodextrin intercalated in a layered double hydroxide. J. Solid State Chem. , 2004, 177: 366

[60]　Yang Q Z, Sun D J, Zhang C G, Wang X J, Zhao W A. Synthesis and Characterization of Polyoxyethylene Sulfate Intercalated Mg-Al-Nitrate Layered Double Hydroxide. Langmuir, 2003, 19:5570

[61]　Leroux F, Aranda P, Besse J P, Ruiz-Hitzky E. Intercalation of poly (ethylene oxide) derivatives into

layered double hydroxides. J. Inorg. Chem. , 2003：1242

[62] Moujahid E M, Besse J P, Leroux F. Synthesis and characterization of a polystyrene sulfonate layered double hydroxide nanocomposite. In-situ polymerization vs. polymer incorporation. J. Mater. Chem. , 2002, 12：3324

[63] Khan A I, Lei L, Norquist A J, O'Hare D. Intercalation and controlled release of pharmaceutically active compounds from a layered double hydroxide. Chem. Commun. , 2001；2342

[64] Wei M, Shi S, Wang J, Li Y, Duan X. Studies on the intercalation of naproxen into layered double hydroxide and its thermal decomposition by in situ FT-IR and in situ HT-XRD. J. Solid State Chem. , 2004, 177；2534

[65] Choy J H, Kwak S Y, Park J S, Jeong Y J, Portier J. Intercalative Nanohybrids of Nucleoside Monophosphates and DNA in Layered Metal Hydroxide. J. Am. Chem. Soc. ,1999, 121；1399

[66] Li F, Zhang L H, Evans D G, Forano C, Duan X. Structure and thermal evolution of Mg-Al layered double hydroxide containing interlayer organic glyphosate anions. Thermochim. Acta. ,2004, 424；15

[67] Costantino U, Coletti N, Nocchetti M. Anion exchange of methyl orange into Zn-Al synthetic hydrotalcite and photophysical characterization of the intercalates obtained. Langmuir,1999, 15；4454

[68] Costantino U, Coletti N, Nocchetti M. Surface uptake and intercalation of fluorescein anions into Zn-Al-hydrotalcite. Photophysical characterization of materials obtained. Langmuir. ,2000, 16；10351

[69] Gardner E A, Yun S K, Kwon T, Pinnavaia T. Layered double hydroxides pillared by macropolyoxometalates. J. Appl. Clay Sci. , 1998, 13；479

[70] Bravo-Suárez J J, Páez-Mozo E A, Oyama S T. Intercalation of Decamolybdodicobaltate(Ⅲ) Anion in Layered Double Hydroxides. Chem. Mater. ,2004, 16；1214

[71] Badreddine M, Legrouri A, Barroug A, de Roy A, Besse J P. Influence of pH on phosphate intercalation in zinc-aluminum layered double hydroxide. Collect. Czech Chem. Commun. ,1998, 63；741

[72] Badreddine M, Legrouri A, Barroug A, de Roy A, Besse J P. Ion exchange of different phosphate ions into the zinc-aluminum-chloride layered double hydroxide. Mater. Lett. ,1999, 38；391

[73] Malherbe F, Besse J P. Investigating the Effects of Guest-Host Interactions on the Properties of Anion-Exchanged Mg-Al Hydrotalcites. J. Solid State Chem. ,2000, 155；332

[74] Villegas J C, Giraldo O H, Laubernds K, Suib S L. New Layered Double Hydroxides Containing Intercalated Manganese Oxide Species：Synthesis and Characterization. Inorg. Chem. ,2003, 42；5621

[75] Arco M D, Gutierrez S, Martin C, Rives V. Intercalation of $[Cr(C_2O_4)_3]^{3-}$ Complex in Mg,Al Layered Double Hydroxides. Inorg. Chem. ,2003, 42；4232

[76] Prevot V, Forano C, Besse J P. Intercalation of Anionic Oxalato Complexes into Layered Double Hydroxides. J. Solid State Chem. ,2000, 153；301

[77] Beaudot P, de Roy M E, Besse J P. Intercalation of Platinum Complex in LDH Compounds. J. Solid State Chem. ,2001, 161；332

[78] Carpani I, Berrettoni M, Ballarin B, Giorgetti M, Scavetta E, Tonelli D. Study on the intercalation of hexacyanoferrate(Ⅱ) in a Ni, Al based hydrotalcite. Solid State Ionics. ,2004, 168；167

[79] Bhattacharjee S, Dines T J, Anderson J A. Synthesis and application of layered double hydroxide-hosted catalysts for stereoselective epoxidation usingmolecular oxygen or air. J. Catal. , 2004, 225；398

[80] Isupov V P, Chupakhina L E, Mitrofanova R P, Tarasov K A, Rogachev A Y, Boldyrev V V. The use of intercalation compounds of aluminum hydroxide for the preparation of nanoscale systems. Solid

State Ionics. ,1997, 101：265

[81]　Tsyganok A I, Tsunoda T, Hamakawa S, Suzuki K, Takehira K, Hayakawa T. Dry reforming of methane over catalysts derived from nickel-containing Mg-Al layered double hydroxides. J. Catal. , 2003,213：191

[82]　Beaudot P, de Roy M E, Besse J P. Preparation and Characterization of Intercalation Compounds of Layered Double Hydroxides with Metallic Oxalato Complexes. Chem. Mater. , 2004,16：935

[83]　Li C, Wang G, Evans D G, Duan X. Inorporation of rare-earth ions in Mg-Al layered double hydroxides：intercalation with an [Eu(EDTA)]- chelate. J. Solid State Chem. ,2004,177：4569

[84]　Choudary B M, Chowdari N S, Jyothi K, Kantam M L. Catalytic asymmetric dihydroxylation of olefins with reusable OsO_4^{2-} on ion-exchangers：the scope and reactivity using various cooxidants. J. Am. Chem. Soc. , 2002, 124：5341

[85]　del Arco M, Carriazo D, Gutěrrez S, Martin C, Rives V. Synthesis and Characterization of New Mg_2Al-Paratungstate Layered Double Hydroxides. Inorg. Chem. , 2004, 43：375

[86]　Shichi T, Yamashita S, Takagi K. Photopolymerization of 4-vinylbenzoate and m- and p-phenylenediacrylates in hydrotalcite interlayers. Supramolecular Science. ,1998,5：303

[87]　Wei M, Shi S X, Wang J, Li Y, Duan X. Studies on the intercalation of naproxen into layered double hydroxide and its thermal decomposition by in situ FT-IR and in situ HT-XRD. J. Solid State Chem. , 2004, 177：2534

[88]　Li C, Wang G, Evans D G, Duan X. Incorporation of rare-earth ions in Mg-Al layered double hydroxides：intercalation with an [Eu(EDTA)]- chelate. J. Solid State Chem. , 2004, 177：4569

[89]　Wei M, Zhang X, Evans D G, Duan X. Rh-TPPTS intercalated layered double hydroxides as hydroformylation catalyst. AiChE. J. , 2007,53(11)：2916

[90]　Bish D L. Anion exchange in the pyroaurite group：applications to other hydroxide minerals. Bull. Miner. ,1980, 103：175

[91]　Chisem I C, Jones W, Martin I, Martin C, Rives V. Probing the surface acidity of lithium aluminum and magnesium aluminum layered double hydroxides. Chem. Mater. , 1998, 8：1917

[92]　孙幼松，矫庆泽，赵芸，Evans D G，段雪. 己二酸柱撑水滑石的制备及表征. 无机化学学报,2001, 17：414

[93]　孙幼松，矫庆泽，赵芸，Evans D G，段雪. 对苯二甲酸柱撑水滑石的组装及其结构特征. 应用化学, 2001, 18：781

[94]　李殿卿，冯桃，Evans D G，段雪. 有机阴离子柱撑水滑石的插层组装及超分子结构. 过程工程学报, 2002, 2：355

[95]　郭军，孙铁，沈剑平，刘继广，蒋大振，闵恩泽. Keggin 结构磷钨钒杂多阴离子柱撑水滑石的合成、表征与热稳定性研究. 无机化学学报, 1995, 11：134

[96]　Wu G Q, Wang L Y, Yang L, Yang J J. Factors affecting the interlayer arrangement of transition metal-ethylenediaminetetraacetate complexes intercalated in Mg/Al layered double hydroxides. J. Inorg. Chem. , 2007：799

[97]　Crepaldi E L, Pavan P C, Valim J B, A new method of intercalation by anion exchange in layered double hydroxides. Chem. Commun. ,1999：155

[98]　Crepaldi E L, Pavan P C, Valim J B. Anion exchange in layered double hydroxides by surfactant salt formation. J. Mater. Chem. , 2000, 10：1337

[99]　Ren L L, He J, Zhang S C, Evans D G, Duan X, Ma R Y. Immobilization of penicillin G acylase in layered double hydroxides pillared by glutamate ions. J. Mol. Catal. B：Enzym. , 2002, 18：3

[100]　Bubniak G A, Schreiner W H, Mattoso N, Wypych F. Preparation of a New Nanocomposite of $Al_{0.33}Mg_{0.67}(OH)_2(C_{12}H_{25}SO_4)_{0.33}$ and Poly(ethylene oxide). Langmuir, 2002, 18：5967

[101] Tagaya H, Sato S, Kuwahara T. Photoisomerization of indolinespirobenzopyran in anionic clay matrixes of layered double hydroxides. J. Mater. Chem. , 1994, 4:1907

[102] Drezdzon M A. Synthesis of isopolymetalate-pillared hydrotalcite via organic-anion-pillared precursors. Inorg. Chem. , 1988, 27:4628

[103] Dimotakis E D, Pinnnavaia T. New route to layered double hydroxides intercalated by organic anions: precursors to polyoxometalate-pillared derivatives. J. Inorg. Chem. , 1990, 29:2393

[104] Gago S, Pillinger M, Valente A A, Santos T M, Rocha J, Goncüalves I S. Immobilization of oxomolybdenum species in a layered double hydroxide pillared by 2,2′-bipyridine-5,5′-dicarboxylate anions. Inorg. Chem. , 2004, 43: 5422

[105] Tagaya H, Sato S, Kuwahara T. Photoisomerization of indolinespirobenzopyran in anionic clay matrixes of layered double hydroxides. J. Mater. Chem. , 1994, 4:1907

[106] Allmann R. Double layer structures with brucite-like ions [M(Ⅱ)₁₋ₓM(Ⅲ)ₓ(OH)₂]ˣ⁺. Chimia, 1970, 24: 99

[107] Fornasari G, Gazzzano M, Matteuzzi D, Trifro F, Vaccari A. Structure and reactivity of high-surface-area Ni/Mg/Al mixed oxides. Appl. Clay Sci. , 1995, 10: 69

[108] Constantino V R L , Pinnnavaia T. Synthesis of monoligate ditertiary phosphino complexes of niobium (Ⅳ) chloride and their bonding interaction with Mo(CO)₆. J. Inorg. Chem. , 1995, 34: 883

[109] Millange F, Walton R I, O' Hare D. Time-resolved in situ X-ray diffraction study of the liquid-phase reconstruction of Mg-Al-carbonate hydrotalcite-like compounds. J. Mater. Chem. , 2000, 10: 1713

[110] Aramendia M A, Aviles Y, Vorau V. Thermal decomposition of Mg/Al and Mg/Ga layered-double hydroxides: a spectroscopic study. J. Mater. Chem. , 1999, 9: 1603

[111] Yuan Q, Wei M, Evans D G, Duan X. Preparation and Investigation of Thermolysis of L-Aspartic Acid-Intercalated Layered Double Hydroxide. J. Phys. Chem. B. ,2004, 108: 12381

[112] Li B X, He J, Evans D G,Duan X. Enteric-coated layered double hydroxides as a controlled release drug delivery system. Int. J. Pharm. , 2004, 287:89

[113] Wei C, Li F, Qu B. In situ synthesis of poly(methyl methacrylate)/MgAl layered double hydroxide nanocomposite with high transparency and enhanced thermal properties. J. Solid State Commun. , 2004, 130: 259

[114] Shen J, Guang B, Tu M, Chen Y. Preparation and characterization of Fe/MgO catalysts obtained from hydrotalcite-like compounds. Catal. Today, 1996, 30:77

[115] Rebours B, D'Espinosa de la Caillerie J B, Clause O. Decoration of Nickel and Magnesium Oxide Crystallites with Spinel-Type Phases. J. Am. Chem. Soc. , 1994, 116: 1707

[116] Kloprogge J T, Frost R L. Fourier Transform Infrared and Raman Spectroscopic Study of the Local Structure of Mg-, Ni-, and Co-Hydrotalcites. J. Solid State Chem. , 1999, 146:506

[117] Clause O, Coelho M G, Gazzano M. Synthesis and thermal reactivity of nickel-containing anionic clays. Appl. Clay Sci. , 1993, 8: 169

[118] Malherbe F, Forano C, Besse J P. Use of organic media to modify the surface and porosity properties of hydrotalcite-like compounds. Micropor. Mater. ,1997, 10: 67

[119] Bellotto M, Rebours B, Clause O, Lynch J, Bazin D, Elkaim E. Hydrotalcite Decomposition Mechanism: A Clue to the Structure and Reactivity of Spinel-like Mixed Oxides. J. Phys. Chem. ,1996, 100: 8535

[120] Aisawa S, Takahashi S, Ogasawara W, Umetsu Y, Narita E. Direct Intercalation of Amino Acids into Layered Double Hydroxides by Coprecipitation. J. Solid State Chem. , 2001, 162:52

[121] Zou K, Zhang H, Duan X. Studies on the formation of 5-aminosalicylate intercalated Zn-Al layered double hydroxides as a function of Zn/Almolar ratios and synthesis routes. Chem. Eng. Sci. , 2007,

62:2022

[122] Bonnet S, Forano C, de Roy A, Besse J P. Synthesis of Hybrid Organo-Mineral Materials: Anionic Tetraphenylporphyrins in Layered Double Hydroxides. Chem. Mater. , 1996, 8:1962

[123] 谢鲜梅. 层状化合物镍铝水滑石的制备和表征. 无机化学学报, 2000, 16: 43

[124] Chibwe K, Jones W. Intercalation of organic and inorganic anions into layered double hydroxides J. Chem. Soc. Chem. Commun. , 1989: 926

[125] del Arco M, Gutie′rrez S, Marty′n C, Rives V. Intercalation of [Cr(C₂O₄)₃]³⁻ Complex in Mg, Al Layered Double Hydroxides. Inorg. Chem. ,2003, 42:4232

[126] 李蕾, 莫丹, 罗青松. 锌铝类水滑石的复原及表征. 无机化学学报, 2004, 20: 256

[127] 李蕾. 类水滑石材料制备方法及结构与性能的理论研究: [博士学位论文]. 北京: 北京化工大学近代化学研究所, 2002

[128] Li L, Luo Q S, Duan X. Clean route for the synthesis of hydrotalcites and their property of selective intercalation with benzenedicarboxylate anions. J. Mater. Sci. Let. , 2002, 21: 439

[129] Wong F, Buchheit R G. Utilizing the structural memory effect of layered double hydroxides for sensing water uptake in organic coatings. Prog. Org. Coat. , 2004, 51: 91

[130] Carlino S, Hudson M J, Husain S W, Knowles J A. The reaction of molten phenylphosphonic acid with a layered double hydroxide and its calcined oxide Solid State Ionics. ,1996, 84: 117

[131] 任玲玲, 何静, Evans D G, 段雪. 谷氨酸柱撑水滑石超分子结构层柱材料的插层组装. 高等学校化学学报. 2003, 24: 169

[132] Zhang J, Zhang F Z, Ren L L, Evans D G, Duan X. Synthesis of layered double hydroxide anionic clays intercalated by carboxylate anions. Mater. Chem. Phys, 2004, 85: 207

[133] Oriakhi C O, Farr I V, Lerner M M. Thermal characterization of poly(styrene sulfonate)/layered double hydroxide nanocomposites. Clay Miner. ,1997, 45:194

[134] 任玲玲, 何静, 段雪. 阴离子型层柱材料的插层组装. 化学通报, 2001, 64:686

[135] Prinetto F, Ghiotti G, Graffin P. Synthesis and characterization of sol-gel Mg/Al and Ni/Al layered double hydroxides and comparison with co-precipitated samples. Micropor. Mesopor. Mater. ,2000, 39:229

[136] Jitianu M, Zaharescu M, Balasoiu M, The sol-gel route in synthesis of Cr(III)-containing clays. Comparison between Mg-Cr and Ni-Cr anionic clays. Sol-Gel Sci. and Tech. , 2003, 26: 217

[137] d'Espinose de la Caillerie J B, Kermarec M, Clause O. J. Phys. Chem. ,1995, 99:17273

[138] Scheidegger A M, Lamble G M, Sparks D L, J. Colloid Interface Sci. ,1997, 186: 118

[139] Allada R K, Navrotsky A, Berbeco H T , Casey W H Thermochemistry and Aqueous Solubilities of Hydrotalcite-Like Solids. Science, 2002, 296:721

[140] Wood T M, Garrels R M. Thermodynamic Values at Low temperature for Natural Inorganic Materials: An Uncritical Summary. New York: Oxford Univ. Press,1987

[141] Robie R A, Hemingway B S. Thermodynamic properties of Minerals and Related Substances at 298.15K and 1 bar and Higher Temperature. USGS Bull. 2131, Menlo Park, CA. 1995

[142] Israëli Y, Taviot-Guého C, Besse J P, Morel J P, Morel-Desrosiers N. Thermodynamics of anion exchange on a chloride-intercalated zinc-aluminum layered double hydroxide: a microcalorimetric study. J. Chem. Soc. Dalton Trans. , 2000: 791

[143] Morel-Desrosiers N, Pisson J, Israëli Y, Taviot Guého C, Besse J P, Morel J P. Intercalation of dicarboxylate anions into a Zn-Al-Cl layered double hydroxide: microcalorimetric determination of the enthalpies of anion exchange. J. Mater. Chem. , 2003, 13:2582

[144] Serna C J, White J L, Hem S L. Hydrolysis of aluminum tri-(sec-butoxide) in ionic and nonionic media. Clays Clay Miner,1977, 25:384

[145] Poppelmeier K R, Hwu S J. Synthesis of lithium dialuminate by salt imbibition. Inorg. Chem, 1987, 26:3297

[146] Nemurdy A P,Isupov V P, Kotsupalo N P, Boldyrev V V. Staging during anion-exchange intercalation into [LiAl$_2$(OH)$_6$]Cl • nH$_2$O. Russ. J. Inorg. Chem. , 1986, 31:651

[147] Nayak M, Kutty TRN, Layaraman V,Periaswamy G. Preparation of the layered double hydroxide (LDH) LiAl$_2$(OH)$_7$ • 2H$_2$O, by gel to crystallite conversion and a hydrothermal method, and its conversion to lithium aluminates. J. Mater. Chem. ,1997, 7:2131

[148] Fogg A M, O'Hare D. Study of the Intercalation of Lithium Salt in Gibbsite Using Time-Resolved in Situ X-ray Diffraction. Chem. Mater. ,1999, 11:1771

[149] Tarasov K A, Isupov V P, Chupakhina L E, O'Hare D. A time resolved, in-situ X-ray diffraction study of the de-intercalation of anions and lithium cations from [LiAl$_2$(OH)$_6$]$_n$X • qH$_2$O (X = Cl$^-$, Br$^-$, NO$_3^-$, SO$_4^{2-}$). J. Mater. Chem. , 2004, 14:1443

[150] Fogg A M, Dunn J S, O'Hare D. Formation of Second-Stage Intermediates in Anion-Exchange Intercalation Reactions of the Layered Double Hydroxide [LiAl$_2$(OH)$_6$]Cl • H$_2$O As Observed by Time-Resolved, in Situ X-ray Diffraction. Chem. Mater. ,1998, 10:356

[151] Williams G R, Norquist A J, O'Hare D. The formation of ordered heterostructures during the intercalation of phosphonic acids into a layered double hydroxide. Chem. Commun. , 2003:1816

[152] Williams G R, Norquist A J, O'Hare D. Time-Resolved, In Situ X-ray Diffraction Studies of Staging during Phosphonic Acid Intercalation into [LiAl$_2$(OH)$_6$]Cl • H$_2$O. Chem. Mater, 2004,16: 975

[153] Fogg A M, Ferij A j, Parkinson G M. Synthesis and Anion Exchange Chemistry of Rhombohedral Li/Al Layered Double Hydroxides. Chem. Mater. , 2002, 14:232

[154] Williams G R, O'Hare D. Factors Influencing Staging during Anion-Exchange Intercalation into [LiAl$_2$(OH)$_6$]X • mH$_2$O (X = Cl$^-$, Br$^-$, NO$_3^-$). Chem. Mater. ,2005, 17:2632

[155] Pisson J, Taviot-Gueho C, Israeli Y, Leroux F, Munsch P, Itie J P, Briois V, Morel-Desrosiers N, Besse J P. Staging of Organic and Inorganic Anions in Layered Double Hydroxides. J. Phys. Chem. ,B 2003, 107:9243

[156] Taviot-Gueho C, Leroux F, Payen C, Besse J P. Cationic ordering and second-staging structures in copper-chromium and zinc-chromium layered double hydroxides. Appl. Clay Sci. , 2005, 28: 111

[157] Khan A I, Norquist A J, O'Hare D, Intercalation and controlled release of pharmaceutically active compounds from a layered double hydroxide. Chem. Commun. , 2001:2342

[158] Williams G R, Khan A I, O'Hare D. Mechanistic and kinetic studies of guest ion intercalation into layered double hydroxiedes using time-resolved, in-situ X-ray powder diffraction, Sturcture and bonding 119, Layered double hydroxides. Berlin: Springer, 2006:185

[159] Williams G R, O'Hare D Towards understandings, control and application of layered double hydroxide chemistry. J. Mater. Chem. ,2006, 16:3065

[160] Millange F, Walton R I, Lei L X, O'Hare D. Efficient Separation of Terephthalate and Phthalate Anions by Selective Ion-Exchange Intercalation in the Layered Double Hydroxide Ca$_2$Al(OH)$_6$ • NO$_3$ • 2H$_2$O, Chem. Mater. , 2000, 12:1990

[161] Rhee S W , Lee J H , Jung D-Y. Quantitative Analyses of Shape-Selective Intercalation of Isomeric Mixtures of Muconates into [LiAl$_2$(OH)$_6$]Cl • yH$_2$O Layered Double Hydroxide. J. Colloid Interface Sci. , 2002,245:349

[162] Ragavan A , Khan A , O'Hare D. Selective intercalation of chlorophenoxyacetates into the layered double hydroxide [LiAl$_2$(OH)$_6$]Cl • xH$_2$O. J. Mater. Chem. , 2006, 16: 4155

[163] Ragavan A , Khan A I , O'Hare D. Isomer selective ion-exchange of nitrophenolates of the layered double hydroxide [LiAl$_2$(OH)$_6$]Cl • xH$_2$O. J. Mater. Chem. , 2006, 16: 602

第4章 插层材料的结构与功能

4.1 引 言

超分子组装体系主要有层状组装体(以具有层状结构的分子作为构筑基元),多维与高级复杂结构组装体(以碳、硅、氧化物等无机物与有机分子、齐聚物、共聚物作为构筑基元),生命与仿生微体系(以 DNA、酶、氨基酸、病毒等为构筑基元)。本章将以层状结构类水滑石材料为主,详细介绍无机超分子插层体系的结构特性、插层组装规律及结构与性能的关系。首先理解与认识超分子相互作用的特点,然后在分子层次认识插层结构中的主客体分子识别,进而详细探讨插层结构的分子容器特征,最后从电子转移和能量转换的角度更深入认识无机超分子插层体系的主客体相互作用与结构特性,揭示了超分子插层结构与特定功能之间的内在关联,从而为设计、开发具有特定超分子插层结构的新型功能材料提供了富有理论意义与实践价值的指导。这类材料在结构方面具有的灵活可调性赋予其多样的功能特性,例如:光吸收与紫外阻隔、阻燃抑烟、热稳定、催化、吸附分离、药物储存与缓释等,因此,在国民经济的诸多领域表现出巨大的潜在应用价值。

4.2 插层结构中的超分子作用

超分子插层组装体是将具有特定功能的离子或分子通过一定的方式插入到无机层状结构中,而得到一大类无机-有机杂化插层结构材料。在这类插层材料中,由于存在主-客体相互作用及层状材料所具有的独特的空间限域特征,而表现出特定的光、电、磁、热、催化、吸附等物理或化学性质。本节将首先对插层结构超分子相互作用的特性进行详细阐述,然后对主-客体分子的识别特性与识别能力展开讨论,最后以手性分子或药物分子插层的 LDHs 为例介绍 LDHs 的"分子容器"特征,并且展望了这种插层结构在手性分子保护与分子识别等手性分析领域及生物医药领域广阔的应用前景。

4.2.1 协同性、方向性和选择性

构筑超分子组装体的驱动力包括氢键作用、配位作用、分子识别、范德华力、亲水/疏水作用等。大量研究表明,形成超分子组装体的驱动力往往不仅仅局限于一

种,在大多数情况下组装的驱动力表现为以某一种作用起主要作用,多种作用进行协同。这充分反映出各种非价键作用力的协同性在超分子插层结构的组装过程中起到重要的作用。主-客体分子在构筑超分子体系时,它们之间相互作用的协同性、方向性和选择性决定主体与客体分子的匹配性、稳定性及最终插层产物的结构。

　　层状复合金属氢氧化物(类水滑石,LDHs)是一类客体分子或离子在主体层板间高度有序排列的插层结构的超分子物质。在 LDHs 主体层板内存在着较强的共价键作用,例如:金属-氧键;而位于其层间的客体阴离子与层板之间则是以氢键、范德华力等相互作用,主体与客体通过相互作用间的协同性、方向性和选择性以有序的方式进行排列,插入到层板之间,形成特定的超分子插层结构。已有大量文献报道了利用各种制备方法可以将不同类型的客体离子插入到 LDHs 主体层间,包括各种无机阴离子、有机阴离子、金属有机配合物、中性分子、氨基酸、酶及其他生物大分子等[1-15]。不同客体的插入行为是有差异的,而且它们与主体之间相互作用力的大小与方式也不相同,所以,要深入理解客体的插入行为,就必须对主体-客体间的相互作用特性有较清晰的理解与认识。

　　在 LDHs 插层结构中,作为主体的 LDHs 层板由于部分二价金属离子被三价金属离子所取代而带有正电荷,其电荷密度与金属离子类型、二价/三价金属离子比例、晶体结构规整度等因素有关。作为客体插入层间的阴离子则带有负电荷,层板与层间离子所带正、负电荷相互作用达到电荷平衡,从而形成稳定的插层结构。因此,在各种离子插入层间形成插层结构的过程中都存在主客体的静电力作用。而由溶液法合成得到的 LDHs 层间往往含有一定量的水分子,即具有一定的水合度,所以,氢键作用也存在于 LDHs 超分子插层结构中,而且,由于金属阳离子与羟基均匀地分布在 LDHs 层板上,同样地,阴离子与水分子也均匀分布于层间,因此,当插入层间的离子含有能够形成氢键的基团时,这些分布均匀的层板羟基、层间离子与水分子就能够通过强烈的相互作用在层间形成氢键网络,从而使插层结构的稳定性得到显著地提高。

4.2.1.1　相互作用的协同性

　　不同的客体阴离子与主体层板的作用力方式与强弱不同,这样就可以利用主客体间作用力的差异,或者通过适当改变插层反应的条件,来选择性地合成具有特定阴离子插层的 LDHs 超分子结构。段雪课题组对超分子插层 LDHs 体系的主客体相互作用及其特性进行了较多的研究。以层间为碳酸根离子的锌铝水滑石 ZnAl-LDHs 为前体(主体),乙二醇作为分散介质,采用离子交换法组装得到了水杨酸根(客体)插层的水滑石[16]。通过控制离子交换反应的条件,水杨酸根阴离子客体可取代锌铝水滑石主体层间原有的碳酸根离子。在碳酸根插层的 ZnAl-

LDHs 中, 其(003)衍射峰相应的层间距为 0.76nm, 当水杨酸根取代碳酸根离子后, 该衍射峰向低角度方向位移至 2θ= 5.6°, 相应的层间距增大为 1.61nm, 表明水杨酸根已成功插入到层间。由于 LDHs 单层层板的厚度为 0.48nm[17], 用层间距值减去层板厚度可得到层内空间的高度为 1.13nm。由于碳酸根是带有两个负电荷的阴离子, 可以同时平衡 LDHs 上、下层板上的两个正电荷。而水杨酸根为一价的阴离子, 因此, 在层间需要采取双层排列的方式, 才能平衡上、下层板上的正电荷。但是, 其在层间的排列取向还必须使体系的能量保持在较低的状态。由于水杨酸根的长轴方向尺寸为 0.8nm, 而插层 LDHs 后的层内空间高度为 1.13nm, 大于水杨酸根沿长轴单层垂直排列的值(0.8nm), 所以, 水杨酸根不能采取单层排列方式。而层内空间高度值又小于水杨酸根双层垂直排列的值 1.6nm, 这样也排除了水杨酸根以较高能量方式双层排列的可能性。由于水杨酸根一端连有的苯环基团, 具有强的疏水性, 这使得它很难与亲水的 LDHs 层板发生相互作用, 而其连有羟基的一端则能够与主体层板产生氢键作用。这样, 水杨酸根最有可能是以其长轴方向与层板呈一定倾斜角度(如图 4-1 所示)的平行方式排列。两个水杨酸根离子的苯环所在的平面相互平行, 两个苯环上的 π 分子轨道能够部分重叠, 从而形成离域增强的 π 分子轨道, 这与单个苯环的 π 分子轨道相比, 具有低得多的能量。其羧基所带电荷分别与上、下层板的正电荷平衡, 而羟基端通过氢键与层板作用, 形成稳定的水杨酸根插层的 LDHs。

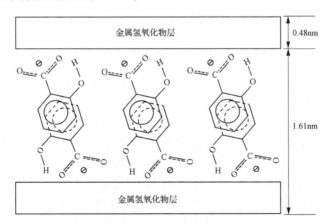

图 4-1　水杨酸根离子在 LDHs 层间的双层排列取向示意

　　我们还以层间为碳酸根离子的 MgAl-LDHs 为前体, 采用离子交换法将甲基橙插入到 LDHs 层间[18]。结果表明, 甲基橙离子可以完全取代层间原有的碳酸根离子, 通过静电力、氢键及其他弱相互作用的协同性, 与 LDHs 层板组装得到甲基橙插层产物。对(003)衍射峰的分析可得出甲基橙插层 LDHs 的层间距为

2.38nm,由于 LDHs 层板厚度为 0.48nm,因此,可以计算出层内空间高度为 1.90nm。根据键参数数据计算出甲基橙离子的尺寸为 1.67nm。与—SO₃⁻ 基团相比,—N(CH₃)₂ 基团所占空间较大,为了使带负电的—SO₃⁻ 基团能够很好地平衡 LDHs 层板所带的正电荷,因此,相邻两个甲基橙上的—SO₃⁻ 基团应采用特定方向的排列方式,即分别与 LDHs 的上、下层板相结合,这也有效地避免了相邻甲基橙的—SO₃⁻ 基团之间的相互排斥作用。所以,甲基橙离子在 LDHs 层间呈单层、垂直于层板且上下相错的有序排列,相邻的两个甲基橙离子通过静电力分别与上、下两层板相互作用(如图 4-2 所示)。利用主体-客体及客体-客体间的相互作用的协同性,能够构筑得到稳定的 LDHs 超分子插层结构。

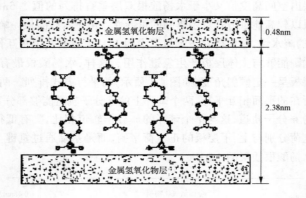

图 4-2　甲基橙分子在 LDHs 层间的单层排列示意图

　　LDHs 主客体超分子作用特性决定了其具有层间离子的可交换性。一般地,各种无机阴离子插入 LDHs 层间的亲和力大小有如下顺序:$CO_3^{2-}>SO_4^{2-}>OH^->F^->Cl^->Br^->NO_3^->I^-$[19]。由以上顺序可以发现,无机碳酸根离子对 LDHs 具有更好的亲和力,因此,碳酸根离子插层的 LDHs 具有更稳定的超分子结构,它也更难被其他离子从 LDHs 层间交换出来。通常,利用尿素水解的合成方法可以获得结晶更好的 LDHs,如果能够将这种高结晶的 LDHs 转化为各种阴离子插层的产物,则产物会具有更规整的超分子结构。然而,尿素水解法制得的 LDHs 往往含有碳酸根离子,因此,如何将具有高结晶度的 LDHs 层间的碳酸根离子交换出去是人们十分关注的研究课题。一种方法是利用盐酸或其他无机酸的酸性溶液使插入的碳酸根由 LDHs 层间脱出[20],但是这种酸处理的方法将会造成原有 LDHs 样品的损失,也就意味着 LDHs 的主体结构会受到破坏。另一种方法是首先通过在适当的温度条件下对 LDHs 进行一定时间的焙烧,然后利用 LDHs 的结构“记忆效应”进行水合复原,即结构重构使得碳酸根离子由层间被交换出去。例如:将碳酸根插层的 LDHs 加热到一定温度(大约 500℃),可以使得碳酸根离子从层间脱除,由于层间失去碳酸根,LDHs 的原始层状结构将发生转变。然后将焙烧的产物放置于包含有某种所期望插入层间离子的水溶液中,则 LDHs 通过水合作用就能够重构复原为该离子插层的超分子结构[21]。然而,LDHs 的重构能力会由于焙烧-复原循环次数的增加而逐渐下降,即晶体结构将会由于不断的热作用而遭到破坏[22]。

Iyi 等利用酸处理的方法使碳酸根离子从 LDHs 层间脱出[23]。实验结果发现,如果在稀释的盐酸(HCl)溶液中加入一定的氯化钠(NaCl)就能够显著地增强碳酸根离子的脱出效果,使得层间的碳酸根离子在室温(25℃)条件下,能够非常迅速地从 LDHs 层间脱出,而没有造成原有 LDHs 任何的质量损失。通过电镜观察,也揭示出 LDHs 主体的形貌特征没有发生变化。而且,通过调节 HCl/NaCl 的值,可以很方便地控制层间离子交换的比例。详细研究表明,使碳酸根离子由层间脱出的关键因素主要有三个:第一,盐酸溶液的浓度;第二,H^+/CO_3^{2-} 的摩尔比例;第三,在反应体系中存在过量的氯离子(Cl^-),即较高的 Cl^- 浓度。因此,在这种条件下,层间碳酸根离子脱出能力的增强被认为是由于层间碳酸根离子的质子化作用,及其与溶液中存在的大量 Cl^- 成功实现离子交换所造成的。这些结果为 LDHs 层间客体离子的逆亲和性离子交换提供了一个非常好的处理方法,即可以使用高浓度或含有过量欲插层客体离子的溶液,利用溶液中的离子浓度梯度来增大预期插层离子的插层驱动力,通过主体-客体及客体-客体间相互协同作用的增强,从而显著提高某些具有较弱亲和力的客体离子插入层间的能力,使得它们能够交换出具有更强亲和力的层间离子,而保持 LDHs 主体原有的结构与形貌特征不受改变或破坏。

4.2.1.2 相互作用的方向性

由于 LDHs 层板带有正电荷,层间离子带有负电荷,而且层间往往含有一定数目的水分子,因此,当主体层板与客体离子及客体离子之间发生静电力作用、氢键等相互作用时,客体离子的取向将对插层结构的稳定性产生很大影响,即客体通过在层间采取合适的排列方式,使得体系能量保持在较低的稳定状态。研究插入 LDHs 层间的客体离子在层间的取向与排列对于理解与认识超分子插层体系的主-客体相互作用具有重要意义。王连英等对过渡金属配合物 $[M(EDTA)]^{2-}$ 插层 MgAl-NO_3^- LDHs 的客体分子在层间的取向性进行了详细研究[24]。结果发现,改变插层配合物的金属离子种类对 $[M(EDTA)]^{2-}$(M = Co,Ni,Cu,Zn)其在层间的取向没有很大的影响,而层间离子的排列与取向显著地依赖于 LDHs 主体层板的电荷密度。通过实验得出 Mg₂Al-M(EDTA)-LDHs 的层间距大小在 1.402～1.461nm 范围内变化,而 Mg₃Al-Zn(EDTA)-LDHs 的层间距大小是 1.254nm,这能够归因于 $[M(EDTA)]^{2-}$ 离子在 Mg₂Al-LDHs 层间的双层取向排列,而在 Mg₃Al-

LDHs 层间采取单层取向排列(如图 4-3 所示)。当 Mg/Al 在 2.2～2.7 范围内变化时,这两种客体排列方式同时存在。

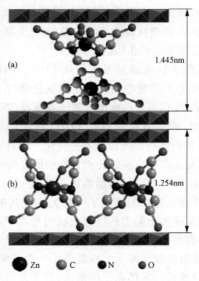

图 4-3

(a) [Zn(edta)]$^{2-}$ 离子在 Mg$_2$Al-LDHs 层间的双层取向排列;

(b) [Zn(edta)]$^{2-}$ 离子在 Mg$_3$Al-LDHs 层间的单层取向排列示意图

　　利用各种原位表征技术对 [M(EDTA)]$^{2-}$ 在 LDHs 层间的结构排布随温度的变化进行了研究。图 4-4 显示了 Mg$_2$Al-[Zn(EDTA)]-LDHs 的原位变温粉末 X 射线衍射(温度范围 30～900℃)。对于 Mg$_2$Al-M(EDTA)-LDHs 体系,发现在 140～300℃ 的温度范围内存在一种介稳相,它与在 Mg$_3$Al-M(EDTA)-LDHs 中的层间离子具有相似的单层排列,这种介稳相是相当稳定的,对于经过 300℃ 条件下热处理后的样品,仍能通过粉末 X 射线衍射确认其保持了层状结构。

　　图 4-5 是 Mg$_2$Al-[Zn(EDTA)]-LDHs 在室温与加热条件下的结构可逆转变示意图。将焙烧样品在空气气氛中逐渐冷却至室温,则又可以恢复其原有的层间离子双层排列结构。这种结构的可逆转变特征表明层间的 [M(EDTA)]$^{2-}$ 客体在受热时会发生重新取向。而对于 Mg$_3$Al-M(EDTA)-LDHs 进行热处理,则仅仅导致层间距的逐渐收缩,层板坍塌而发生结构转变,这与其层间水分子的失去有关,而没有观察到层间离子的重新取向排列。这证实了客体离子在层间的取向排列与层板的电荷密度密切相关,即主客体相互作用的方向性会受到层板金属离子比例、层板结构规整性及层间客体离子本性的影响。

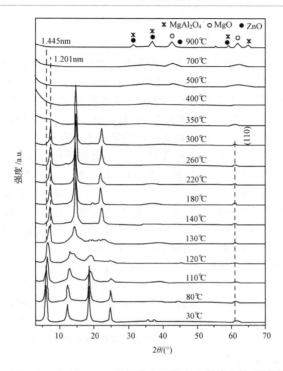

图 4-4　Mg₂Al-[Zn(EDTA)]-LDHs 的原位变温粉末 X 射线衍射(温度范围 30～900℃)

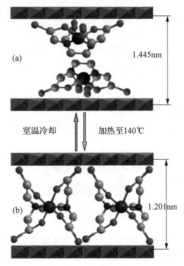

图 4-5　Mg₂Al-[Zn(EDTA)]-LDHs 在室温与加热条件下的结构可逆转变示意图

(a)室温；(b) 140℃

4.2.1.3　相互作用的选择性

一般地,在有机离子中通常含有某些具有疏水作用的基团,因此,在主客体发生超分子相互作用时,除了静电力、氢键等作用力以外,疏水相互作用往往对有机离子插层的 LDHs 产生更大的影响。Xu 等详细研究了直链烷烃磺酸盐插层的 Mg₂ Al-LDHs 的插入行为[25]。实验结果表明,插层 LDHs 的层间距大小可以用相互渗入堆积模型来分析与解释,烷烃离子的碳氢链方向与 LDHs 的金属氢氧化物层板呈大约 55°的倾斜角度。当有机烷烃磺酸盐离子的碳氢链仅仅相差一个 —CH₂ 基团时,它们可同时插入层间产生 LDHs 的单一晶相,而层间距大小则会随着两种阴离子的比例不同呈现出线性变化规律。在不同链长的离子发生竞争插层反应时,具有更长链的有机离子会择优地、甚至是唯一地插入到层间。半定量分析的结果显示,$C_8 H_{17} SO_3^-$(或 $C_7 H_{15} SO_3^-$)离子对 LDHs 的亲和力大小约为 6 kJ/mol,比 $C_7 H_{15} SO_3^-$(或 $C_6 H_{13} SO_3^-$)离子对 LDHs 的亲和力要更强。他们将离子亲和力的增大归于碳氢链之间的疏水相互作用的增强。因此,可以估计出碳氢链间的疏水作用对 $C_8 H_{17} SO_3^-$ 客体离子亲和 Mg₂ Al-LDHs 主体的总体贡献大约是 40~50 kJ/mol。通过改变有机烷烃的链长,利用疏水作用就能够有效地控制客体离子插入 LDHs 的选择性。同样,这种利用超分子作用差异性的方法也适用于其他类型的有机阴离子,例如:长链烷烃羧酸盐、有机硫酸盐、磷酸盐、膦酸酯等。

利用先进的波谱技术及原位结构表征技术可以对超分子插层结构的形成过程进行更细致地研究,从而对插层结构超分子相互作用的特性有更深入的认识[26,27]。O'Hare 等利用原位能量散射 X 射线衍射技术研究了膦酸插入 LDHs 的反应[26]。研究发现在插入反应中生成一种有序的异质结构作为中间相。以[LiAl₂(OH)₆]Cl-LDHs 为前体(层间距是 7.7Å),通过迅速的离子交换作用将膦酸盐阴离子插入到 LDHs 层间。插入反应在从前体到产物的进行过程中,形成了一种瞬时的晶态中间相。图 4-6

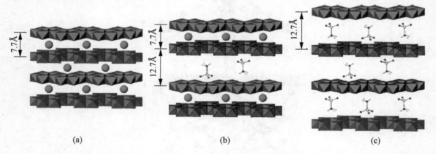

图 4-6　甲基膦酸插入 LDHs 主体层间的结构演化

(a) 前体中氯离子插层的[LiAl₂(OH)₆]Cl-LDHs;

(b) 由氯离子和膦酸盐离子交替占据层间的中间相;

(c) 完全由膦酸盐离子占据层间空间的插入产物

示意表示了甲基膦酸插入 LDHs 主体层间的结构演化。对于甲基膦酸插入的[Li-Al$_2$(OH)$_6$]Cl-LDHs,中间产物在离子交换 8min 后完全形成,其层间距大小是12.7Å。在前体中,主体的层间空间全部由氯离子占据,在中间产物中,层间空间分别由氯离子和膦酸盐离子交替占据,随着插入反应的进行,中间相最后完全转化为膦酸盐离子作为客体插入的产物。这一研究结果使人们加深了对 LDHs 插入过程中结构进化的理解,揭示出不同客体离子在与主体层板形成超分子插层结构时,主客体之间的相互作用具有随插入反应进行的动态选择性。

由于 LDHs 主客体间超分子作用的复杂性,目前对其超分子组装机理的认识并不十分清楚。近年来,计算与分子模拟方法也被应用于 LDHs 微观结构与主客体相互作用的研究[28-30],这对于理解超分子插层结构的特点与离子插入层间的亲和性有一定的帮助。利用分子动力学模拟方法可得出库仑相互作用对 Ni/Al-LDHs 插层体系的势能有主要贡献[30],层间阴离子的净电荷及其范德华半径都会显著影响阴离子与层板的结合能,而且层间水分子的数目也是一个重要的影响因素,尤其是对于那些含有较大尺寸的有机阴离子体系。图 4-7 显示了不同层间阴离子对层板的相对结合能大小,其顺序是:$CO_3^{2-} > SO_4^{2-} > OH^- > F^- > Cl^- > Br^- > NO_3^-$。这与阴离子对层板亲和力的大小顺序是相同的,即 NO_3^- 有最小的亲和力,因此,最容易被其他离子由层间交换出去;而 CO_3^{2-} 有最大的亲和力,这也是含有其他离子插层的 LDHs 容易被大气中的 CO_2 污染或 CO_3^{2-} 置换出去的原因。

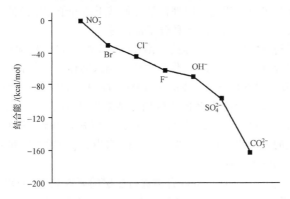

图 4-7　不同层间阴离子对层板的相对结合能

Ni/Al-LDHs 的结合能零点是 -70832.36 kcal/mol

4.2.2　分子识别

分子识别指主体与客体之间通过选择性地相互结合而产生某种特定功能的过程。Lehn 曾指出"分子识别、转换和传输是超分子物种的基本功能",这表明分子识别对于构筑超分子体系具有重要的核心作用。分子识别通常具有高度的专一性，这是一种类似"锁和钥匙"关系的分子水平的专一性结合。这种识别从本质上是使主体与客体分子间形成某种非价键的相互作用，通过这种作用，主客体分子能够选择性地结合在一起，最终形成一种趋于稳定状态的体系。它包括所有阳离子、阴离子及中性分子（无机、有机或生物分子等）之间的识别[31-37]。超分子作用在实质上是一种具备分子识别能力的分子间弱相互作用，它包括在分子水平与结构特征上的信息记忆和储存，以及通过特定相互作用的分子识别。超分子插层结构的形成不用输入很高的能量，也不用破坏原有体系的分子结构与化学键。在超分子插层结构中，主客体构筑单元间一般不存在强化学键作用，这就要求主客体之间需要具有高度的相互匹配性和适应性。不仅要求它们的构筑单元（分子、离子团等）在空间几何构型、分子极性、电荷种类、电荷密度，甚至基团的亲/疏水性能的相互适应，还要求在分子对称性和能量上的匹配。这种高度的选择性就导致了超分子插层结构中形成的高度分子识别能力。

基于分子识别的原理，可以设计、组装具有特定或预期催化、吸附分离、缓释、分子输运等化学性能及光、电、磁、热等物理性能的超分子器件。具有层状结构的化合物是一类理想的主体单元，通过将特定功能的客体分子插入到主体的层内空间，从而形成稳定的主-客体交替排布的结构形式，例如：有机-无机交替层[38]。研究主体对插入的不同客体分子的识别能力，不仅能够加深人们对超分子插层相互作用的理解，而且可以利用这一原理构筑各种基于超分子作用的插层结构微器件，例如：化学微反应器、分子容器、各种分子器件等。

研究具有异构体的有机分子插层 LDHs 过程中，不同异构体插入层间的择优性，可以在一定程度上认识 LDHs 作为主体对插入客体分子的识别特性。将蒽醌磺酸根离子的几种异构体插入到 Zn/Al-LDHs 层间[39]，根据 X 射线衍射结果以及客体分子的尺寸，来确定插入客体的取向。结果发现 1,5-二磺酸蒽醌（AQ15）和 2,6-二磺酸蒽醌（AQ26）插入层间后，分子取向是以其分子平面垂直于 LDHs 的层板，而且磺酸根的轴向也垂直于层板。2-磺酸蒽醌（AQ2）插入层间后，同样也具有这种取向方式，如图 4-8 所示。

对 AQ2，AQ15 和 AQ26 的混合物进行插层的研究表明，AQ2 和 AQ26 能够共同插入到层间，其中 AQ2 占 86.8%，AQ26 占 13.2%，而 AQ15 不能插入层间。这是由于当 AQ2 插入层间后，层间高度扩大到 15Å，然后具有相似尺寸的 AQ26 共插入层间。而 LDHs-AQ15 的层间高度比 LDHs-AQ2 小得多，所以 AQ15 很容易从 LDHs-AQ2 和 LDHs-AQ26 的层间脱出。根据实验结果可以认为 AQ2 与 LDHs 之间存在强的相互作用，因此，主体-客体分子间作用力可能是导致择优插入的原因。当以 AQ15 和 AQ26 的混合物进行插入反应，11.5% 的 AQ15 和 88.5% 的 AQ26 共插入层间。由于 AQ15 和 AQ26 是具有相等负电荷的异构体，

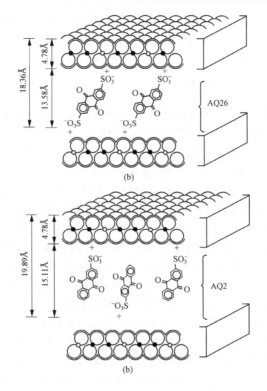

图 4-8　(a) AQ26 与 (b) AQ2 插入 LDHs 层间后的取向和层间距

这种择优插入结果表明了 LDHs 具有分子识别的能力。当以 AQ15 和 AQ2 的混合物进行插入反应时,仅仅 AQ2 能够插入层间,而 AQ15 不能。对于不同客体插入 Zn/Al-LDHs 的能力进行排序的结果是:AQ2>AQ26≫AQ15。以上研究结果表明当异构体插入 LDHs 层间时,由于 LDHs 存在分子识别的能力,因此,不同异构体间会产生择优插入。利用 LDHs 的这种分子识别能力及择优插入行为可以对异构体分子进行有效的分离[40]。

　　然而,研究者目前对于 LDHs 分子识别机理的认识并不深入,尚需进行更详细的实验与理论研究,才能够对其主-客体分子识别有全面和细致的理解。

4.2.3 "分子容器"

　　大多数生物分子或药物试剂是具有手性的分子,这种手性特征通常会对它们自身的性质或药物效力产生重要影响,并且,这类分子也很容易通过外消旋作用而丧失其光学活性。一般地,在具有手性的一对对映异构体中,只有其中一种对映异构体具有预期的性能或药效,而另一种则是无效的,甚至会产生副作用。因此,如何保持这类物质的特性和功效具有极其重要的科学价值与实用意义,因而引起了科学工作者广泛的兴趣。

4.2.3.1　手性分子插层 LDHs

利用 LDHs 具有层状结构的特征(其层间距一般从几个埃到十几个埃),将某些手性分子物种引入到 LDHs 的层间,有可能降低手性分子的外消旋速率,或减少药物分子的分解,从而有效保持其活性[41,42]。L-酪氨酸(4-hydroxyphenylala-nine,L-Tyr)是一种人体非必需氨基酸,正常情况下是在人体中经由苯丙氨酸合成得到。医学上认为,人的精神压抑、情绪沮丧等精神方面的症状或与人体内 L-酪氨酸的缺乏有关。L-酪氨酸是一种具有手性的分子,如果能够减缓其外消旋速率,则可有效保持其分子活性,从而有利于发挥其功效。段雪课题组详细研究了将手性物种 L-酪氨酸插入 LDHs 的层板之间后,对其外消旋速率的影响[43]。利用共沉淀反应将 L-酪氨酸插入到具有不同层板金属元素的 NiAl,MgAl 和 ZnAl-LDHs 层间。通过与未插入的自由 L-酪氨酸对比,发现 L-酪氨酸在插入 LDHs 层间后,在不同的外界环境(例如:日光或紫外线辐照、高温下),其外消旋化受到明显地抑制,体现出 LDHs 插层结构的"分子容器"特征,即 LDHs 能够有效保持插入其层间客体分子的性质或效能。实验研究表明当由室温升温到 150℃,LDHs 层间的水分子逐步失去,导致氢键被破坏,造成 d_{003} 面的间距从 1.71nm 变化到 1.52nm,即层间距减小。原位傅里叶变换红外光谱、原位高温 X 射线衍射和热分析结果表明,插入 LDHs 层间的 L-酪氨酸在大约 250℃温度下开始分解。随着温度从 200℃上升到 350℃,L-酪氨酸插层 NiAl-LDHs 的 d_{003} 值由 1.52nm 进一步减小到 1.38nm,这不仅可归于插入 L-酪氨酸本身的分解作用,也是由于 LDHs 主体层板在 300℃左右开始脱除层板上的羟基,层板结构部分破坏。图 4-9 显示了 L-酪氨酸插入 LDHs 后与其自由存在形式下的光活性与曝光时间(日光下)的关系,图 4-10 是 L-酪氨酸的光活性与加热温度的关系,图 4-11 是 L-酪氨酸的光活性与曝光时间(紫外线辐照下)的关系。由于 L-酪氨酸发生部分的外消旋化,当将其暴露在日光、紫外线照射或受热时,L-酪氨酸的比旋光性会显著地降低。而在以上外界环境下,将 L-酪氨酸插入到 LDHs 的限域空间内,其光化学稳定性明显地增强,外消旋化可

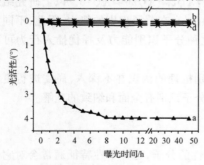

图 4-9　光活性与曝光时间(日光下)的关系
a.L-酪氨酸;b.L-酪氨酸-NiAl-LDHs;c.L-酪氨酸-MgAl-LDHs;d.L-酪氨酸-ZnAl-LDHs

以得到有效地抑制。

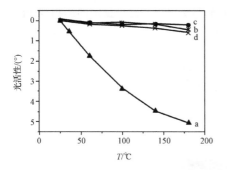

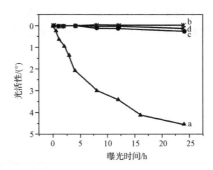

图 4-10 光活性与加热温度的关系
a.L-酪氨酸;b.L-酪氨酸-NiAl-LDHs;c.L-
酪氨酸-MgAl-LDH;d.L-酪氨酸-ZnAl-LDHs

图 4-11 光活性与曝光时间(紫外线辐照下)的关系
a.L-酪氨酸;b.L-酪氨酸-NiAl-LDHs;c.L-酪
氨酸-MgAl-LDHs;d.L-酪氨酸-ZnAl-LDHs

　　将手性客体分子插入到 LDHs 层间以后,由于主体-客体、客体-客体之间的超
分子相互作用,客体分子的外消旋化可以受到显著地抑制,从而使得手性分子的光
化学稳定性大大提高。另一方面,LDHs 的层板能够阻隔部分紫外线的通过,这也
有利于增强层间客体分子的稳定性,从而保持其活性。因此,LDHs 超分子插层结
构可以作为"分子容器",用于非稳定手性分子的储存或输运,从而提高客体分子的
稳定性或保护其免受外界环境变化的影响。

4.2.3.2 药物分子插层 LDHs

　　一般来说,为了更有效地发挥药物的效力,必须在药物作用的生物靶向部位获
得预期的药理响应,而对于生物体内其他部位则不产生有害的作用,这就要求生物
体能吸收适当的药量,并且药物分子能够以可控的速率被持续不断地输送到靶向
部位,在一定时期内产生合适的药物剂量,对病症产生控制或治疗作用。例如:通
过将常用的消炎药物——萘普生键合到一些亲水的有机分子(如:环糊精)上,从而
形成药物的络合物,就可以改善或提高药物的稳定性、溶解性、离解速率以及生物
相容性等[44]。因此,将药物活性分子(例如:双氯芬酸钠,布洛芬,萘普生等)插入
到层状结构的 LDHs 层间,构筑药物储存和控制释放体系,可增强药物分子的物
理化学特性,体现出 LDHs 很好的"分子容器"特征[45-47]。

　　对于这种药物控释体系,一个重要的方面是提高插入药物的热稳定性。卫敏
等通过离子交换方法将药物分子萘普生插入到 MgAl-LDHs 的层间,利用原位红
外、原位高温 XRD、热重等技术研究了插层产物在热分解过程中的物理化学变
化[48]。图 4-12 显示了萘普生的分子结构及其在 LDHs 层间的排列和层间距。实
验结果表明,插入层间的萘普生在 250℃ 温度下开始发生分解,在 300℃ 时发生了

重大结构变化,而自由形式的萘普生在 170°C 即发生分解,这充分说明插入的萘普生分子由于限域在 LDHs 层间,其热稳定性得到显著增强。这种稳定的药物-无机杂化材料可用于新型药物储存与控释体系。

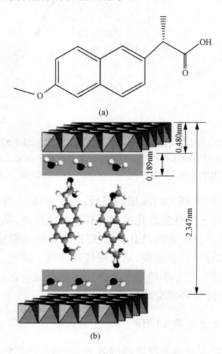

图 4-12
(a) 萘普生的分子结构;(b) 萘普生在 LDHs 层间的排列示意

段雪等[49]设计了一种基于 LDHs 插层特征的超分子结构草甘膦缓释剂。以镁铝水滑石(MgAl-LDHs)为插层主体,以除草剂——草甘膦分子(gly)为插层客体,利用共沉淀方法一步组装制备得到了超分子结构草甘膦插层镁铝水滑石(MgAl-LDHs-gly)。在 MgAl-LDHs-gly 插层结构中,LDHs 主体层板通过静电吸引和氢键与草甘膦客体相互作用。由于 MgAl-LDHs 主体对碳酸根离子具有更强的离子亲和力,因此,如果将这种超分子插层结构置于大气环境中时,由于环境中存在碳酸根,就可以利用碳酸根离子比草甘膦更强的离子交换能力,把插层的草甘膦逐渐地从层间交换出去,从而达到缓慢释放出草甘膦的效果。

张慧等[50]将常用降血压药物卡托普利插层到 MgAl-LDHs 中,形成了药物-无机杂化复合体系,考察了其热稳定性质,并详细研究了其体外药物释放特性。研究结果表明,卡托普利插入层间后以其 S-S 键垂直取向方式在层间排布(图 4-13 所示)。由于存在主-客体相互作用(如:氢键作用),相比插层前以自由形式存在的药物分子,插层产物的热稳定性明显增强,而提高药物分子的稳定性对其储存、输运及释放都是十分重要的。图 4-14 显示了卡托普利插层 LDHs 在缓冲溶液中的释放性质,揭示出其释放速率和释放百分比都随着溶液 pH 从 4.60 增加到 7.45 而显著地降低,这可能是由于在不同环境条件下释放机理的变化造成的。

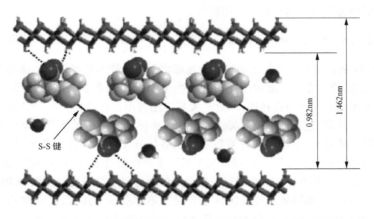

图 4-13　卡托普利插层 Mg/Al-LDHs 的超分子结构模型

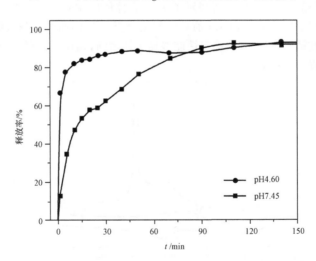

图 4-14　不同 pH 下卡托普利插层的 Mg/Al-LDHs 在缓冲溶液中的释放曲线

他们对释放数据进行动力学模拟,同时结合 X 射线衍射和红外分析的结果,证明在溶液 pH 是 4.60 时,插层结构的药物释放行为主要是受到溶解机理的控制,而当溶液 pH 达到 7.45 时,则是离子交换机理对释放行为起主要的作用。因此,随着溶液 pH 的变化,在初始释放阶段,由于插层体系的溶解作用,药物的释放速率很快,而在大约 1min 以后,由于溶液中的离子交换作用占主导地位,释放速率逐渐减慢。在 pH7.45 的条件下,释放过程较慢而且持久的原因是由于插层离子与缓冲溶液中的磷酸根离子间可以产生不断的离子交换。这项研究表明插层结构 LDHs 可以作为一类有效的、生物相容的无机基质主体,在药物分子容器和药物输运载体方面显示出广阔的应用前景。

4.2.3.3 环糊精插层 LDHs

LDHs 的分子容器特征还表现在它能够将另外一种本身可作为主体的分子纳入到其层间,使其在一个限域的空间进行主-客体分子的识别与相互作用,提高这种主体分子的稳定性与选择性,从而扩大其应用范围。环糊精是一种具有独特结构的环状低聚糖,包含一个类似面包圈形状的非极性环。环糊精及其衍生物是一类很好的主体分子,能够将各种有机或无机客体分子容纳在其空腔内[51-53],而形成特殊的包合物。卫敏等[54]详细研究了磺酸基环糊精(NaSO₃-CD)插层 LDHs 的分子结构及其热分解行为。根据环糊精分子的尺寸与电荷平衡的规则,XRD 的表征结果表明,磺酸基环糊精在 LDHs 层间是采取单层排布形式,其空腔的轴向垂直于 LDHs 的层板方向,而位于毗邻环糊精分子上的磺酸基团交替地同 LDHs 的上、下两层板相连。FT-IR 分析揭示了主体-客体间的相互作用。图 4-15 显示了磺酸基环糊精插层 MgAl-LDHs 前后的差热分析(DTA)曲线。测量结果表明磺酸基环糊精在插层以后,其热稳定性能够显著地增强,相比自由存在形式,其燃烧温度明显地提高了约 250℃。

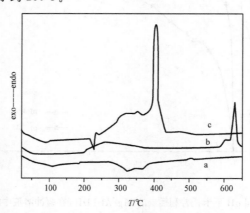

图 4-15 硝酸根插层 MgAl-LDHs(a)、磺酸基-环糊精插层 MgAl-LDHs(b)、磺酸基-环糊精(c)的 DTA 曲线

　　将环糊精及其衍生物作为客体分子插入 LDHs 的层间,使其固载于这种稳定的无机支持物上,可以构筑一种新型的液相色谱用固定相[55]。由于 LDHs 的层间限域效应、层板的刚性与稳定性及插层客体的分子识别特性,这种新型固定相将具有高度的手性选择性和较低的流失度,从而可以扩展其工作温度范围,应用于更广泛的手性分析领域。

4.3　插层结构中的电子转移和能量转换

4.3.1　电子转移

　　与其他超分子体系的主体-客体相互作用不同,在 LDHs 超分子插层结构中,主体层板与插入客体离子之间很少会发生类似施主(donor, D)-受主(acceptor, A)对的电子转移,这主要是由于 LDHs 层板既不能产生额外电子也不提供空的分子轨道,因此,它即不能作为电子施主,也不能作为电子受主,也就无法与客体进行电子转移。然而,利用插入层间离子的分子间相互作用及其自身的施主或受主特性,通过将施主-受主对共插层到层间或某些光活性客体的插层,就可以实现在层间客体离子间的电子转移,形成电荷分离的高能态($D^+ A^-$),因此,在 LDHs 超分子插层体系中,电子转移实质上是在层间离子间发生的过程。研究电子在受限空间的传递,能够加深对客体-客体间相互作用特性的认识,并可构筑能量储存与转换微体系[56],应用于发光器件、非线性光学、电子传感等光电功能材料领域。

　　将含有发色基团的有机分子插入到 LDHs 层间,由于它们各自激发态的特性不同,能够引起插入客体在层间发生电子转移的过程。含有羧基和磺酸基的有机发色团插层 MgAl-LDHs 的结构已经被详细地研究,包括 3-氧杂萘邻酮甲酸(3-CCA),9-蒽甲酸(9-ACA),4-苯甲酰苯甲酸(4-BBA)和 2-萘磺酸(2-NSA)(它们的分子结构如图 4-16 所示)[57]。

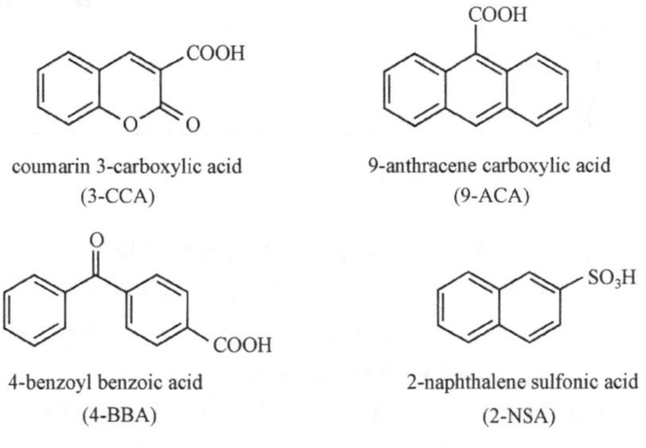

coumarin 3-carboxylic acid
(3-CCA)

9-anthracene carboxylic acid
(9-ACA)

4-benzoyl benzoic acid
(4-BBA)

2-naphthalene sulfonic acid
(2-NSA)

图 4-16　插层 MgAl-LDHs 的几种有机发色团的分子结构

　　通过离子交换方法和水滑石的结构"记忆效应"的水合复原法实现了单一分子的插层及两种分子的共插层。利用光吸收和发射谱对插层分子的荧光性质进行研究,结果表明共插层体系的荧光特性不仅依赖于激发波长,而且与插层所采用的制备方法有关,这是由于制备方法能够影响两种发色团在层间的相对数量,采用不同的插层方法导致两者的摩尔比不同。单一分子插层体系的荧光衰减满足二次幂指数函数拟合,而共插层体系的荧光衰减满足三次幂指数函数拟合。为了检测由光激发可能形成的瞬时物种(例如:三重态或自由基),测定了不同体系的瞬时吸收谱。图 4-17 显示了不同插层体系的时间分辨瞬时吸收谱。对于 2-NSA 插层体系,探测到最大值位于 460nm 的瞬时吸收和 110 ms 的荧光寿命,这一吸收被归于2-NSA 的最低三重态。4-BBA 插层体系在受到光激发后,产生了最大值位于600nm 的瞬时吸收,应归于 4-BBA 的三重态。而对于 4-BBA 和 2-NSA 共插层体系在 355nm 波长激发下,所产生吸收峰的最大值与 2-NSA 单分子插层体系的相

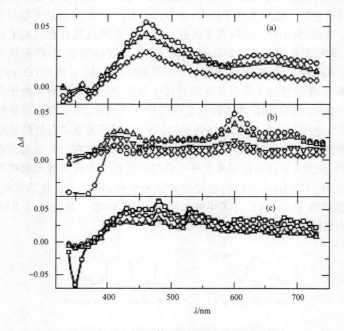

图 4-17　不同插层体系的时间分辨瞬时吸收谱

(a) MgAl-2-NSA 插层体系在激光脉冲 7.0(圆圈表示),24(三角形表示)与 76s(菱形表示)后,
(b) MgAl-4-BBA 插层体系在激光脉冲 3.0(圆圈表示),6.0(上三角表示),40(下三角表示)
与 80s(菱形表示)后,(c) MgAl-4-BBA-2-NSA 共插层体系(两者摩尔比为 1∶1)在激光脉冲 5.6
(方形表示),33(圆圈表示)与 75 s(三角形表示)后记录的吸收曲线(激发波长为 355nm)

近,不存在 4-BBA 分子的三重态吸收,这揭示了在共插层的两种分子间,存在由 4-BBA 到 2-NSA 分子的三重态-三重态电子转移过程。而在 3-CCA 和 9-ACA 两种分子共插层的体系中,不能探测到电子转移。

以上两类共插层体系的光激发实验结果表明,仅仅在 4-BBA 和 2-NSA 共插层体系中探测到插层客体间的电子转移,而在 3-CCA 和 9-ACA 共插层的体系中没有发现电子转移的证据,目前,对这些结果的产生原因仍不十分清楚。这可能是由于存在两方面的问题,一方面是对于共插层条件的控制还需进一步优化,最终能够实现两种客体在主体层板间的均匀分布;另一方面则是由于探测及鉴别共插层客体间的光吸收跃迁比较困难,因而导致缺乏足够的实验证据。

对于稀土铕配位离子插层的超分子体系的荧光特性[58]进行的研究也表明在插层体系受到光激发后,层内物种间有可能存在电子转移。光致发光实验结果显示,相比未插层形式的铕配位离子,插层物种的特征镧系 $^5D_0$ 能级的发光寿命与跃迁概率都有微小差异,这主要是由于强烈的主-客体相互作用的存在,同时也反映出插层离子的 Eu^{3+} 中心局部配位环境的微小改变可能引起电子在能级间跃迁时的能量变化。

单重态氧($^1O_2$)又称受激单线态氧原子(excited singlet state oxygen atom),是指氧分子在吸收光子能量($h\nu$)后,可使处于基态分子中的一个电子跃迁到较高能量状态的空轨道上去,而形成电子激发态的氧原子。它是一种寿命极短但具有高度氧化性与反应活性的氧形式。由于这种激发态的氧原子比基态的氧原子具有更高的活性,因此在光化学合成及生物医疗领域有着重要的作用。研究单重态氧的产生过程可以更好地帮助研究者认识插层体系中的电子转移。卟啉及相类似的大环分子是人们熟悉的光敏剂,可以在一定条件下产生单重态氧。将卟啉分子插入水滑石层间,可以获得无机层状材料负载的光敏体系,用于研究单重态氧的产生活性及这类超分子插层材料的光物理性质[59-62]。Lang 等成功制备了卟啉类光敏分子插层的 MgAl-LDHs[63]。利用时间分辨漫反射谱技术(通常用来研究激发态能级的特性)研究了插入卟啉类分子(四苯基卟啉磺酸盐,TPPS;四苯基钯配位卟啉羧酸盐,PdTPPC)的受激动力学。通过比较在有氧与无氧条件下两种卟啉类分子 TPPS 和 PdTPPC 的三重态衰减速率,证实了卟啉的三重态是由氧猝灭的。在 1270nm 波长下进行时间分辨的发光测量,监测到单重态氧的光生过程。实验结果表明 PdTPPC 分子不管是插入到 LDHs 层间还是吸附在其表面,都能有效地产生单重态氧。单重态氧的寿命在 6～64s 范围,这意味着在 LDHs 层内产生的单重态氧能够扩散到基体外并且与邻近的基体相互作用。研究还发现脱水后的 LDHs 对于单重态氧的猝灭能力起到增强作用,能够抑制长寿命单重态氧的产生。脱水后的 LDHs 能够通过将其暴露于湿的大气环境中而重新水合成原始结构。因此,他们的研究结果不仅证明 PdTPPC 插层的 LDHs 能通过能量转移十分有效地产生高活性的单重态氧,从而作为一种高效、易用的单重态氧发生源,应用于光化学合成或生物领域,而且其氧化活性可以通过连续的 LDHs 脱水-水合循环过程进行有效地调控。

对于超分子插层结构中层间电子转移过程的实验研究与确认目前尚具有一定的难度,因此,研究者[64]也尝试通过理论与计算的方法对这一过程进行探究,这有助于理解插层结构内的电子和能量转移过程。倪哲明等从几何参数、电荷分布、能量状态、前线轨道及热力学参数等方面探讨了 LDHs 主体层板与卤素阴离子(氟离子或氯离子)的超分子作用[65]。计算结果表明,LDHs 主体层板与卤素阴离子客体的组装是一个自发的过程,主客体间存在着较强的超分子相互作用,主要是静电力与氢键的协同相互作用,两者的相互作用能大小分别为 −592.45 和 −444.01 kJ/mol。LDHs 主体层板与卤素阴离子的前线分子轨道能够发生相互作用,轨道内电子很容易由卤素阴离子的最高被占用分子轨道(HOMO)向层板的最低未占用分子轨道(LUMO)发生转移。

目前,对于超分子结构 LDHs 插层体系的电子转移过程的研究尚处于探索阶段,认识还不深入,尚需要进行大量的实验与理论研究来认识各种体系的差异并总结其中的规律。而对于其他超分子体系的电子转移已有较多的探索与研究,详见后面有关章节。

4.3.2　能量转换

利用化学物质在特定的条件下发生氧化还原反应,通过电解质溶液的参与和传递作用,形成自由电子的移动,从而产生电流,这是我们所熟知的化学电池工作原理,即将化学反应势能转换为电能。层状结构 LDHs 在能量储存与转换方面的特性就突出地表现在它能够高效地将化学能转换成电能,提高层状电极材料的结构稳定性,从而显示出优异的电化学性能,在电化学电极材料领域有重要的应用。由于 LDHs 层板金属元素的类型与组成均可以灵活调变,因此,将具有电化学活性的金属元素有序组装到层板上,通过调节 LDHs 的层板元素的种类、比例及制备方法与后处理条件等,就可以获得具有预期电化学性能的超分子层状结构。

过渡金属化合物在不同物相中会显示不同的化合价,而且在反应中往往会发生化合价的变化。各种含钴(Co)物相在碱性电解液中(如:KOH 溶液)可发生如下的氧化还原反应:

$$CoO + OH^- \Longleftrightarrow CoOOH + e^- \tag{1}$$

$$Co(OH)_2 + OH^- \Longleftrightarrow CoOOH + H_2O + e^- \tag{2}$$

$$CoOOH + OH^- \Longleftrightarrow CoO_2 + H_2O + e^- \tag{3}$$

$$Co_3O_4 + 4OH^- \Longleftrightarrow 3CoO_2 + 2H_2O + 4e^- \tag{4}$$

因此,利用含 Co 化合物在适当的电解液体系中发生的化学反应,产生自由电子,就可将化学能转换成电能,从而构筑新型能源器件。

超级电容器(也称电化学电容)是介于蓄电池和传统静电电容之间的一种新型储能器件,具有比普通电容更高的能量密度,而且具有比电池更高的功率密度和更长的循环寿命以及良好的大电流工作能力,可应用于通信器件和混合动力汽车等[66,67]。研发高性能、低成本电极材料是超级电容研究的一个重要方面。尽管贵金属氧化物(例如:RuO_2、IrO_2)显示了高的比电容值,是目前性能优良的电极材料,但是其高昂的价格限制了它们的应用。研究也表明价格相当便宜的过渡金属氧化物例如 MnO_2、Co_3O_4、NiO、V_2O_5 等可作为一类可选的电极材料,然而,由于电活性的金属元素在这类电极材料中的利用率较低,导致其比电容不高,从而显著影响了其电容效能。因此,开发廉价的新型电极材料就显得十分重要。当使用层状结构的 LDHs 作为电极材料时,以 Co/Al-LDHs 为例,由于层板上的二价金属离子 Co^{2+} 能够被三价金属离子 Al^{3+} 部分地同晶取代,活性元素钴就可在层板上高度分散,则从理论上可预测在这种结构中钴的利用率应提高,也就应当具有更高的比电容,从而可以创制出电化学性能优良而价格低廉的超级电容器新型电极材料。

杨文胜等利用成核晶化隔离法制备得到结晶完好、晶粒尺寸分布窄的层状结构 Co/Al-LDHs[68,69]。详细研究了其作为电极材料的超电容行为与化学组成、晶体结构、热处理温度间的关系。图 4-18 是 Co/Al 比 2∶1 的 Co/Al-LDHs 经不同温度处理后的 XRD 谱图,可以发现随着处理温度的升高,LDHs 层状结构的特征衍射峰逐渐消失,而温度升至 160℃时,LDHs 仍然保持其层状结构。进一步升高温度后,产物显示出无定形结构特征,当在 500℃处理后,产物出现相应于 Co_3O_4 和 $CoAl_2O_4$ 尖晶石相的衍射峰。这说明在处理温度低于 160℃时,层状结构基本

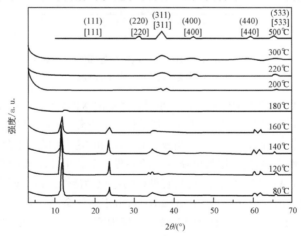

图 4-18　Co/Al 比为 2 的 Co/Al-LDHs 经不同温度处理后的 XRD 谱图

[ ]表示 Co_3O_4 相;( )表示 $CoAl_2O_4$ 相

未受到破坏。

图 4-19 是 Co/Al-LDHs 的比电容与处理温度的关系曲线,在 80℃时,Co/Al-LDHs 具有较低的比电容,这是因为 LDHs 的晶态结构完整,活性的 Co 部位不能完全暴露,也就无法显示出最高的电化学活性。当处理温度由 80℃升至 160℃时,处理产物的比电容逐渐增大,在 160℃时达到最大的比电容值 684F/g,这与 LDHs (Co/Al 比 2)在 160℃下仍保持其层状结构有关,且随着处理温度升高,LDHs 会部分失去层板的吸附水与层间的水合分子,晶态完整性降低,晶型结构发生一定的变化,此时活性元素 Co 能够在层板上高度分散并具有最大的暴露数目,导致了最高的电化学活性。而当 Co/Al-LDHs 被继续加热到 300℃以上时,产物的比电容急剧下降,这主要是因为 LDHs 原有的层状结构受到破坏,形成了新的 CoAl₂O₄ 尖晶石相(图 4-18 所示),而 CoAl₂O₄ 是一种电化学非活性物相,这导致电性能的降低。

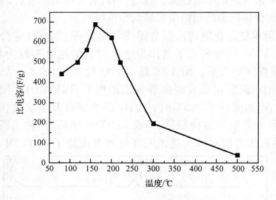

图 4-19　Co/Al-LDHs 的比电容与处理温度的关系
Co/Al 比为 2,比电流约 50mA/g

不同 Co/Al 比的 LDHs 经 160℃处理后产物的 XRD 谱图显示在图 4-20。可以发现随着 Co/Al 比增大,层状结构的规整性明显下降,当 Co/Al 比增大至 4 时,层状结构完全被破坏,出现 Co₃O₄ 相或 CoAl₂O₄ 相,这表明随 Al 含量增加,层状结构的热稳定性增强,这与层板电荷密度的差异有关。电化学性能测试也表明层板金属元素 Co/Al 比为 2 时,产物具有最好的电化学活性。以上研究结果表明在优化条件下合成出的层状结构 Co/Al-LDHs,由于活性金属元素在层板上的高度均匀分散,不产生团聚现象,因此能够最大程度地完全暴露出电化学活性的钴,从而显示出很高的比电容值和超电容行为。

将两种活性金属引入到 LDHs 层板上,通过调节它们之间的比例,可以对层状结构用于电极材料的比电容与导电等电性能进行控制与优化。例如:Liu 等[70]

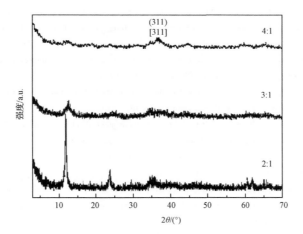

图 4-20　不同 Co/Al 比的 Co/Al-LDHs 经 160℃处理后的 XRD 谱图
[　]表示 Co₃O₄ 相；( )表示 CoAl₂O₄ 相

研究了 Ni-Co/Al-LDHs 层状结构中 Ni/Co 比例对其电化学性质的影响,结果发现 Ni/Co 比为 4∶6 时,显示出极好的电容性质。在充/放电循环测试中,其比电容值最高可达到 960F/g,他们将电性质的提高归于氧化钴物相的存在。因此,含钴的层状结构 LDHs 显示出优良的电容性质和导电性质,很适合作为电化学电容器的新型电极材料。除具有超分子层状结构的 LDHs 以外,其他一些无机层状结构材料也具有可调的电化学性能[71-75],有望在储能与能量转换领域展示良好的应用前景。

参 考 文 献

[1] Khan A I, O'Hare D. Intercalation chemistry of layered double hydroxides: recent developments and applications. J. Mater. Chem., 2002, 12: 3191

[2] Fogg A M, Freij A J, Parkinson G M. Synthesis and anion exchange chemistry of rhombohedral Li/Al layered double hydroxides. Chem. Mater., 2002, 14: 232

[3] Lee J H, Rhee S W, Jung D Y. Solvothermal ion exchange of aliphatic dicarboxylates into the gallery space of layered double hydroxides immobilized on Si substrates. Chem. Mater., 2004, 16: 3774

[4] Zhou X, Kirkpatrick R J. Interlayer structure and dynamics of ClO₄ layered double hydroxides. Chem. Mater., 2002, 14: 1195

[5] Rives V, Ulibarri M A. Layered double hydroxides (LDHS) intercalated with metal coordination compounds and oxometalates. Coordin Chem. Rev., 1999, 181: 61

[6] Beaudet P, De Roy M E, Besse J P. Intercalation of noble metal complexes in LDHS compounds. J. Solid State Chem., 177: 2691

[7] Li C, Wang G, Evans D G, Duan X. Incorporation of rare-earth ions in Mg-Al layered double hydrox-

ides: intercalation with an [Eu(EDTA)]⁻ chelate. J. Solid State Chem. ,2004, 177: 4569

[8]　Beaudot P, De Roy M E, Besse J P. Preparation and characterization of intercalation compounds of layered double hydroxides with metallic oxalato complexes. Chem. Mater. , 2004, 16: 935

[9]　Carpani I, Berrettoni M, Giorgetti M, Tonelli D. Intercalation of Iron(III) hexacyano complex in a Ni, Al hydrotalcite-like compound. J. Phys. Chem. B, 2006, 110: 7265

[10]　Carriazo D, Marín C, Rives V. Thermal evolution of a MgAl hydrotalcite-like material intercalated with hexaniobate. Eur. J. Inorg. Chem. , 2006, 22: 4608

[11]　Xu Z P, Kurniawan N D, Bartlett P F, Lu G Q. Enhancement of relaxivity rates of Gd – DTPA complexes by intercalation into layered double hydroxide nanoparticles. Chem. Eur. J. , 2007, 13: 2824

[12]　Li S-P, Xu J-J, Chen H-Y. New layered double hydroxides containing intercalated Au particles: Synthesis and characterization. Mater. Lett. , 2005, 59: 2090

[13]　Aisawa S, Kudo H, Hoshi T, Takahashi S, Hirahara H, Umetsu Y, Narita E. Intercalation behavior of amino acids into Zn-Al-layered double hydroxide by calcination – rehydration reaction. J. Solid State Chem. , 2004,177: 3987

[14]　Hibino T. Delamination of layered double hydroxides containing amino acids. Chem. Mater. , 2004, 16: 5482

[15]　Darder M, Lopez-Blanco M, Aranda P, Leroux F, Ruiz-Hitzky E. Bio-nanocomposites based on layered double hydroxides. Chem. Mater. , 2005, 17: 1969

[16]　邢颖,李殿卿,任玲玲,Evans D G,段雪. 超分子结构水杨酸根插层水滑石的组装及结构与性能研究. 化学学报,2003,61(2): 267

[17]　Meyn M, Beneke K, Lagaly G. Inorg. Chem. , 1990, 29: 5201

[18]　张伟锋,李殿卿,孙勐,Evans D G,段雪. 超分子结构甲基橙插层水滑石的组装及其光热稳定性研究. 高等学校化学学报,2004,25(10): 1799

[19]　Miyata, S. Clays Clay Miner. , 1983, 31, 305

[20]　Constatino U, Marmottini F, Nocchetti M, Vivani R. Eur. J. Inorg. Chem. , 1998, 1439

[21]　Narita E, Kaviratna P, Pinnavaia T J. Chem. Lett. ,1991, 805

[22]　Hibino T, Tsunashima A. Chem. Mater. , 1998, 10: 4055

[23]　Iyi N, Matsumoto M, Kaneko Y, Kitamura K. Deintercalation of carbonate ions from a hydrotalcite-like compound: enhanced decarbonation using acid-salt mixed solution. Chem. Mater. , 2004, 16: 2926

[24]　Wu G, Wang L, Yang L, Yang J. Factors affecting the interlayer arrangement of transition metal-ethylenediaminetetraacetate complexes intercalated in Mg/Al layered double hydroxides. Eur. J. Inorg. Chem. , 2007, 799

[25]　Xu Z P, Braterman P S. Competitive intercalation of sulfonates into layered double hydroxides (LDHs): the key role of hydrophobic interactions. J. Phys. Chem. C, 2007, 111: 4021

[26]　Williams G R, Norquist A J, O'Hare D. The formation of ordered heterostructures during the intercalation of phosphonic acids into a layered double hydroxide. Chem. Commun. , 2003, 1816

[27]　Williams G R, O'Hare D. Factors influencing staging during anion-exchange intercalation into [LiAl₂(OH)₆]X · mH₂O (X = Cl⁻, Br⁻, NO₃⁻). Chem. Mater. , 2005, 17: 2632

[28]　Wang J, Kalinichev A G, Kirkpatrick R J, Hou X. Molecular modeling of the structure and energetics of hydrotalcite hydration. Chem. Mater. , 2001, 13: 145

[29]　Kandare E, Hossenlopp J M. Hydroxy double salt anion exchange kinetics: effects of precursor structure and anion size. J. Phys. Chem. B, 2005, 109: 8469

[30]　Li H, Ma J, Evans D G, Zhou T, Li F, Duan X. Molecular dynamics modeling of the structures and binding energies ofγnickel hydroxides and nickel-aluminum layered double hydroxides containing various interlayer guest anions. Chem. Mater. , 2006, 18: 4405

[31]　Boncheva M, Duschl C, Beck W, Jung G, Vogel H. Formation and characterization of lipopeptide layers at interfaces for the molecular recognition of antibodies. Langmuir, 1996, 12: 5636

[32]　Flink S, van Veggel F C J M, Reinhoudt D N. Recognition of cations by self-assembled monolayers of crown ethers. J. Phys. Chem. B, 1999, 103: 6515

[33]　Inouye M, Fujimoto K, Furusyo M, Nakazumi H. Molecular recognition abilities of a new class of water-soluble cyclophanes capable of encompassing a neutral cavity. J. Am. Chem. Soc. , 1999, 121: 1452

[34]　Tanimura T, Katada N, Niwa M. Molecular shape recognition by a tin oxide chemical sensor coated with a silica overlayer precisely designed using an organicmolecule as the template. Langmuir, 2000, 16: 3858

[35]　Duwez A-S, Poleunis C, Bertrand P, Nysten B. Chemical recognition of antioxidants and UV-light stabilizers at the surface of polypropylene: atomic force microscopy with chemically modified tips. Langmuir, 2001, 17: 6351

[36]　Bossi A, Piletsky S A, Piletska E V, Righetti P G, Turner A P F. Surface-graftedmolecularly imprinted polymers for protein recognition. Anal. Chem. , 2001, 73: 5281

[37]　Renner C, Piehler J, Schrader T. Arginine- and Lysine-specific polymers for protein recognition and immobilization. J. Am. Chem. Soc. , 2006, 128: 620

[38]　Johnson J W, Jacobson A J, Butler W M, Rosenthal S E, Brody J F, Lewandowski J T. Molecular recognition of alcohols by layered compounds with alternating organic and inorganic layers. J. Am. Chem. Soc. , 1989, 111:381

[39]　Kuk W K, Huh Y D. Preferential intercalation of isomers of anthraquinone sulfonate ions into layered double hydroxides. J. Mater. Chem. , 1997, 7(9): 1933

[40]　Lei L, Millange F, Walton R I, O'Hare D. Efficient separation of pyridinedicarboxylates by preferential anion exchange intercalation in [LiAl₂(OH)₆]Cl · H₂O. J. Mater. Chem. , 2000, 10: 1881

[41]　Fudala Á, Pálinkó I, Kiricsi I. Inorg. Chem. , 1999, 38: 4653

[42]　Aisawa S, Takahashi S, Ogasawara W, Umetsu Y, Narita E. Direct intercalation of amino acids into layered double hydroxides by coprecipitation. J. Solid State Chem. , 2001, 162: 52

[43]　Wei M, Yuan Q, Evans D G, Wang Z, Duan X. Layered solids as a "molecular container" for pharmaceutical agents: L-tyrosine-intercalated layered double hydroxides. J. Mater. Chem. , 2005, 15: 1197

[44]　Partyka M, Au B H, Evans C H. Cyclodextrins as phototoxicity inhibitors in drug formulations: studies on model systems involving naproxen and β-cyclodextrin. J. Photochem. Photobiol. A: Chem. , 2001, 140: 67

[45]　Khan A I, Lei L X, Norquist A J, O'Hare D. Intercalation and controlled release of pharmaceutically active compounds from a layered double hydroxide. Chem. Commun. , 2001, 22: 2342

[46]　Zhang H, Zou K, Sun H, Duan X. A magnetic organic-inorganic composite: Synthesis and characterization of magnetic 5-aminosalicylic acid intercalated layered double hydroxides. J. Solid State Chem. , 2005, 178: 3485

[47]　Zou K, Zhang H, Duan X. Studies on the formation of 5-aminosalicylate intercalated Zn-Al layered double hydroxides as a function of Zn/Almolar ratios and synthesis routes. Chem. Eng. Sci. , 2007,

62：2022

[48]　Wei M, Shi S, Wang J, Li Y, Duan X. Studies on the intercalation of naproxen into layered double hydroxide and its thermal decomposition by in situ FT-IR and in situ HT-XRD. J. Solid State Chem. , 2004, 177：2534

[49]　孟锦宏,张 慧, Evans D G,段雪. 超分子结构草甘膦插层水滑石的组装及结构研究. 高等学校化学学报,2003,24(7)：1315

[50]　Zhang H, Zou K, Guo S, Duan X. Nanostructural drug-inorganic clay composites：Structure, thermal property and in vitro release of captopril-intercalated Mg-Al-layered double hydroxides. J. Solid State Chem. , 2006, 179：1792

[51]　Bender M L, Komiyama M. Cyclodextrin Chemistry, Springer, Berlin, 1978

[52]　Inoue Y, Hakushi T, Liu Y, Tong L H, Shen B J, Jin D S. J. Am. Chem. Soc. , 1993, 115：475

[53]　Wang X, Brusseau M L. Environ. Sci. Technol. , 1995, 29：2632

[54]　Wang J, Wei M, Rao G, Evans D G, Duan X. Structure and thermal decomposition of sulfated β-cyclodextrin intercalated in a layered double hydroxide. J. Solid State Chem. ,2004, 177：366

[55]　Wei M, Wang J, He J, Evans D G, Duan X. In situ FT-IR, in situ HT-XRD and TPDE study of thermal decomposition of sulfated β-cyclodextrin intercalated in layered double hydroxides. Micropor. Mesopor. Mat. , 2005,78：53

[56]　Gago S, Costa T, Seixas de Melo J, Goncalves I S, Pillinger M. Preparation and photophysical characterisation of Zn-Al layered double hydroxides intercalated by anionic pyrene derivatives. J. Mater. Chem. , 2008, 18：894

[57]　Aloisi G G, Costantino U, Elisei F, Latterini L, Natalia C, Nocchetti M. Preparation and photo-physical characterisation of nanocomposites obtained by intercalation and co-intercalation of organic chromophores into hydrotalcite-like compounds. J. Mater. Chem. , 2002, 12：3316

[58]　Sousa F L, Pillinger M, Sá Ferreira R A, Granadeiro C M, Cavaleiro A M V, Rocha J, Carlos L D, Trindade T, Nogueira H I S. Luminescent polyoxotungstoeuropate anion-pillared layered double hydroxides. Eur. J. Inorg. Chem. , 2006, 726

[59]　Bonnet S, Forano C, de Roy A, Besse J P, Maillard P, Momenteau M. Chem. Mater. , 1996, 8：1962

[60]　Barbosa C A S, Ferreira A M D C, Constantino V R L. Eur. J. Inorg. Chem. , 2005, 1577

[61]　Ukrainczyk L, Chibwe M, Pinnavaia T J, Boyd S A. J. Phys. Chem. , 1994, 98：2668

[62]　Wypych F, Bubniak G A, Halma M, Nakagaki S. J. Colloid Interface Sci. , 2003, 264：203

[63]　Lang K, Bezdička P, Bourdelande J L, Hernando J, Jirka I, Káfuňková E, Kovanda F, Kubát P, Mosinger J, Wagnerová D M. Layered double hydroxides with intercalated porphyrins as photofunctional materials：subtle structural changes modify singlet oxygen production. Chem. Mater. , 2007, 19：3822

[64]　Kandare E, Hossenlopp J M. Hydroxy double salt anion exchange kinetics：effects of precursor structure and anion size. J. Phys. Chem. B, 2005, 109：8469

[65]　倪哲明,潘国祥,王力耕,陈丽涛. LDHs 主体层板与卤素阴离子超分子作用的理论研究. 物理化学学报,2006,22(11)：1321

[66]　钟海云,李荐,戴艳阳,等. 新型能源器件——超级电容器研究发展最新动态. 电源技术, 2001, 25(5)：367

[67]　张玲,唐东汉,熊奇. 超级电容器极化材料的研究进展. 重庆大学学报：自然科学版,2002, 25

(5):152

[68] 王毅,杨文胜,Evans D G,段雪. Co-Al 水滑石(LDHS)超电容性能的调控. 稀有金属,2004,28(专辑):86

[69] Wang Y,Yang W,Zhang S,Evans D G,Duan X. Synthesis and electrochemical characterization of Co-Al layered double hydroxides. J. Electrochem. Soc.,2005,152(11):A2130

[70] Liu X M,Zhang Y H,Zhang X G,Fu S Y. Studies on Me/Al-layered double hydroxides(Me = Ni and Co) as electrode materials for electrochemical capacitors. Electrochimica Acta,2004,49:3137

[71] 李晓丹,杨文胜,Evans D G,段雪. 原位氧化插层法制备层状 $LiMnO_2$ 及其机理与性能. 科学通报,2004,49:1958-1961

[72] Lia X D,Yang W S,Zhang S C,Evans D G,Duan X. The synthesis and characterization of nanosized orthorhombic $LiMnO_2$ by in situ oxidation-ion exchange. Solid State Ionics,2005,176:803

[73] Yang W S,Li X M,Yang L,Evans D G,Duan X. Synthesis and electrochemical characterization of pillared layered $Li_{1-2x}Ca_xCoO_2$. J. Phys. Chem. Solids,2006,67:1343

[74] Zhang X,Ji L,Zhang S,Yang W. Synthesis of a novel polyaniline-intercalated layered manganese oxide nanocomposite as electrode material for electrochemical capacitor. J. Power Sources,2007,173:1017

[75] Yang Z,Wang B,Yang W,Wei X. A novel method for the preparation of submicron-sized $LiNi_{0.8}Co_{0.2}O_2$ cathode material. Electrochimica Acta,2007,52:8069

第 5 章 插层结构薄膜的构筑

作为一种新型的阴离子型层状材料,LDHs 主体层板的化学组成、层间阴离子的种类和数量等均有可调控性,因而具有多种物理化学性质,在众多领域显示了广阔的应用前景。目前,国内外对 LDHs 的研究和应用一般均局限于 LDHs 粉体材料,而 LDHs 粉体材料在使用时易流失、回收困难,因此不适于传感器、催化剂及催化剂载体、分离等领域的广泛应用。因此,如何将 LDHs 组装成薄膜便成为现今 LDHs 材料领域内一个新的研究热点。在本章中介绍构筑 LDHs 薄膜的几种技术。

5.1 交替层层组装技术

基于分子自组装的交替沉积技术近年来受到广泛关注,已经成为一种构筑超薄膜的有效方法,其中基于静电层层组装技术应用最为广泛。LDHs 作为一种超分子插层结构材料,其层板上的二价金属阳离子 M^{2+} 可以在一定的比例范围内被离子半径相近的三价金属阳离子 M^{3+} 同晶体取代,从而使得主体层板带部分的正电荷。当层状化合物发生剥离反应时,可形成一个动力学独立的片状颗粒,分散到溶液中形成胶体溶液。这种表面带正电荷的片状颗粒是一种构筑静电组装超薄膜很好的基元,以此基元可以构筑复合有机/LDHs 超薄膜以及无机/LDHs 超薄膜。

5.1.1 技术原理介绍

早在 1966 年,Iler 等报道了将表面带有电荷的固体基片在带相反电荷的胶体微粒溶液中交替沉积而获得胶体微粒超薄膜的研究[1]。当时,这种基于带相反电荷的物质之间的以静电相互作用为推动力的超薄膜制备技术并没有引起人们的注意。直到 1991 年 Decher 等重新提出静电交替沉积这一技术,并将其应用于聚电解质和有机小分子的超薄膜的制备中,这种由带相反电荷的物质在液/固界面通过静电作用交替沉积形成多层超薄膜的技术才真正引起人们注意[2]。这种技术制备超薄膜的过程十分简单,以聚阳离子和聚阴离子在带正电荷的基片上的交替沉积为例,超薄膜的制备过程(如图 5-1 所示)可描述如下[2]:① 将带正电荷的基片先浸入聚阴离子溶液中,静置一段时间后取出,由于静电作用,基片上会吸附一层聚阴离子,此时,基片表面所带的电荷由于聚阴离子的吸附而变为负;② 用水冲洗基片表面,去掉物理吸附的聚阴离子,并将沉积有一层聚阴离子的基片干燥;③ 将上述基片转移至聚阳离子溶液中,基片表面便会吸附一层聚阳离子,表面电荷恢复为正;④ 水洗,干燥。这样便完成了聚阳离子和聚阴离子组装的一个循环。重复 ① 至④ 的操作便可得到多层的聚阳离子/聚阴离子超薄膜。尽管这种组装技术构筑的超薄膜的有序度不如 LB 膜高,但与其他超薄膜的制备技术相比较,它仍具有许多优点:① 超薄膜的制备方法简单,只需将离子化的基片交替浸入带相反电荷的聚电解质溶液中,静置一段时间即可,整个过程不需要复杂的仪器设备;② 成膜物质丰富,适用于静电沉积技术来制备超薄膜的物质不局限于聚电解质,带电荷的有机小分子、有机/无机微粒、生物分子如蛋白质也可成膜;③ 静电沉积技术的成膜不受基底大小、形状和种类的限制,且由于相邻间靠静电力维系,所获得的超薄膜具有良好的稳定性;④ 单层膜的厚度在几个埃至几个纳米范围内,是一种很好的制备纳米超薄膜材料的方法,单层膜的厚度可以通过调节溶液参数,如溶液离子强度、浓度、pH 以及膜的沉积时间而在纳米范围内进行调控;⑤ 特别适合于制备复合薄膜。将相关的构筑基元按照一定顺序进行组装,可自由地控制复合超薄膜的结构与功能。

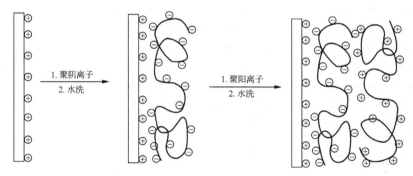

图 5-1 基于聚阳离子/聚阴离子之间静电相互作用的超薄膜的制备过程

随着静电技术的研究日益发展,科学家们已经对静电组装技术的成膜机理、静电组装超薄膜的结构、超薄膜的结构控制等有了很深入的了解[2-7]。交替沉积的静电组装技术的成膜推动力主要是聚电解质分子或带电物质在液/固界面上的静电作用力。以聚电解质的交替沉积为例,多层超薄膜制备的关键在于每吸附一层聚电解质,都会引起超薄膜表面电荷的翻转,使基片表面带上与上一层相反的电荷,从而保证膜的连续组装。尽管静电组装超薄膜的成膜推动力主要是层间的静电力,一些其他的短程的次级作用力,如亲水/疏水作用、电荷转移 π-π^* 重叠作用、氢键作用等对于多层超薄膜的连续沉积和稳定性的保持也都起着不可忽视的作用。静电组装多层膜的组装过程可以用紫外-可见吸收光谱、石英晶体微天平等方法监测。常采用 X 射线技术来表征得到的多层膜的结构。

5.1.2　LDHs 纳米片组装

5.1.2.1　LDHs 纳米片的制备

层状化合物的层板内存在强的共价键作用,而层间则是一种弱的相互作用力(一般是范德华力),因此层与层容易被其他分子撑开或剥离,而层板结构不受影响。层状化合物剥离后可得到单层或几个单层的片状纳米材料,称为纳米片(nanosheets)。由于纳米片的厚度极薄(约在 1nm/单片层),因此显示出许多新颖的物理和化学特征。此外,纳米片是一种有用的构筑基元,可用于制备广泛各异的功能纳米材料。其中一个重要的应用是通过层层组装法与相反电荷的基元构筑超薄膜,可用于纳米器件的制备。

LDHs 由于层板电荷密度很高,实现其层板的剥离比较困难。最早报道 LDHs 剥离是 Adachi-Pagano 等[8],他们第一次成功地将 Zn-Al LDHs 剥离,以丁醇为溶剂,十二烷基硫酸盐为表面修饰剂,得到剥离 LDHs 的稳定的胶体溶液。Hibino 等用氨基酸修饰 MgAl-LDHs,在甲酰胺中实现了 LDHs 的剥离[9,10]。Sasaki 小组合成了大尺寸的 MgAlNO₃-LDHs,并在甲酰胺溶剂中剥离得到了轮廓清晰的纳米片[11]。Wu 等进一步用超声处理的方法,实现了 MgAlNO₃-LDHs 在甲酰胺溶剂中的快速剥离[12]。这种方法不需要加热或回流,是剥离含不同阴离子水滑石的一种非常简单而有效的方法。此外,含过渡金属 LDHs(例如 Fe-Al,Co-Al,Ni-Al)也实现了剥离,得到的这些纳米片为更广泛的应用(如在光、电、磁以及催化等领域)提供了很好的基元。

5.1.2.2　LDHs 纳米片/聚合物复合超薄膜的构筑

由于 LDHs 纳米片带正电荷,可与一些阴离子聚合物采用静电层层组装技术制备 LDHs 纳米片与聚合物复合超薄膜。Li 等[11]最早采用层层组装技术制备了 MgAl-LDHs 纳米片与聚苯乙烯磺酸根(PSS)复合超薄膜(PSS/MgAl-LDHs)ₙ。他们首先采用甲酰胺剥离大尺寸的 MgAlNO₃-LDHs 前体制备 LDHs 纳米片,层层组装的过程如下:先将处理好的基片,包括 Si 晶片和石英玻璃,浸泡在聚乙烯亚胺(PEI)溶液(浓度为 1.25 g/L,pH 为 9)中 20 min 后,用大量的水漂洗干净,再转移至 PSS 溶液(浓度为 1 g/L)中浸泡 20 min 后,用水漂洗干净,然后再转移至 MgAl-LDHs 纳米片胶体悬浮液(浓度为 0.5 g/L)中浸泡 20 min 后,用水漂洗干净。上述 PSS 聚合物与 LDHs 纳米片沉积步骤重复 n 次后,就得到(PSS/MgAl-LDHs)ₙ多层薄膜。最后,薄膜在 N₂ 气流中吹干。采用紫外-可见(UV-vis)吸收光谱对 PSS/MgAl-LDHs 多层膜的增长情况进行监测,每一个 PSS/MgAl-LDHs 双层的 UV-vis 吸收光谱如图 5-2 所示。在 200nm 处吸收峰是 PSS 的特征吸收,此特征吸收随着层数的增长几乎呈线性增加,说明成功采用层层组装技术制备了 LDHs 纳米片与 PSS 多层超薄膜。10 层薄膜在 193nm 处的吸收值可达 0.34。(PSS/MgAl-LDHs)$_n$ 多层超薄膜 XRD 谱图在 2θ 为 4.4° 处出现了一个 Bragg 衍射峰(图 5-3),对应的层间距为 2.0nm。峰形宽化,且随着层数的增长强度也随之增加。这种衍射特征是由于无机的 LDHs 纳米片与有机聚合物周期重复所致,并且随着沉积层数的增长衍射峰强度增加也说明了这种纳米结构的自组装在累积增长。考虑到 MgAl-LDHs 纳米片的厚度为 0.48nm,剩下的 PSS 层高度为 1.5nm。

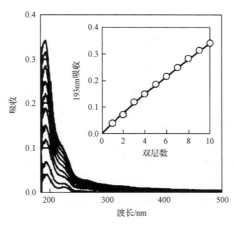

图 5-2　沉积在石英玻璃上的(PSS/MgAl-LDHs)$_n$ 多层薄膜的 UV-vis 吸收光谱

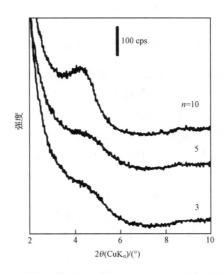

图 5-3　沉积在石英玻璃上的(PSS/MgAl-LDHs)$_n$ 多层薄膜的 XRD 谱图

Liu 等[13]采用相同的方法制备了 CoAl-LDHs 纳米片与 PSS 多层复合薄膜（CoAl-LDHs/PSS）$_n$。他们认为事先在基底（Si 晶片和石英玻璃）上沉积一层 PEI/PSS 双层没有必要，可以直接在基底上沉积 LDHs 纳米片，然后再沉积 PSS 聚合物。UV-vis 吸收谱图显示（图 5-4），在 200nm 处 PSS 特征吸收峰随着层数的增加是近似呈线性增长，说明薄膜是均匀生长的。组装 10 层后，在 193nm 处的吸收值为 0.34，这与上面（PSS/MgAl-LDHs）$_{10}$ 薄膜相当。薄膜的 XRD（未给出）在 2θ 4.4° 处也出现了一个 Bragg 衍射峰，这同样是由于无机-有机重复的纳米结构所致。

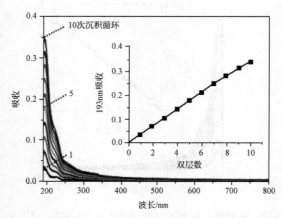

图 5-4　沉积在石英玻璃上的（CoAl-LDHs/PSS）$_n$ 多层薄膜的 UV-vis 吸收光谱

5.1.2.3　LDHs 纳米片/其他无机纳米片复合超薄膜的构筑

Li 等[14]采用两种带不同电荷的无机纳米片直接层层自组装制备具有"三明治"（Sandwich）层状结构的无机复合超薄膜。图 5-5 分别为带负电荷的 $Ti_{0.91}O_2$ 与 $Ca_2Nb_3O_{10}$ 纳米片以及带正电荷的 $Mg_{2/3}Al_{1/3}(OH)_2$ 纳米片结构模型的俯视和侧视图，三种纳米片的厚度分别为 0.73nm、1.44nm 和 0.48nm。他们分别将 $Mg_{2/3}Al_{1/3}(OH)_2$ 纳米片与 $Ti_{0.91}O_2$ 纳米片以及 $Mg_{2/3}Al_{1/3}(OH)_2$ 纳米片与 $Ca_2Nb_3O_{10}$ 纳米片层层组装，制备（$Mg_{2/3}Al_{1/3}(OH)_2/Ti_{0.91}O_2$）$_n$ 和（$Mg_{2/3}Al_{1/3}(OH)_2/Ca_2Nb_3O_{10}$）$_n$ 两种多层复合薄膜。在 Si 晶片上沉积一层 $Mg_{2/3}Al_{1/3}(OH)_2$ 纳米片 AFM 照片显示[图 5-6（a）]，表面覆盖了一层致密的二维尺寸在几个微米的 LDHs 纳米片晶体，纳米片的厚度约为 0.8nm，证实了单片层的 LDHs 纳米片吸附。AFM 照片中，虽然有一些重叠的片以及纳米片之间存在空隙，单层纳米片的区域还是占大部分，整个薄膜的覆盖度要大于 90%。随后再在

$Mg_{2/3}Al_{1/3}(OH)_2$ 纳米片上沉积 $Ti_{0.91}O_2$ 纳米片或 $Ca_2Nb_3O_{10}$ 纳米片的 AFM 照片如图 5-6(b)和(c)所示,在 $Mg_{2/3}Al_{1/3}(OH)_2$ 纳米片上贴上了一层致密的氧化物纳米片,纳米片的二维尺寸为几百纳米。

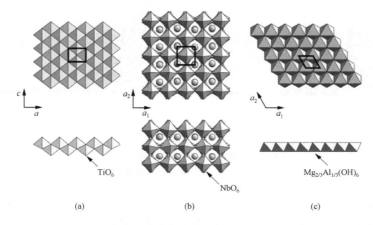

图 5-5　三种纳米片结构模型的俯视和侧视图

(a) $Ti_{0.91}O_2$;(b) $Ca_2Nb_3O_{10}$;(c) $Mg_{2/3}Al_{1/3}(OH)_2$

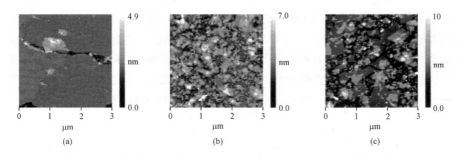

图 5-6　Si 晶片上吸附一层 $Mg_{2/3}Al_{1/3}(OH)_2$ 纳米片(a),以及随后再吸附一层 $Ti_{0.91}O_2$ 纳米片(b),或 $Ca_2Nb_3O_{10}$ 纳米片(c)的 AFM 轻敲模式的照片

采用 UV-vis 吸收光谱对$(Mg_{2/3}Al_{1/3}(OH)_2/Ti_{0.91}O_2)_n$ 与$(Mg_{2/3}Al_{1/3}(OH)_2/Ca_2Nb_3O_{10})_n$ 无机复合多层膜的增长情况进行监测:260nm 处的 $Ti_{0.91}O_2$ 纳米片特征吸收峰以及 190nm 处 $Ca_2Nb_3O_{10}$ 纳米片特征吸收峰随着层数的增加近似呈线性增长(图 5-7),说明了采用层层组装技术成功制备了 LDHs 纳米片与氧化物纳米片的复合薄膜。$(Mg_{2/3}Al_{1/3}(OH)_2/Ti_{0.91}O_2)_n$ 薄膜在 260nm 处 10 层后的吸收值到达 1.1,这与采用有机聚电解质与 $Ti_{0.91}O_2$ 纳米片组装的多层膜相当。同样$(Mg_{2/3}Al_{1/3}(OH)_2/Ca_2Nb_3O_{10})_n$ 薄膜在 190nm 处 10 层后的吸收值为 1.08。

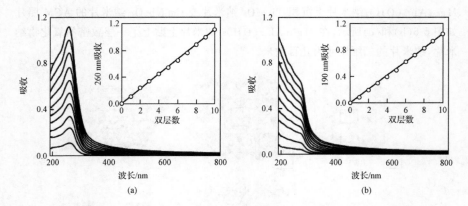

图 5-7　在石英片上组装的$(Mg_{2/3}Al_{1/3}(OH)_2/Ti_{0.91}O_2)_n$(a)
与$(Mg_{2/3}Al_{1/3}(OH)_2/Ca_2Nb_3O_{10})_n$(b)多层薄膜的 UV-vis 吸收光谱

$(Mg_{2/3}Al_{1/3}(OH)_2/Ti_{0.91}O_2)_n$ 薄膜的 XRD 谱图(图 5-8(a))显示,在 2θ 为 7.4°和 15.0°处出现两个宽的衍射峰,且峰强随着层数的增加而逐渐增强,此衍射峰是由于 $Mg_{2/3}Al_{1/3}(OH)_2/Ti_{0.91}O_2$ 纳米结构重复排列所致。重复的周期为 1.2nm,可认为是 LDHs 纳米片的厚度(0.48nm)加上 $Ti_{0.91}O_2$ 纳米片的厚度(0.73nm)。AFM 照片(未给出)显示 LDHs 纳米片与氧化物纳米片的交替单层沉积并不是完全理想的,除了占主导的单层区域还是存在一些叠层和间隙。尽管这些会导致一些缺陷,Bragg 衍射峰的逐渐出现说明由两种纳米片直接堆积的具有"三明治"层状结构的材料形成了。峰强较弱部分原因是由于这种堆积存在一些无序的结构。在$(Mg_{2/3}Al_{1/3}(OH)_2/Ca_2Nb_3O_{10})_n$ 薄膜的 XRD 谱图(图 5-8(b))中,

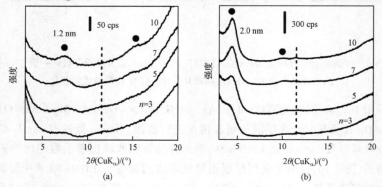

图 5-8　在石英片上组装的$(Mg_{2/3}Al_{1/3}(OH)_2/Ti_{0.91}O_2)_n$(a)
与$(Mg_{2/3}Al_{1/3}(OH)_2/Ca_2Nb_3O_{10})_n$(b)多层薄膜的 XRD 谱图

在 2θ 为 4.2° 和 10.2° 处出现的衍射峰比 $(Mg_{2/3}Al_{1/3}(OH)_2/Ti_{0.91}O_2)_n$ 薄膜的峰强更强,说明 $(Mg_{2/3}Al_{1/3}(OH)_2/Ca_2Nb_3O_{10})_n$ 晶型更好。其重复周期为 2.0nm,这与 LDHs 纳米片的厚度(0.48nm)加上 $Ca_2Nb_3O_{10}$ 纳米片的厚度(1.44nm)基本一致。

5.1.3 LDHs 粒子组装

5.1.3.1 LDHs 粒子/聚合物复合超薄膜的构筑

Dekany 等[15,16]首先用共沉淀法制备 MgAl-LDHs 粒子,再直接与 PSS 阴离子聚合物采用层层组装制备 $(MgAl\text{-}LDHs 粒子/PSS)_n$ 薄膜。图 5-9 为 $(MgAl\text{-}LDHs 粒子/PSS)_n$ 薄膜在 400nm 处吸收值随层数的变化。当 $n > 5$ 时,薄膜的吸收值随着层数的增加呈线性增长。在 XRD 谱图中(图 5-10)中,2θ 在 11.7° 和 23.4° 处为 LDHs 特征衍射峰,在 5.5° 处为聚合物插层 LDHs 的衍射峰。LDHs 特征衍射峰的强度随着阴离子聚合物的浓度升高而降低,说明薄膜组装进大量的聚合物成分。

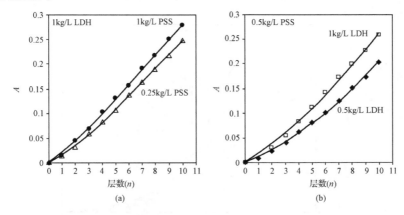

图 5-9 MgAl-LDHs 粒子/PSS 薄膜在 400nm 处吸收值随层数的变化

(a) 1 kg/L LDHs 悬浮液分别与 1 kg/L 和 0.5 kg/L PSS 溶液组装;

(b) 0.5 kg/L LDHs 悬浮液分别与 1 kg/L 和 0.5 kg/L PSS 溶液组装

5.1.3.2 LDHs 粒子/其他无机纳米粒子复合超薄膜的构筑

Zhang 等[17]采用带正电荷的 LDHs 纳米粒子与带负电荷的层状二氧化锰纳米粒子层层组装制备 $(LDHs/MnO_2)_n$ 多层复合薄膜。图 5-11 是 $(MgAl\text{-}LDHs/MnO_2)_n$ 多层薄膜的 UV-vis 吸收光谱图。MnO_2 纳米粒子胶体溶液在 360nm 附近出现一个宽的吸收峰,而 MgAl-LDHs 纳米片胶体溶液在 200~800nm 之间没

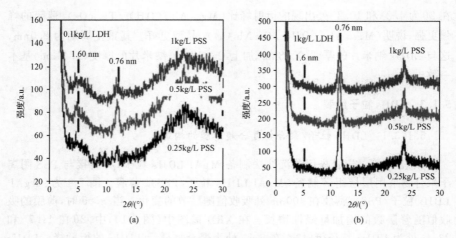

图 5-10　MgAl-LDHs 粒子/PSS 薄膜的 XRD 谱图

（a）0.1 kg/L LDHs 悬浮液分别与不同浓度的 PSS 溶液组装，n 为 17 层；

（b）1 kg/L LDHs 悬浮液分别与不同浓度的 PSS 溶液组装，n 为 10 层

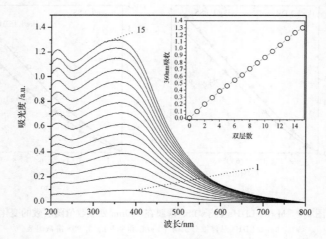

图 5-11　（MgAl-LDHs/MnO$_2$）$_n$ 多层薄膜的 UV-vis 吸收光谱

插图为薄膜在 360nm 处，吸收值随组装双层层数的变化

有明显的紫外吸收峰。随着组装层数的增加，薄膜在 360nm 处的吸收值呈线性增长，说明 MnO$_2$ 纳米粒子与 MgAl-LDHs 纳米粒子在静电层层组装过程中均匀沉积。图 5-12 给出了（MgAl-LDHs/MnO$_2$）$_n$ 无机多层薄膜的数码照片，随着组装双层层数的增加，薄膜的颜色逐渐加深。

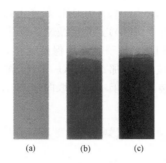

图 5-12 （MgAl-LDHs/MnO$_2$）$_n$ 多层膜的数码照片

(a) $n=1$；(b)$n=5$；(c)$n=10$

图 5-13 是（MgAl-LDHs/MnO$_2$）$_n$ 复合薄膜的 FESEM 照片。从图中可以看出，无机薄膜由纳米片平铺在一起，纳米片的大小由几十纳米到几百纳米不等，表面比较平整且致密。由切面图可以看出，薄膜的厚度约为 130nm 且比较均一；在放大图中可以看出薄膜具有层状结构。由薄膜的厚度除以层数，可以得到每一双层（MgAl-LDHs/MnO$_2$）厚度约为 13nm。

图 5-13 （MgAl-LDHs/MnO$_2$）$_n$ 无机复合膜的 FESEM 照片

(a)为薄膜的表面；(b)为薄膜的截面图

5.1.3.3 LDHs 粒子的层层组装

Lee 等[18]首先将单层 MgAl-LDHs 粒子有序组装在单晶 Si 表面，然后再在 MgAl-LDHs 表面接枝上一层 2-羧基-乙基膦酸，200℃ 干燥后，再将接枝后的 MgAl-LDHs/Si 浸泡在 MgAl-LDHs 悬浮液中，得到组装两层 MgAl-LDHs 的薄膜。上述过程分别在 2-羧基-乙基膦酸的乙醇溶剂和 MgAl-LDHs 悬浮液中交替进行，就得到了 MgAl-LDHs 粒子层层组装的薄膜。图 5-14 显示单层 MgAl-LDHs 粒子在单晶 Si 表面均匀覆盖且具有很好的取向性。组装的纳米粒子采用面对面的堆积方式沉积在第一层 MgAl-LDHs 粒子上,整个薄膜表面比较均一,但是没有第一层粒子致密(图 5-14(b))。甚至经过 2-羧基-乙基膦酸的乙醇溶剂的浸泡处理,每一层的 MgAl-LDHs 粒子表面均保持完整,如果不对 MgAl-LDHs/Si 进行 2-羧基-乙基膦酸接枝处理,那么 MgAl-LDHs 粒子很难黏附在薄膜表面。MgAl-LDHs 粒子层层组装的薄膜具有择优取向性,XRD 谱图(未给出)显示(00l)衍射峰显著增强。

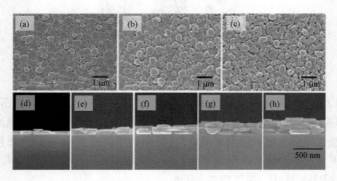

图 5-14 MgAl-LDHs/Si 不同层数的 SEM 照片:[(a) 1 层,(b) 3 层,(c) 5 层]
和 MgAl-LDHs/Si 截面的 SEM 照片[(d) 1 层,(e) 2 层,(f) 3 层,(g) 4 层,(h) 5 层]

5.2 溶剂蒸发技术

5.2.1 技术原理介绍

溶剂蒸发技术是制备薄膜的常用技术之一,近些年来在 LDHs 薄膜的构筑中得到广泛的应用。其主要原理是将合成的 LDHs 粒子均匀分散到溶剂中或用剥离的 LDHs 纳米片溶胶,通过溶剂挥发、LDHs 粒子沉淀,形成薄膜。利用该技术制备得到的 LDHs 薄膜除了与使用溶剂本身的物理、化学特性有关外,沉积使用的 LDHs 粒子(或 LDHs 纳米片)的尺寸和性质,也是决定最终薄膜性质的关键因素[19,20]。

LDHs 纳米粒子具有各向异性的片状结构,其平面(纳米粒子的 a 轴方向)和侧面(纳米粒子的 c 轴方向)原子是处于配位不饱和的状态,它们决定着 LDHs 纳米粒子的表面化学性能。传统方法制备的 LDHs 粒子尺寸大、分布宽,粒子表面的活性原子与体相相比比例小。在干燥过程中,LDHs 粒子之间作用主要是边与面的相互作用,形成"卡片房子"式的无序团聚体(如图 5-15),在组装的过程中 LDHs 粒子趋于无序的排列。最终形成的薄膜粒子之间存在很多孔,且薄膜的平整性、均匀性及机械性能较差。随着 LDHs 粒子尺寸的减小,粒子表面配位不饱和的原子增加,表面活性原子间的作用力对粒子的组装方式影响增加。尺寸小、粒径均匀的 LDHs 纳米粒子由于其强的"边-边"和"面-面"作用导致纳米粒子以面-面和边-边相连的方式进行有序排列,形成高度有序纳米结构薄膜,如图 5-16。此外,粒子表面积的增加也影响 LDHs 的黏附性,形成的有序纳米结构薄膜在极性基底如玻璃表面有好的黏附能力,在聚四氟乙烯基底上涂敷可形成自支撑膜。

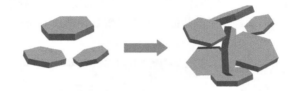

图 5-15　LDHs 纳米粒子无序组装形成团聚体

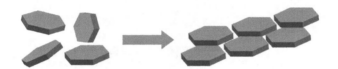

图 5-16　LDHs 纳米粒子以面-面和边-边相连的有序自组装

5.2.2　有序 LDHs 纳米结构薄膜的构筑

传统方法制备的 LDHs 粒子,在分散干燥过程中很容易聚集,很难形成连续平整的薄膜。为了解决这一问题,Gardner 等[21]在有机溶剂(甲醇、乙醇、丙醇、丁醇)中,用共沉淀法制备了醇盐插层 LDHs。通过对产物的 XRD 数据中(002)衍射峰的分析,采用 Scherre 公式计算,从甲醇到乙醇制备的产物沿着层板堆积方向的散射晶粒尺寸在 80～100Å 之间。这些值对应着 LDHs 晶粒中含有 9～12 层板。相反,在水溶液中共沉淀制备的 LDHs 产物,其堆积的晶粒尺寸为 0.6 μm。醇盐插层 LDHs 粒子小的尺寸为制备连续薄膜提供了基础。

将甲醇盐插层的 LDHs 产物在水中分散,室温条件下处理一晚上后,甲醇盐离子完全水解,并且形成几乎透明的 LDHs 胶体悬浮液。将悬浮液在载玻片上室温干燥,得到了一种透明且不含甲醇的 LDHs 薄膜。该透明薄膜的 XRD 谱图与采用传统方法合成的 $[Mg_3Al(OH)_8]NO_3 \cdot xH_2O$ LDHs 水性悬浮液溶剂蒸发所制备的不透明的 LDHs 薄膜的 XRD 谱图相比,(00l)衍射峰较强而任何其他面内的衍射峰($h,k \neq 0$)消失,说明透明的薄膜中 LDHs 片具有高度取向的自组装。用来制备透明的 LDHs 薄膜的粉末状前体的 XRD 谱图显示出一系列各个面的衍射峰,说明前体并不具有取向性。

　　图 5-17(a)为通过溶剂蒸发甲醇盐插层 Mg_2Al-Cl 前体水解悬浮液制备 LDHs 自支撑薄膜的 SEM 照片。图 5-17(b)为甲醇盐插层 Mg_2Al-NO_3 前体悬浮液制备 LDHs 在玻璃基底上的 SEM 照片。虽然放大倍率太低而不能辨别出单个 LDHs 层板,但这种团聚粒子的层状结构还是很明显。图 5-17(c)和(d)分别为甲醇盐插层前体水解悬浮液和传统水溶液共沉淀 LDHs 悬浮液所制备的 Mg_3AlNO_3-LDHs 薄膜表面形貌的 SEM 照片。传统水溶液共沉淀 LDHs 悬浮液所制备的薄膜不透明、表面粗糙,而经所甲醇盐插层前体水解悬浮液所制备的薄膜透明、表面光滑且连续。

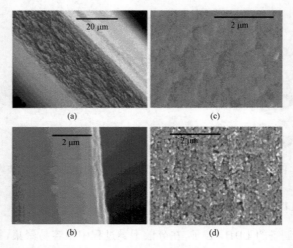

图 5-17　甲醇盐-硝酸根插层 LDHs 水解制备的透明 Mg_3Al-LDHs 薄膜的 SEM 照片
(a) 自支撑 LDHs 薄膜的侧面图;(b)和(c)为沉积在玻璃片上薄膜的侧面和平面图;
(d) 传统水溶液共沉淀 Mg_3AlNO_3-LDHs 制备的不透明薄膜平面图

　　近来 LDHs 的剥离工作取得了突破性的进展,用甲酰胺作溶剂可直接剥离 LDHs 而得到具有单片层厚度的 LDHs 纳米片溶胶,这为制备 LDHs 连续薄膜提供了另一种前体的选择。Okamoto 等[22]利用商业化的 CO_3-LDHs,用 ClO_4^- 作为阴离子交换剂,制备了 ClO_4-LDHs,进一步在甲酰胺中剥离制得了几乎透明的胶体悬浮液。经过 XRD 和 AFM 表征,确认了 ClO_4-LDHs 发生了剥离,得到的 LDHs 纳米片厚度约为 0.9nm。同时也观察到了共存部分剥离的 LDHs 纳米片[厚度约为$(2\sim4)\times0.9$nm]。将剥离的 Mg_3AlClO_4-LDHs 甲酰胺胶体悬浮液浇铸在基底表面,经溶剂蒸发,纳米片重新堆积,复原成一种高度有序取向的结构。SEM 照片[图 5-18(a)]显示,得到一种致密且连续堆积的薄膜,LDHs 颗粒边缘的形状很难辨认出来。Mg_3AlClO_4-LDHs 薄膜进一步与对甲苯磺酸根(Tos$^-$)交换后,可以得到一种高度取向的 Mg_3AlTos 有机-LDHs 杂化膜[图 5-18(b)]。当 Mg/Al 为 2 时,也同样能得到一种致密且连续的薄膜结构。LDHs 薄膜的透光性在波长 589nm 处进行测试,Mg_3AlClO_4-LDHs 薄膜的透光率为 99%,采用离子交换法制备的 Mg_3AlTos 有机-LDHs 杂化膜也具有相似的透光性。这种采用甲酰胺剥离 LDHs 纳米片制备取向性连续 LDHs 薄膜,还可以扩展到其他插层 LDHs 产物,如甘氨酸插层的 CoAl-LDHs 剥离制备薄膜电极材料[23]等。

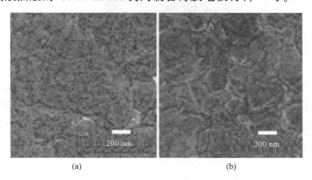

图 5-18 SEM 图

(a) 剥离的 Mg_3AlClO_4-LDHs 的甲酰胺胶体悬浮液在玻璃基片干燥后得到 Mg_3AlClO_4-LDHs 薄膜;

(b) Mg_3AlClO_4-LDHs 薄膜通过离子交换得到 Mg_3AlTos-LDHs 薄膜

尽管甲酰胺是一种方便的剥离 LDHs 溶剂,但是它难挥发且对人体有害。为克服这一缺点,Iji 等[24]采用离子交换法制备了一系列的短链烷基羧酸盐($C_nH_{2n+1}COO^-$,$n=0\sim3$)插层的 MgAl-LDHs。经研究发现,Mg/Al 为 3 且插层离子为乙酸盐($n=1$)和丙酸盐($n=2$)的 LDHs 杂化材料在水溶液中展示出溶胀行为,可形成半透明悬浮液即一种黏性胶体状态。用 XRD 和 AFM 进一步表征这种水溶性胶体,证明了 LDHs 杂化材料已经剥离成单片层 LDHs 纳米片,其厚度为 1.1～1.5nm,形貌与 LDHs 的特征一致。将乙酸盐插层的 Mg_3Al-LDHs(Mg_3AlAcO-LDHs)胶体悬浮液在基底上涂敷,通以氮气保护,然后置入真空干燥箱中干燥可制得 LDHs 杂化薄膜。薄膜的厚度可以通过滴加悬浮液的体积来控制。当采用疏水的基底如聚乙烯和聚丙稀,LDHs 薄膜可以从基片上剥落下来,制备自支撑膜。剥落过程是在丙酮溶剂中进行的,所获得的 Mg_3AlAcO-LDHs 自支撑膜如图 5-19 所示。自支撑膜面积可达 $10\sim20cm^2$,厚度在 $10\sim25\mu m$ 之间。这种厚膜($20\sim25\mu m$)具有一定的柔韧性,可用剪刀来分割,而 $10\mu m$ 厚度的膜稍微易脆。

Mg_3AlAcO-LDHs 自支撑膜的 XRD 谱图表现出非常强的 $(00l)$ 衍射峰,其中 $l=3$ 和 6,而其他 (110) 的衍射峰没有观察到,说明薄膜具有很高的取向性。自支撑膜截面的 SEM 照片(如图 5-20 所示)显示片状 LDHs 晶粒基面平行于膜的表面而致密堆

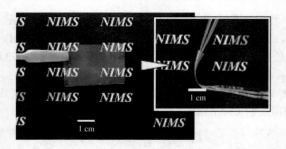

图 5-19　半透明的 Mg_3AlAcO-LDHs 自支撑膜(厚度为 $25\mu m$)

插图中证实其膜具有一定的柔韧性

积,并且在表面上 LDHs 晶粒微弱的轮廓也可以观察到。该自支撑膜具有离子可交换性,在无机阴离子(NO_3^-、ClO_4^-、Cl^-)和有机阴离子(如对甲苯磺酸根 Tos^-)溶液中均可实现离子交换。但是离子交换后所获的膜透光性变差,且更容易脆。

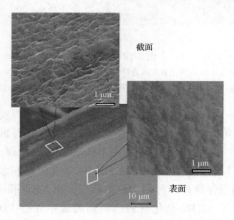

图 5-20　Mg_3ALAcO-LDHs 自支撑膜(厚度为 $25\mu m$)的 SEM 照片

采用这种水剥离 Mg_3AlAcO-LDHs 为前体制备取向性的 LDHs 自支撑薄膜有如下特点:① 水作为溶剂,无污染,容易操作及合适的挥发性;② 可以制备 $>10cm^2$ 尺寸的自支撑薄膜;③ 商品化的 Mg_3AlCO_3-LDHs 可以作为制备前体。

以上几个工作,或是利用醇盐插层 LDHs 进一步水解制得的胶体,或是利用 LDHs 剥离制得 LDHs 纳米片胶体来制备高取向连续 LDHs 薄膜,前体 LDHs 胶体的制备相对比较繁琐。近来,Wang 等[25]采用"成核-晶化隔离法"制备尺寸小(c 轴方向的晶粒尺寸在几纳米)、粒径均匀的 LDHs 纳米粒子为前体,在玻璃容器中用接近中性水溶液配制 2%(质量分数)LDHs 粒子的悬浮液,在 $60℃$空气中干燥 4 h 后,很容易从玻璃底或垂直的边上剥离得到透明的 LDHs 薄膜。这种构筑

LDHs 薄膜方法的关键是控制 LDHs 纳米粒子的尺寸。用"成核-晶化隔离法"制备 LDHs 纳米粒子可分为两个过程:成核和核晶化生长。在成核过程中,可以通过增加混合金属盐的浓度,即增加成核的前驱体浓度,从而制备尺寸较小 LDHs 纳米粒子。在核晶化生长过程,控制晶化时间也可控制 LDHs 纳米粒子的尺寸。

图 5-21(a)给出了 ZnAl-LDHs 自支撑薄膜的数码照片。薄膜在宏观尺寸上(厘米级)连续,具有较高的透明性,在 400～800nm 的可见光范围的透过率达到 90%以上。LDHs 层板金属元素和层间阴离子具有可调控性,可根据需要对 LDHs 前体纳米粒子进行分子设计来调变 LDHs 薄膜的功能性。图 5-21(b)和(c)是分别调变 LDHs 层板金属元素和层间阴离子(插层 Eu(EDTA)离子)后制备大片连续透明的 LDHs 自支撑膜。

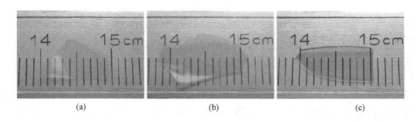

图 5-21　ZnAl-LDHs 自支撑膜(a)、NiAl-LDHs(b)
ZnAlEu(EDTA)-LDHs(c)自支撑膜的数码照片

图 5-22 是 ZnAl-LDHs 自支撑膜及将其研磨后所得粉体的 XRD 谱图。LDHs 属于六方晶系,传统方法制备的材料是由 LDHs 粒子无序堆积而成的团聚体,其 XRD 谱图中会出现了表征 LDHs 层状结构的(00l)特征衍射峰及表征层板结构的(012)、(110)等衍射峰。当粒径均匀、尺寸小的 ZnAl-LDH 纳米粒子经有序组装后,其 XRD 谱图中[图 5-22(a)]显示了表征 LDHs 层状结构的特征衍射峰中(003)、(006)、(009),而特征衍射峰中 h 和 k 不等于 0 的衍射峰[如(012)、(110)]消失,说明所得薄膜具有 (00l)择优取向性。粒径均匀、尺寸小的 LDHs 纳米粒子具有强的"边-边"和"面-面"作用,在自组装的过程中以其(00l)晶面互相平行的方式进行长程有序排列,因而反映其层板结构的特征衍射峰如(003)、(006)、(009)得到加强,相反,其他的衍射峰如(012)、(110)的强度减弱,甚至消失。图 5-22(b)是将 ZnAl-LDHs 薄膜研磨后的 XRD 谱图,它与 ZnAl-LDHs 粉体的 XRD 谱图一致,分别出现了明显的(003)、(006)、(009)以及(012)、(110)特征衍射峰,表明 ZnAl-LDHs 纳米粒子在自有序组装成膜的过程中仅仅是有序组装,LDHs 的层状结构完全不受影响,因而 LDHs 膜研磨后得到粉体材料的结构和成膜前完全一样。NiAl-LDHs 自支撑膜和 ZnAlEu(EDTA)-LDHs 自支撑膜的 XRD 表征(未给出)也得到与 ZnAl-LDHs 自支撑膜相似的结果。

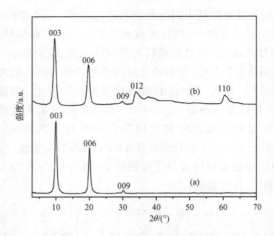

图 5-22 ZnAl-LDHs 自支撑膜(a)及其
被研磨成粉体后(b)的 XRD 谱图

图 5-23 是 ZnAl-LDHs 自支撑膜的表面及切面 SEM 照片。图 5-23(a)是 ZnAl-LDHs 自支撑膜表面的低倍数 SEM 照片,可以看出 ZnAl-LDHs 薄膜表面光滑,无明显的孔洞和裂缝。图 5-23(b)是 ZnAl-LDH 自支撑膜表面的高倍数 SEM 照片,薄膜中小尺寸、均分散的 ZnAl-LDHs 均匀致密排列。图 5-23(c)和(d)是自支撑膜的截面 SEM 照片,局部放大后 LDHs 膜的切面展示了明显取向的纹理结构,说

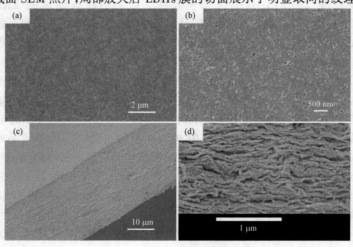

图 5-23 ZnAl-LDHs 自支撑膜表面和截面的 SEM 照片

(a)薄膜表面的低倍数 SEM 照片;(b)薄膜表面的高倍数 SEM 照片;
(c)薄膜截面的 SEM 照片;(d)薄膜截面的高倍数 SEM 照片

明 LDHs 以 $(00l)$ 晶面互相平行的方式进行层层堆积,与 XRD 结果一致。

　　"成核-晶化隔离法"制备粒径均匀、尺寸可控的 LDHs 纳米粒子,利用其强的 "边-边"和"面-面"作用,经简单的溶剂蒸发法制备大片连续取向透明的 LDHs 薄膜。通过改变 LDHs 层板金属元素及层间阴离子的种类和组成可调控 LDHs 薄膜的功能性,从而制备一大类 LDHs 纳米结构功能薄膜。该方法不需要模板,也不需要单晶或有机试剂进行诱导生长,对设备要求低,方法简单,有利于实现 LDHs 纳米结构功能薄膜的广泛应用。此外,LDHs 前体法在制备复合金属氧化物方面(MMO)具有较大的优势和潜力,制备的 MMO 材料被广泛的应用于催化、磁性材料等领域,而 MMO 均匀制备以及薄膜化、器件化可以进一步促进其研究和应用。通过构筑的大片连续取向的 NiAl-LDHs 薄膜,将其在不同的温度下焙烧可制备大片连续取向透明的 NiAl-MMO 薄膜[26]。

5.3　原位生长技术

　　原位生长法主要是选取一种基板,将基板表面进行特殊处理,使 LDHs 在上面生长成膜,或者基板直接参加反应,最终在其表面生长上一层 LDHs 薄膜的一种方法。与前面提到的静电层层组装法及溶剂蒸发法相比,原位生长法获得的 LDHs 薄膜具有与基体结合力牢固的特点,并且通过改变反应温度和反应时间等条件可调节薄膜中 LDHs 纳米粒子的尺寸和疏密程度,以满足不同应用的需要。选择不同的基板,其技术原理略有不同,本节中分别介绍三种常用的基板上生长 LDHs 薄膜的技术原理和构筑方法。

5.3.1　技术原理介绍

5.3.1.1　铝基体上的原位生长

　　在金属基体上原位生长 LDHs 膜,可以提高薄膜的机械稳定性及对基体的黏附力,为 LDHs 更广泛的应用提供了基础。其中金属铝层是目前最为常用的金属基体,它既为 LDHs 薄膜生长提供 Al 源,同时也作为薄膜的支撑基板。铝层界面的提供可以来自不同的形状和性质的基体,例如 Al 箔、铝合金、Al_2O_3 膜、玻璃表面喷涂的 Al 层及阳极氧化铝等。这种铝层的多样性为实际应用提供了便利。LDHs 在铝基体的生长需要两个基本的条件,共存有 M^{II} 的溶液及溶液具有合适的 pH(通常为接近中性或碱性)。其中溶液 pH 常采用氨水或尿素来控制。铝基体在合适的 pH 溶液中,铝层发生溶解,同时溶液中的 M^{II} 被吸附到基体表面。解离出来的 Al^{3+} 和吸附的 M^{II} 在合适的 pH 下,在基体上生长 LDHs。通过引入不同 M^{II} 和调节反应溶液的体积、氨水或尿素的浓度等合成条件,可以控制最终生长的

LDHs 膜的表面形貌、组成以及结构[27-32]。

5.3.1.2 云母基体上的外延生长

云母是一种重要的非金属矿物，它是碱金属和碱土金属的含水铝硅酸盐，属层状硅酸盐，新剥离的云母表面具有原子级的平整度。其单元结构层由三个基本结构层组成：两层硅氧四面体中夹一层铝氧八面体。由于其硅氧四面体层中的部分四价的硅为三价的铝所取代，云母在极性水溶液中，表面恒带负电荷，可以静电吸附溶液中的金属阳离子。因此，可以在云母表面通过电荷转移、键的诱导断裂、引入功能团等方式以及本身所带有的负电荷使之带上活性位，从而用来固载其他物种，最终在云母表面通过化学作用力组装功能性薄膜[34-37]。在云母表面固载LDHs 时，云母可以通过其表面负电荷吸附富集金属阳离子。尿素在分解过程中为溶液提供 OH^- 和 CO_3^{2-}，当云母表面溶液中的离子浓度达到过饱和时，就会在表面形成 LDHs 晶核，随着尿素的进一步分解，为 LDHs 的生长提供更多的层间阴离子 OH^- 和 CO_3^{2-}，使得 LDHs 不断生长形成 LDHs 片状晶体[33]。

5.3.1.3 聚苯乙烯上的原位晶化

尽管在金属基体或云母基体上能够生长 LDHs 薄膜，但是在传感器或高密度磁性存储器件等某些领域的应用中，需要在塑料基体上生长 LDHs 薄膜[33,38,39]。目前已经报道了在表面磺化的聚苯乙烯基体上成功地合成碳酸钙薄膜[40]、针铁矿（α-FeOOH）薄膜[41]和二氧化钛薄膜[42]。由于与生物有机体中无机物的生物矿化相似，该方法被称之为仿生合成[43]。LDHs 也可以采用类似的方法，于低温下在经表面磺化的聚苯乙烯基体上获得表面光滑且致密的 LDHs 薄膜。图 5-24 给出了在表面磺化的聚苯乙烯基体上 $MgAlCO_3$-LDHs 薄膜的成膜机理示意图。如图 5-24所示，把 $MgAlCO_3$-LDHs 薄膜的合成分为三个阶段：① 金属离子在聚苯乙烯基体表面的吸附富集：聚苯乙烯基体表面磺化后由疏水性表面转变为亲水性表面，磺酸基团为 $MgAlCO_3$-LDHs 薄膜的仿生合成提供了表面负电荷，通过静电作用吸附富集反应溶液中的金属阳离子。② 表面成核：与溶液本体相比，由于聚苯乙烯基体表面富集有更多的金属离子，因此当尿素缓慢分解释放出 OH^- 和 CO_3^{2-} 时，基片表面的离子浓度先达到过饱和，从而优先形成 $MgAlCO_3$-LDHs 晶核。③ 膜的生长：随着尿素的进一步分解，基体表面的 LDHs 晶核逐渐长大，最后获得 $MgAlCO_3$-LDHs 薄膜。合成过程中，期望溶液中晶体的成核和生长缓慢，而尽可能在基体/溶液界面上快速成核和生长，因而采用聚四氟乙烯反应釜较玻璃反应容器为好，可以避免 $MgAlCO_3$-LDHs 在诸如玻璃等容器表面的成核与生长对膜的制备所带来的影响。

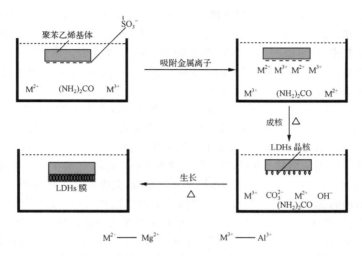

图 5-24　MgAlCO₃-LDHs 薄膜的合成机理示意图

除了用尿素分解提供 LDHs 薄膜生长的所需的碱性外,也可以碳酸铵分解提供薄膜所需 OH^- 和 CO_3^{2-},利用气-液接触法在磺化的聚苯乙烯基体上生长 LDHs薄膜,其原理与上述尿素法制备 LDHs 薄膜相似。

5.3.2　以铝为基体 LDHs 薄膜的构筑

Leggat 等[27,28]在用碱性锂盐溶液处理过的铝合金表面,制备得到了含 Li 的LDHs 薄膜。他们采用 AA2024-T3(Al-4Cu-1.5Mg)型合金,经过脱脂和去氧后,将其浸入 LDHs 涂层溶液中。不同 LDHs 涂层的组成和处理时间列在表 5-1 中。典型的 LDHs 涂层厚度为 5 μm。

表 5-1　LDHs 涂层溶液的组成、反应时间和温度

样品	反应时间 /min	反应温度 /℃	涂层溶液的组成
CO_3-LDHs	5	95	0.07mol/L Na_2CO_3, 0.015mol/L Li_2CO_3, 0.1mol/L LiOH · H_2O, 600 mg/L Al_2O_3 · Na_2O
NO_3-LDHs	5	95	0.3mol/L KNO_3, 0.03mol/L $LiNO_3$, 0.1mol/L LiOH · H_2O, 600 mg/L Al_2O_3 · Na_2O
S_2O_8-LDHs	5	95	NO_3-LDHs 配方 + 0.01mol/L $K_2S_2O_8$

Gao 等[29]将镀有一层铝膜的玻璃基片浸泡在锌盐与氨水形成的混浊液中,控制一定的反应温度,在接近中性 pH 溶液中得到了高度多孔的 ZnAl-LDHs 薄膜。

他们将 0.2752 g 醋酸锌在搅拌下加入到 100mL 二次去离子水中,接着加入一定数量的氨水,Zn/氨水的摩尔比控制在 1∶0.5～1∶6 之间。然后将上述溶液转移到塑料烧杯中,密封后在 50～97℃ 之间加热几秒或几个小时。将镀有一层铝膜的玻璃基片垂直悬挂于上述溶液中用于膜的生长。反应结束后,取出基片并用二次蒸馏水冲洗 3 次,然后在 50℃ 下干燥 12h。

图 5-25 是镀有一层铝膜的玻璃基片和在此基片上生长的 LDHs 多孔膜的 SEM 照片。从图 5-25 中可以看出,薄膜优先生长在铝膜表面。薄膜是由厚度小于 100nm 片状晶粒堆叠而成,形成了高度多孔的表面[见图 5-25(C)和(E)]。基片浸入 50℃ 下反应溶液 6 h 时,膜的厚度约为 3 μm[见图 5-25(F)]。通过延长反应时间到 11 h 时,膜的厚度可增加到大约 6～8 μm,其生长速率为 500～700nm/h。由薄膜截面的 SEM 照片(图 5-26)可以清楚地看到这些具有大的长/厚度比的纳米片折叠、扭曲在一起,在上面约 2～3 μm 厚度处尤为明显,并且在纳米片之间形成的孔是空腔的。从不同反应时间的 SEM 照片(图 5-25F 和图 5-26)可以看出,这种多孔 LDHs 膜的形成需要一个长的老化时间。但是,多孔的形貌对于 LDHs 膜在实际应用中是非常重要的。在大多数情况下,在多孔膜和基片间仍可以观察到

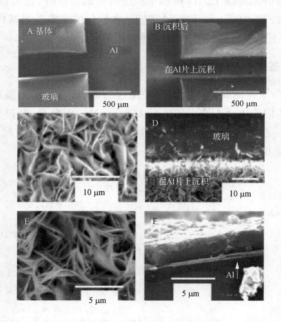

图 5-25　镀有一层铝膜的玻璃基片(A)和在此基片上生长的 LDHs
多孔膜的 SEM 照片(B～F,生长条件为 Zn/NH₃＝1∶3,50℃,6 h)
其中 E 和 F 为 500℃ 熔烧后的膜样品;F 图中箭头指示出残余的铝

残余的铝[见图 5-25(F)]。从实验结果得知,铝膜的缓慢溶解是 LDHs 开始成核和生长的先决条件。

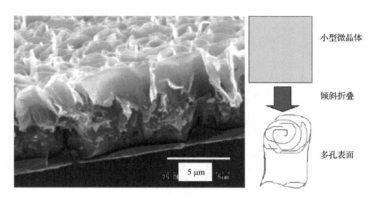

小型微晶体

倾斜折叠

多孔表面

图 5-26 生长的 LDHs 薄膜截面的 SEM 照片

生长条件为:$Zn/NH_3=1:3$,50℃,12h。右侧给出了薄膜生长过程示意图

Chen 等[30]以预先阳极氧化处理的铝基片为基体,在其表面原位生长具有垂直取向的镍铝水滑石薄膜。她们将 $Ni(NO_3)_2 \cdot 6H_2O$ (0.1mol) 和 NH_4NO_3 (0.6mol) 溶解于去离子水中配成 100mL 反应合成液,再用浓度 1‰的 $NH_3 \cdot H_2O$ 调节反应合成液的 pH 为 6.5。将阳极氧化铝/铝(PAO/Al)基片垂直悬吊在上述反应合成液中,在 120℃反应 36 h。反应结束后将样品取出后,用乙醇冲洗后,于室温下干燥。

图 5-27 是 NiAl-LDHs 薄膜,PAO/Al 基片以及从薄膜上剥离下来的 NiAl-LDHs 粉体的 XRD 图谱。从薄膜上剥离下来 LDHs 粉体的 XRD 谱图(图 5-27 (a))中可以看到,在 11.2°和 22.4°分别出现了 LDHs 的(003)和(006)特征晶面衍射峰。经计算,其晶胞参数 a 和 c 分别为 3.008Å 和 23.395Å,这与文献中报道的 LDHs 晶胞参数一致[44]。图 5-29(c)是表面阳极氧化后铝基片的 XRD 谱图,在 38.5°、44.8°和 65.3°出现的三个衍射峰,分别归属为金属 Al 的(110)、(200)和(220)晶面衍射峰。除了基片中 Al 的特征衍射峰以外,27°左右出现的宽峰归属为无定形阳极氧化铝(PAO)的衍射峰。图 5-27(b)为所得到的 NiAl-LDHs 薄膜样品的 XRD 图谱。除了基片的衍射峰之外,其他衍射峰分别归属为 LDHs 的(012)、(110)和(113)晶面衍射峰;但值得注意的是,代表 LDHs 层状结构的(00l)特征晶面衍射峰均没有出现。这说明所制备的 NiAl-LDHs 薄膜具有一定取向性,且 LDHs 晶粒的(00l)晶面垂直于基片表面生长。

从薄膜上剥离下来的 NiAl-LDHs 粉体用的 FT-IR 光谱进行了表征(图未给出)。在 $400\sim4000cm^{-1}$ 范围内,剥离下来的 NiAl-LDHs 粉体显示出典型的

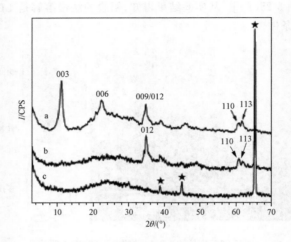

图 5-27　从薄膜上剥离下来的 NiAl-DHs 粉体(a)、NiAl-LDHs
薄膜(b)和 PAO/Al 基片(c)的 XRD 谱图
★指示来自于铝基片的衍射峰

LDHs 的特征吸收峰。在 $3448cm^{-1}$ 附近出现强而宽的红外吸收谱带,是由缔合的—OH 伸缩振动所产生的吸收峰,表明样品中存在氢键缔合的羟基[45]。在 $1600cm^{-1}$ 附近的吸收带则是来自水分子中—OH 变形振动。另外,在 $1360cm^{-1}$ 附近出现的尖锐的吸收峰是来自层间阴离子 CO_3^{2-} 的 ν_3 不对称的伸缩振动。此吸收峰峰位比自由的 CO_3^{2-} 的峰位置发生了蓝移,可能归因于 CO_3^{2-} 受限于 LDHs 层间。样品在 $500\sim800cm^{-1}$ 范围内的红外吸收谱带主要来源于金属氧键(M—O,M—O—M,O—M—O)的晶格振动。以上 FT-IR 表征结果再次证明所得样品为 $NiAlCO_3$-LDHs 薄膜。

　　图 5-28 是 NiAl-LDHs 薄膜 SEM 电镜照片。从顶端 NiAl-LDHs 薄膜的 SEM 照片[图 5-28(a)]可以清晰地观察到在基体表面几乎完全覆盖了垂直于基体的弯曲的六角形 LDHs 微晶。这个结果与薄膜 XRD 图谱表征结果一致。从放大倍数更高的 SEM 照片[图 5-28(b)]能够更清晰地看出,薄膜中的水滑石晶粒形貌与以往其他方法制备的水滑石有很大的区别,薄膜中的水滑石六角形片状晶粒发生了严重的弯曲,这很可能是由于水滑石晶粒在生长过程中相互挤压所导致的。图 5-28(c)是 NiAl-LDHs 薄膜截面的 SEM 照片,很明显看出薄膜上 LDHs 晶粒的(00l)晶面(或 ab 面)几乎垂直于基片表面生长,且薄膜的厚度大约为 $2.4\mu m$。从 EDX 线扫描图谱可看出薄膜中镍和铝的含量沿薄膜纵向的变化规律。扫描深度在 $0\sim2.5\mu m$ 范围时,镍含量在一小范围发生波动,而铝含量逐渐升高,当扫描深度超过 $2.5\mu m$ 后,镍含量迅速降低至最低点,而铝含量升高到高点后,并一直

保持同一个水平。截面照片和线扫描图谱再次证实基片上生长了一层致密、均匀且垂直取向的 NiAl-LDHs 薄膜。

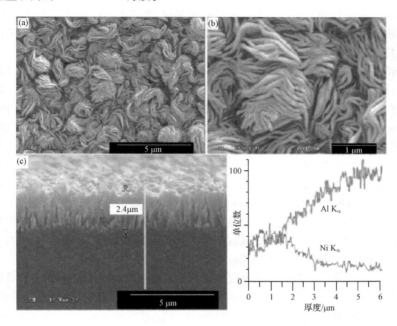

图 5-28　在 PAO/Al 基片上 120° 反应 36 h 获得的 NiAl-LDHs
薄膜 SEM 照片和截面 EDX 线扫描图谱
(a) 正面 1 万倍；(b) 正面 3 万倍；(c) 截面及对应的 EDX 线扫描图谱

通过调变合成过程中反应温度和反应的时间可以很好地控制获得 LDHs 薄膜的微结构。图 5-29 是 PAO/Al 基片和不同反应温度下制得 NiAl-LDHs 薄膜的 SEM 照片。从图 5-29 中可以看出,两个温度下薄膜都能垂直于基体表面生长。当反应温度为 45℃,可以观察到由 60～80nm 厚度 LDHs 晶粒相互交错,形成的

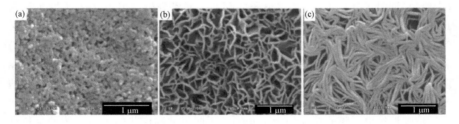

图 5-29　PAO/Al 基片(a)及在此基片上生长 36h 的制得
NiAl-LDHs 薄膜的 SEM 照片(b)45℃,(c)75℃

类似蜂窝状薄膜。薄膜有许多 0.5～1μm 大小的孔。当温度升高到 75℃时，LDHs 成核速率加快,晶粒相互交错形成的孔的直径小于 0.5 μm。随着反应温度进一步升高到 120℃,不仅 LDHs 成核速率加快,而且 LDHs 生长速率也加快,从而得到致密的 LDHs 薄膜(图 5-29)。通过延长反应时间,可以观察到相似的膜微结构的变化。

通过相同的方法,Zhang 等[31]在预先阳极氧化处理的铝基片生长 ZnAl-LDHs 薄膜,通过离子交换方法进一步制备了月桂酸根插层的有机-无机杂化薄膜。陈虹芸等在研究中发现,在铝基片上相同制备条件下制得的 NiAl-LDHs 和 ZnAl-LDHs 薄膜具有不同的取向结构。她们对 LDHs 薄膜原位生长过程进行了研究,并对生长机理进行了探讨[46]。在薄膜生长过程中,成核方式对薄膜的取向及其微结构起着决定作用,不同种类的 LDHs 薄膜的形成机理不同。陈虹芸等提出两种 LDHs 薄膜具有不同的生长机理是其表现出不同取向性的重要原因。NiAl-LDHs 薄膜符合非均相成核机理,而 ZnAl-LDHs 薄膜符合均相成核机理。通过对 NiAl-LDHs 和 ZnAl-LDHs 体系中反应溶液中各金属离子组分计算,分析得出各体系下反应离子积,并分别与对应的金属氢氧化物溶度积常数进行对比;最后根据溶度积规则,从理论上验证所提出的成膜机理。

近来,Liu 等[32]在保持使用铝箔作为三价铝离子源,采用锌箔和铜箔代替锌盐和铜盐来提供二价金属阳离子,在锌箔(或镀锌的不锈钢基片)和铜箔上生长 Zn(Cu)Al-LDHs 膜。他们将清洗好的锌箔(或铜箔、镀锌的不锈钢基片)和铝箔同时悬浮于 200mL 含有 1.68×10^{-2} mol/L Na$_2$CO$_3$ 和一定浓度的 NH$_3$·H$_2$O(用 C_n 表示)混合溶液中,25℃下反应 3 天。反应结束后,取出箔片,用二次蒸馏水冲洗后,在 60℃下干燥。

图 5-30(a)是锌箔上 C_n 为 0.06mol/L 时生长的 ZnAl-LDHs 膜的 XRD 谱图。在 11.83°、23.67° 和 34.88° 出现的三个衍射峰,分别对应于斜方六面体 LDHs 晶体的(003)、(006)和(012)晶面衍射峰。(003)、(006)晶面衍射峰的出现证明了 LDHs 的层状结构。其他强的衍射峰归属于厚的多晶锌基底。样品的红外光谱(未给出)证明了插层 CO$_3^{2-}$ 和水分子的存在。元素分析给出了 Zn/Al 摩尔比为 1.284。结合热重分析生长的 LDHs 的化学式为 Zn$_{0.56}$ Al$_{0.44}$ (OH)$_2$ (CO$_3$)$_{0.22}$·0.51H$_2$O。图 5-30(b)和(c)是生长的 ZnAl-LDHs 膜的 SEM 照片。从图 5-30(b)和(c)看出,在锌箔上大范围生长了具有均一密度的 ZnAl-LDHs 膜。薄膜是由厚度 10～20nm、横向尺寸 300～600nm 柔软的纳米片相互交错而成。其中大部分纳米片的 ab 平面是垂直于基片。生长的 ZnAl-LDHs 膜截面的 SEM 照片[图 5-30(d)]清晰地给出了膜的厚度约为 1.6μm。不同尺寸和形状的 LDHs 膜的生长可以进一步通过调节 C_n 来控制。

在这个合成体系中,因为没有使用水溶性金属盐(如硝酸锌、硝酸铜、硝酸镍)

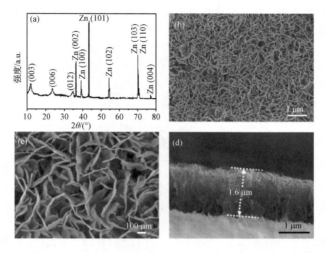

图 5-30　C_m 为 0.06mol/L 锌箔上时生长的 ZnAl-LDHs 膜
的 XRD 谱图(a)和 SEM 照片(b~d)

而用相应的金属箔片来代替,因此从金属箔上释放的金属阳离子有效地扩散对
LDHs 膜形成是至关重要的。可以通过温和地搅拌来满足金属阳离子扩散的需
要,同时也可以实现基片表面区附近二价阳离子和三价阳离子充分混合。没有搅
拌时,仅能形成非均一的 LDHs 膜。

5.3.3　以云母为基体固载 LDHs 薄膜

雷晓东等[33]采用尿素分解法将 MgAlCO₃-LDHs 通过化学作用力外延生长在
云母表面上来固载 LDHs。他们在 300mL 玻璃容器中,将 Mg(NO₃)₂·6H₂O 与
Al(NO₃)₃·9H₂O 按 2∶1 的配比溶解于 200mL 去离子水中,配制成总金属离子
浓度为 0.06mol/L 的金属盐溶液。按[尿素]/[NO₃⁻]=4.0 的比例加入尿素并使
之溶解后,将新鲜剥层的白云母置于溶液中,密封容器,于不同温度下恒温反应 3
天。待溶液冷却后取出云母片,采用去离子水冲洗干净,90 ℃下 24 h 烘干。在云
母基体表面可以固载 MgAlCO₃-LDHs。

图 5-31 是 90℃下,在云母片表面生长 MgAlCO₃-LDHs 后的样品的 SEM 像
片及选区 EDS 谱图。由图 5-31 可见,在平整的云母表面存在一些不完整的六方
形片状物质。由选区 EDS 谱图 A 可以看出,没有片状物的空白区域没有 Mg 元
素,Al 元素峰的高度低于 Si 元素,其组成与云母一致;而片状物的 EDS 谱图 B 中
出现了 Mg 元素,而且 Al 元素峰比 Si 元素高。由谱图得到各元素的含量见
表 5-2。按 A 的组成从 B 中扣除云母中的 Al 后,计算得到 Mg/Al 的摩尔比率为

1.83,采用 ICP 测得片状物中该比值为 2.16,这两个值均接近反应溶液中 Mg 和 Al 的投料比 2.0。

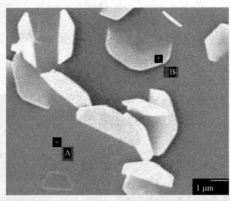

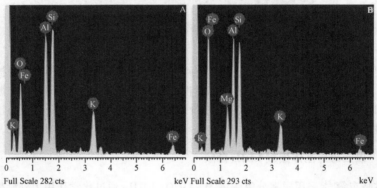

图 5-31　样品的 SEM 像片和选区 EDS 谱图(样品在 90℃下获得)

表 5-2　样品上不同区域的元素组成(原子数%,从图 5-33 中的 EDS 谱图获得,不计 Fe 元素)

元素	Mg	O	Al	Si	K
A	0	57.38	15.26	21.53	5.82
B	9.84	69.08	11.11	8.08	1.88

　　样品的 ATR-FT-IR 谱图(未给出)在 $1352cm^{-1}$ 左右出现的吸收峰是 LDHs 层间 CO_3^{2-} 的特征对称吸收峰。从样品上用刀片刮下来的粉体的 FT-IR 谱图其特征峰位置为 $3460cm^{-1}$ 处比较宽的振动峰是物理吸附的水、OH^- 或 $OH\cdots OH$ 的振动谱带或 M-OH 的伸缩振动谱带;在 $1356cm^{-1}$ 左右的振动峰是 $MgAlCO_3$-LDHs 层间 CO_3^{2-} 的特征对称振动谱带(与 ATR-FT-IR 谱图一致)。$787cm^{-1}$ 为 Mg-O-Al 的伸缩振动峰。$687cm^{-1}$ 为 Mg-OH-Al 的弯曲振动峰。这些振动峰都可以与

LDHs 的特征振动峰相对应。样品的 ATR-FT-IR 谱图和 FT-IR 谱图共同表明云母表面形成的片状物可以归属为 LDHs 相。结合 SEM 形貌分析和 EDS、ICP 元素及其含量的分析,可以确定,在云母片表面形成了 $MgAlCO_3$-LDHs。

　　雷晓东等对 $MgAlCO_3$-LDHs 在云母表面的生长的机理进行了研究。图 5-32 给出了 $MgAlCO_3$-LDHs 在云母表面固载后 AFM 图。云母表面的 $MgAlCO_3$-LDHs 均为不完整的六方形片,LDHs 片的尺寸在微米级,而且它们在没有其他物质支撑的情况下均与云母表面有一定的夹角,并没有因重力作用而平躺在云母表面。这表明 LDHs 片与云母表面存在着很强的化学作用力。对样品表面 Mg、Si 和 Al 元素的线扫描 EDS 谱图分析表明,在 $MgAlCO_3$-LDHs 片处,Mg 的含量突然增加,并不是逐渐增加的。由于 X 射线可以探测到云母数个微米厚度内的相应元素,这表明在没有 $MgAlCO_3$-LDHs 片的部位,Mg 元素的含量没有增加,即 $MgAlCO_3$-LDHs 片没有向云母内部生长,而是通过化学键力外延生长在云母表面的。进一步分析表明,LDHs 在云母表面生长是通过 $MgAlCO_3$-LDHs 层板上的 AlO_6 八面体与 MgO_6 八面体和云母 SiO_4 四面体层中的 AlO_4 四面体或者裸露在表面的 AlO_6 八面体共用氧原子形成 M-O-Al(M 为 Mg 或 Al)化学键生长在云母表面的。

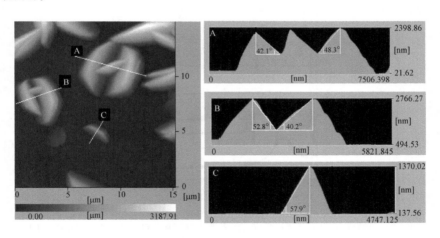

图 5-32　样品的 AFM 图

右侧是相应位置 LDHs 片的轮廓图(样品在 90 ℃下获得)

5.3.4　以聚苯乙烯为基体制备取向 LDHs 薄膜

　　Lei 等[38]在磺化的聚苯乙烯基体上制备了取向性 LDHs 薄膜。他们在 100mL 聚四氟乙烯容器中,将 $Mg(NO_3)_2 \cdot 6H_2O$ 和 $Al(NO_3)_3 \cdot 9H_2O$ 按 Mg^{2+}/Al^{3+} 摩尔

比为 2 溶解于 75mL 去离子水中,配制成总金属离子浓度为 0.015mol/L 的溶液。
按[尿素]/[NO₃⁻]=4.0 的比例加入尿素并使之溶解后,把经表面磺化的聚苯乙烯
片水平悬置于溶液中,密封反应容器后,于 70℃ 下恒温反应 9 天。待溶液冷却后
取出聚苯乙烯片,采用去离子水冲洗干净,40 ℃ 下 6 h 烘干。在溶液中处于下侧
的聚苯乙烯表面可观察到类似透明带虹彩的 MgAlCO₃-LDHs 薄膜。

　　图 5-33 是所得样品的 XRD 谱图。MgAlCO₃-LDHs 薄膜的 XRD 谱图(图 5-33B
和 C)在聚苯乙烯基体的宽衍射峰谱图(图 5-33A)上多出了 5 个尖锐的衍射峰,可以
分别归属为 MgAlCO₃-LDHs 相的(003)、(006)、(012)、(015)和(018)衍射峰。与从
薄膜上刮下来的 LDHs 层的粉体(图 5-33D)、从反应釜底收集到的沉淀(图 5-33E)
和文献[47,48]中采用均相沉淀法获得的 MgAlCO₃-LDHs 的 XRD 谱图对比,均
可以确定在聚苯乙烯表面形成了 MgAlCO₃-LDHs 相。在相同溶液中悬浮的未磺
化聚苯乙烯的 XRD 谱图中,没有观察到 LDHs 相对应的衍射峰,说明磺酸基团的
存在是 LDHs 薄膜生长的基本条件。此外,从 LDHs 膜上刮下来的粉体的 FT-IR
谱图(未给出),与生成的 MgAlCO₃-LDHs 沉淀的 FT-IR 谱图(未给出)一致,均在
1365cm⁻¹ 附近出现了 CO_3^{2-}-ν_3 振动峰。

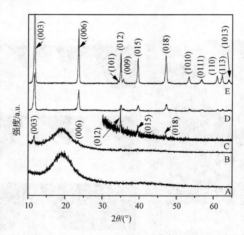

图 5-33　聚苯乙烯(A)、薄膜样品(B,C)、从膜上刮下来的粉体(D)和 MgAlCO₃-LDH
沉淀(E)的 XRD 谱图(C 是薄膜在 30°～65° 的掠角 XRD 谱图)

　　图 5-34 是在表面磺化程度不同的基体上获得 MgAlCO₃-LDHs 膜的 SEM 照
片。在未磺化的聚苯乙烯基体上没有观察到 LDHs 膜[图 5-34(a)],与 XRD 的结
果相一致。在部分磺化的聚苯乙烯基体上[图 5-34(b)],MgAlCO₃-LDHs 晶片的
排列杂乱无序,而且聚苯乙烯基体表面上有些区域没有被 MgAlCO₃-LDHs 覆盖。
而在高度磺化的基体表面[图 5-34(c)],则观察到了定向性好、致密的 MgAlCO₃-

LDHs 薄膜。实验结果表明只有在充分磺化的聚苯乙烯基体表面才能得到质量较好的 MgAlCO₃-LDHs 薄膜。从图 5-34(d)可以看到,所获得的薄膜上的 MgAl-CO₃-LDHs 片的(00l)晶面(或 ab 面)均是垂直于聚苯乙烯基体表面的。在用碱性锂盐溶液处理过的铝合金表面,也看到了与此相似的 LDHs($[LiAl_2(OH)_6]^+$ $[NO_3]^-$)的显微结构[27,28]。由图 5-34(d)还可以测量出 LDHs 薄膜的厚度在 μm 级。MgAlCO₃-LDHs 薄膜的厚度可以通过改变反应温度、时间以及金属离子的浓度等反应条件来进行控制。

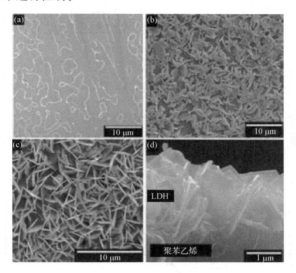

图 5-34　在磺化时间不同的聚苯乙烯基体上制备 MgAlCO₃-LDHs 膜
的表面(a～c)和截面(d)SEM 照片
(a)未磺化;(b)磺化 24 h;(c)和(d)磺化 72 h

　　Lü 等[39]进一步研究了各种制备条件对控制合成取向性 LDHs 薄膜微观结构的影响。首先研究了前体溶液中总金属阳离子浓度对膜生长的影响。如图 5-35 所示,在低浓度时(<0.015mol/L),随着反应溶液中总金属阳离子浓度的增加,所获得的 MgAlCO₃-LDHs 薄膜上的金属离子的含量首先急剧增加;当浓度达到约 0.015mol/L 后,其含量增加减缓。这与聚苯乙烯基体上磺酸基团的数量和溶液的过饱和度相关,还与界面上的异相成核和生长与溶液中的均相成核和生长之间的竞争有关。为了得到高产率有用的 LDHs 薄膜,前体溶液中总金属阳离子的浓度在 0.015～0.020mol/L 为最佳。

　　考察了反应温度对膜生长的影响。合成 LDHs 时,高的晶化温度有利于提高结晶度和晶粒尺寸。如图 5-36 示,在 60℃时 MgAlCO₃-LDHs 薄膜上金属离子的

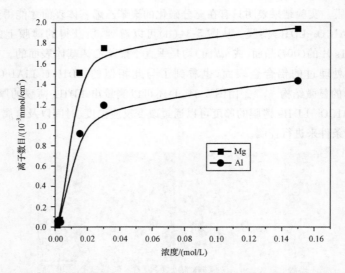

图 5-35　LDHs 薄膜层中金属离子的含量和溶液中总金属离子浓度的关系

样品在 70℃下反应 216h 获得,基体磺化 72h

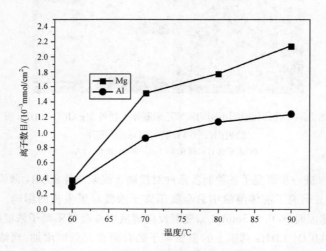

图 5-36　LDHs 薄膜层中金属离子量与反应温度的关系

样品在反应 216 h 后获得,总金属离子浓度为 0.015mol/L,基体磺化 72 h

含量非常小;但是,当温度升高到 70℃时,金属离子的含量迅速增加;随着反应温度的进一步提高,金属离子的含量增加缓慢。在 60 ℃时获得的 LDHs 薄膜中 Mg/Al 的摩尔比接近 1∶1,与前体溶液中金属摩尔比(2∶1)完全不同。随着反应温度从 60℃ 升高到 70℃，LDHs 薄膜中 Mg/Al 的摩尔比与前体溶液中金属摩尔比之间的差距明显降低；在 70～90℃ 之间，基本保持恒定。当合成溶液在 90℃ 反应 3 天后，尿素已经完全分解，LDHs 薄膜中金属离子的含量与 9 天后获得的 LDHs 薄膜中的含量几乎相等。但是，实际上反应温度超过 80℃，聚苯乙烯在水热条件下容易软化变形，不再适合形成规整的 LDHs 薄膜。因此，在聚苯乙烯基体上合成 MgAlCO₃-LDHs 薄膜时，反应温度控制在 70～80℃ 为最佳。

研究了 LDHs 薄膜上金属离子的含量与反应时间的关系（图 5-37）。在反应初始阶段，MgAlCO₃-LDHs 薄膜上金属离子的含量缓慢增加；反应 3 天后，薄膜上金属离子的含量迅速增加；8 天后，基本保持恒定。这表明在 70℃ 时，8 天后，尿素已经分解完全，溶液中离子的成核生长与反应沉淀和基体上 MgAlCO₃-LDHs 的溶解达到平衡，因此膜层上 MgAlCO₃-LDHs 的量不再增大。因而，制备 MgAl-CO₃-LDHs 薄膜时，反应时间应多于 8 天。

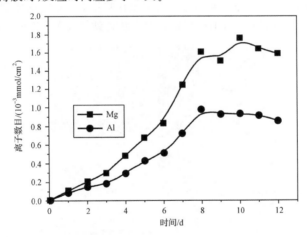

图 5-37　LDHs 薄膜层中金属离子的量与反应时间的关系

样品在 70℃ 下反应获得，总金属离子浓度为 0.015mol/L，基体磺化 72h

5.4　其他技术

5.4.1　胶体沉积技术

胶体沉积技术[49-51]是制备无机薄膜的常用技术之一，近年来在 LDHs 薄膜的构筑中也得到了具体应用。该技术是将制得的 LDHs 胶态粒子通过某种方式沉积在基体上。根据 LDHs 胶态粒子制备方法及沉积方式的不同，胶体沉积技术又有不同的具体实施途径。

　　Itaya 等[49]将共沉淀法制得的 LDHs 晶粒于蒸馏水中超声 1 h 并高速离心 1h 后,将上层清液中分散均匀的 LDHs 纳米颗粒沉积在 SnO₂ 电极上,制备得到厚度约为 100nm 的 LDHs 薄膜。由于采用共沉淀法制得的 LDHs 粒子的粒径分布较宽,且容易团聚,直接沉积时晶体排列不规则,由此得到的薄膜晶粒不连续。通过超声处理可将 LDHs 粒子分散开,再高速离心将其中粒径分布相对较窄、粒径均匀、分散性好的 LDHs 纳米粒子预先分离出来,然后再在基片上沉积成膜,薄膜的平整性、均匀性等得到了改善。

　　Lee 等[50,51]将共沉淀法制备的 LDHs 粒子在 180℃水热条件下处理,制备得到粒径较大、分散性好的 LDHs 纳米粒子,将其在丁醇和异丙醇中超声分散后沉积于 Si 片上,制备出致密的 LDHs 单层膜(见图 5-38)。该薄膜可以进一步通过溶剂热离子交换反应,将 1,10-癸二羧酸插层到 LDHs 薄膜,制备出有机/无机杂化膜。高温水热处理可将粒径小且不均匀的 LDHs 粒子转变成粒径较大、分散性好的 LDHs 粒子,然后在溶剂中超声分散后沉积在基片上。该方法能制备出单分子层或亚单分子层膜的超薄 LDHs 薄膜,但是无法得到较大面积连续的薄膜。

图 5-38　MgAl-LDHs 粉末(a)、MgAl-LDHs 单层薄膜(b, c)及
1,10-癸二羧酸插层 MgAl-LDHs 薄膜(d)的 SEM 照片

5. 4. 2　Langmuir-Blodgett（LB）技术

　　Langmuir-Blodgett 技术[52-57]实质上是一种发生于气-液界面的特殊吸附方法,可在分子水平上实现某些组装设计,完成一定空间次序的分子组合。该技术将成膜材料溶于适当的易挥发的有机溶剂中,然后滴在水面上,待溶剂挥发后沿水平面横向施加一定的压力,溶质分子便在水面上形成有序排列的单分子膜,然后将分子层转移到固体基片便形成了 LB 膜。LB 膜具有如下的优点:可以通过控制膜的层数准确控制膜厚;条件温和,不需要高真空和高温度。

He 等[56]采用 LB 法,以单层双亲 Ru(Ⅱ)阴离子型配合物作为模板在气-水界面吸附带正电荷的 LDHs 粒子,制备了金属配合物/LDHs 复合薄膜。图 5-39(a)是 10 μm×10 μm 云母片从 0.01 g/L MgAlCl-LDHs 中提拉后得到的 AFM 照片。在表面可以观察到一些六边形的 LDHs 粒子。由于云母表面钾离子的解离使云母表面带有负电荷,因而通过静电作用吸附正电荷 LDHs 粒子。图 5-39(b)是 10μm×10 μm 云母片上在 20 mN/m 条件下通过垂直浸渍方法沉积的 [Ru(CN)$_4$L]$^{2-}$/MgAlCl-LDHs 杂化膜的 AFM 照片,可以看出有更多的 LDHs 粒子沉积在云母表面。图 5-39(c)是杂化膜放大的 AFM 照片,可以观察到六边形的 LDHs 粒子厚度在 20～50nm,对应 30～70 层 LDHs 晶片(每晶片厚 0.72nm)。

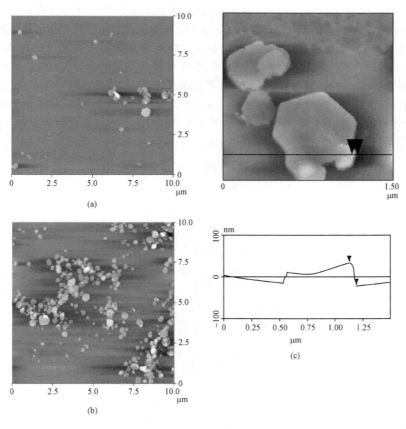

图 5-39　(a) 10μm×10 μm 云母片从 0.01 g/L MgAlCl-LDHs 中提拉后得到的 AFM 照片;(b) 10μm×10μm 云母片上在 20 mN/m 条件下通过垂直浸渍方法沉积的[Ru(CN)$_4$L]$^{2-}$/MgAlCl-LDHs 杂化膜的 AFM 照片;(c) 杂化膜的高倍数 AFM 照片(1.5μm×1.5μm)

在 LDHs 粒子之间也可以观察到成串聚集的 $K_2[Ru(CN)_4L]$。此外，He 等[57]又利用硬脂酸根单层模板获得了沉积在云母片上的 $MgAlCO_3$-LDHs 薄膜。

5.4.3　旋转涂膜技术

旋转涂膜法允许在任何平板载片上沉积不同厚度的多孔薄膜，具有简单、方便、快速的优点，可以制备大面积、结构均一的薄膜[58]。此法步骤是用移液管吸取一定量的溶液滴在干净的载片中央，在载片试样被加速旋转的同时，溶液在表面扩散并湿润载片全部表面后，通常进行两步旋转：第一步缓慢的旋转使溶液均匀地覆盖在载片的表面；第二步快速旋转使载片表面多余的溶液干燥和去除。

目前，此法也被用于 LDHs 薄膜的制备，如 Zhang 等[58]采用该方法在镁合金载体上快速制备了表面均匀致密的 MgAl-LDHs 薄膜。实验中首先利用剥层处理的 LDHs 胶体纳米粒子，通过一次或多次旋转涂层在载体上沉积 LDHs 粒子。图 5-40 是单次旋转涂层制备的 LDHs 膜的 SEM 照片。从图 5-40(a)和(b)可以看出，平均 60nm 大小 LDHs 薄片紧密地平铺于基体表面，很难观察到粒子的边缘。从剖面 LDHs 膜的 SEM 照片[图 5-40(c)]可以观察到 LDHs 晶粒在二维平面内层层紧密地堆叠在一起。膜的厚度约为 $1.1~\mu m$，增加旋转涂层次数到 5 和 10 次时，测量膜的厚度可达到 4.5 和 $10.2~\mu m$。

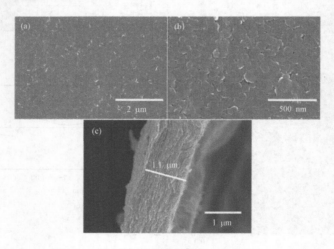

图 5-40　单次旋转涂层制备的 LDHs 膜正面(a)、
正面高倍数(b)和剖面(c)的 SEM 照片

参 考 文 献

[1]　Iler R K. Multilayers of colloidal particles. J. Colloid Interf. Sci., 1966, 21: 569

[2] Decher G. Fuzzy nanoassemblies: toward layered polymeric multicomposites. Science, 1997, 277: 1232

[3] 沈家骢等著. 超分子层状结构—组装与功能. 北京: 科学出版社, 2004: 8

[4] Shen J C, Zhang X, Sun Y P. Molecular deposition films. Natural Sci., 1996, 6: 651

[5] 吴涛, 张希. 自组装超薄膜: 从纳米层状构筑到功能组装. 高等学校化学学报, 2001, 22: 1057

[6] Bertrand P, Jonas A, Laschewsky A, Legras R. Ultrathin polymer coating by complexation of poly-electrolytes at interfaces: suitable materials, structure and properties. Macromol. Rapid Commun., 2000, 21: 319

[7] Hammond P T. Recent explorations in electrostatic multilayer thin film assembly. Curr. Opin. Colloid Interface Sci., 2000, 430: 422

[8] Adachi-Pagano M, Forano C, Besse J-P. Delamination of layered double hydroxides by use of surfac-tants. Chem. Commun., 2000, 91

[9] Hibino T, Jones W. New approach to the delamination of layered double hydroxides. J. Mater. Chem., 2001, 11: 1321

[10] Hibino T. Delamination of layered double hydroxides containing amino acids. Chem. Mater., 2004, 16: 5482

[11] Li L, Ma R, Ebina Y, Iyi N, Sasaki T. Positively charged nanosheets derived via total delamination of layered double hydroxides. Chem. Mater., 2005, 17: 4386

[12] Wu Q, Olafsen A, Vistad ϕ B, Roots J, Norby P. Delamination and restacking of a layered double hy-droxide with nitrate as counter anion. J. Mater. Chem., 2005, 15: 4695

[13] Liu Z, Ma R, Osada M, Iyi N, Ebina Y, Takada K, Sasaki T. Synthesis, anion exchange, and de-lamination of Co Al-layered double hydroxide: assembly of the exfoliated nanosheet/polyanion com-posite films and magneto-optical studies. J. Am. Chem. Soc., 2006, 128: 4872

[14] Li L, Ma R, Ebina Y, Fukuda K, Takada K, Sasaki T. Layer-by-layer assembly and spontaneous flocculation of oppositely charged oxide and hydroxide nanosheets into inorganic sandwich layered ma-terials. J. Am. Chem. Soc., 2007, 129: 8000

[15] Hornok V, Erdohelyi A, Dekany I. Preparation of ultrathin membranes by layer-by-layer deposition of layered double hydroxide (LDH) and polystyrene sulfonate (PSS). Colloid Polym. Sci., 2005, 283: 1050

[16] Szekeres M, Szechenyi A, Stepan K, Haraszti T, Dekany I. Layer-by-layer self-assembly preparation of layered double hydroxide/polyelectrolyte nanofilms monitored by surface plasmon resonance spec-troscopy. Colloid Polym. Sci., 2005, 283: 937

[17] Zhang X, Wang Y, Chen X, Yang W. Fabrication and characterization of a novel inorganic MnO_2/ LDHs multilayer thin film via a layer-by-layer self-assembly method. Mater. Lett., 2008, 62: 1613

[18] Lee J H, Rhee S W, Jung D-Y. Selective layer reaction of layer-by-layer assembled layered double-hy-droxide nanocrystals. J. Am. Chem. Soc., 2007, 129: 3522

[19] Gursky J A, Blough S D, Luna C, Gomez C, Luevano A N, Gardner E A. Particle-particle interac-tions between layered double hydroxide nanoparticles. J. Am. Chem. Soc., 2006, 128: 8376

[20] 李仓. 基于层状双羟基复合金属氧化物构筑结构取向薄膜及其性能研究. 北京: 北京化工大学, 2008

[21] Gardner E, Huntoon K M, Pinnavaia T J. Direct synthesis of alkoxide-intercalated derivatives of hydrotalcite-like layered double hydroxides: precursors for the formation of colloidal layered double

hydroxide suspensions and transparent thin films. Adv. Mater. , 2001, 13: 1263

[22] Okamoto K, Sasaki T, Fujita T, Iji N. Preparation of highly oriented organic-LDH hybrid films by combining the decarbonation, anion-exchange, and delamination processes. J. Mater. Chem. , 2006, 16: 1608

[23] Wang Y, W Yang, Yang J. A Co-Al layered double hydroxides nanosheets thin-film electrode fabrication and electrochemical study. Electrochem. Solid-State Lett. , 2007, 10: A233

[24] Iyi N, Ebina Y, Sasaki T. Water-swellable MgAl LDH (layered double hydroxide) hybrids: synthesis, characterization, and film preparation. Langmuir, 2008, 24: 5591

[25] Wang L, Li C, Liu M, Evans D G, Duan X. Large continuous, transparent and oriented self-supporting films of layered double hydroxides with tunable chemical composition. Chem. Commun. , 2007, 123

[26] Li C, Wang L, Wei M, Evans D G, Duan X. Large oriented mesoporous self-supporting Ni – Al oxide films derived from layered double hydroxide precursors. J. Mater. Chem. , 2008, 18: 2666

[27] Leggat R B, Taylor S A, Taylor S R. Adhesion of epoxy to hydrotalcite conversion coatings: I. Correlation with wettability and electrokinetic measurements. Colloids Surf. A, 2002, 210: 69

[28] Leggat R B, Taylor S A, Taylor S R. Adhesion of epoxy to hydrotalcite conversion coatings: II. Surface modification with ionic surfactants. Colloids Surf. A, 2002, 210: 83

[29] Gao Y F, Nagai M, Masuda Y, Sato F, Seo W S, Koumoto K. Surface precipitation of highly porous hydrotalcite-like film on Al from a zinc aqueous solution. Langmuir, 2006, 22: 3521

[30] Chen H Y, Zhang F Z, Fu S S, Duan X. In situ microstructure control of oriented layered double hydroxide monolayer films with curved hexagonal crystals as superhydrophobic materials. Adv. Mater. , 2006, 18: 3089

[31] Zhang F Z, Zhao L L, Chen H Y, Xu S L, Evans D G, Duan X. Corrosion resistance of superhydrophobic layered double hydroxide films on aluminum. Angew. Chem. Int. Ed. , 2008, 47: 2466

[32] Liu J, Li Y, Huang X, Li G, Li Z. Layered double hydroxide nano- and microstructures grown directly on metal substrates and their calcined products for applications as Li-ion battery electrodes. Adv. Funct. Mater. , 2008, 18: 1448

[33] 雷晓东. 层状双羟基复合金属氧化物薄膜的取向组装及催化性能研究. 北京: 北京化工大学, 2006

[34] Stifter D, Sitter H. Thickness correlated effects of the crystal and surface structure of C_{60} thin films grown on mica by hot wall epitaxy. Thin Solid Films, 1996, 280: 83

[35] Fujimoto T, Kojima I. Growth process of palladium on mica studied by an atomic force microscope. Appl. Surf. Sci. , 1997: 257

[36] Morant C, Soriano L, Trigo J F, Sanz J M. Atomic force microscope study of the early stages of NiO deposition on graphite and mica. Thin Solid Films, 1998, 317: 59

[37] Sasou M, Sugiyama S, Yoshina T, Ohtani T. Molecular flat mica surface silanized with methyltrimethoxysilane for fixing and straightening DNA. Langmuir, 2003, 19: 9845

[38] Liu X, Yang L, Zhang F, Evans D G, Duan X. Synthesis of oriented layered double hydroxide thin films on sulfonated polystyrene substrates. Chem. Let. , 2005, 34: 1610

[39] Lü Z, Zhang F, Lei X, Yang L, Evans D G, Duan X. Microstructure-controlled synthesis of oriented layered double hydroxide thin films: effect of varying the preparation conditions and a kinetic and mechanistic study of film formation. Chem. Eng. Sci. , 2007, 62: 6069

[40] Addadi L, Moradian J, Shay E, Maroudas N G, Weiner S. A chemical model for the cooperation of sulfates and carboxylates in calcite crystal nucleation: relecance to biomineralization. Proc. Natl. Acad. Sci. USA, 1987, 84: 2732

[41] Tarasevich B J, Rieke P C, Liu J. Nucleation and growth of oriented ceramic films onto organic inter-faces. Chem. Mater., 1996, 8: 292

[42] Dutschke A, Diegelmann C, Löbmann P. Preparation of TiO_2 thin films on polystyrene by liquid phase deposition. J. Mater. Chem., 2003, 13: 1058

[43] Bunker B C, Rieke P C, Tarasevich B J, Campbell A A, Fryxell E, Graff G L, Song L, Liu J, Virden J W, MicVay G L. Ceramic thin-film formation on functionalized interfaces through biomimetic processing. Science, 1994, 264: 48

[44] Velu S, Suzuki K, Kapoor M P, Tomura S, Ohashi F, Osaki T. Effect of Sn incorporation on the thermal transformation and reducibility of M(II)Al-layered double hydroxides [M(II) = Ni or Co]. Chem. Mater., 2000, 12: 719

[45] Kloprogge J T, Hickey L, Frost R L. The effect of varying synthesis conditions on zinc chromium hydrotalcite: a spectroscopic study. Mater. Chem. Phys., 2005, 89: 99

[46] 陈虹芸. 取向复合金属氢氧化物薄膜的构筑及其表面浸润性能研究. 北京: 北京化工大学, 2008

[47] Costantino U, Marmottini F, Nocchetti M, Vivani R. New synthetic routes to hydrotalcite-like com-pounds-characterisation and properties of the obtained materials. Eur. J. Inorg. Chem., 1998, 10: 1439

[48] Pagano M A, Forano C, Besse J P. Synthesis of Al-rich hydrotalcite-like compounds by using the urea hydrolysis reaction-control of size and morphology. J. Mater. Chem., 2003, 13: 1988

[49] Itaya K, Chang H C, Uchida I. Anion-exchanged hydrotalcite-like-clay modified electrodes. Inorg. Chem., 1987, 26: 624

[50] Lee J H, Rhee S W, Jung D Y. Solvothermal ion exchange of aliphatic dicarboxylates into the gallery space of layered double hydroxides immobilized on Si substrates. Chem. Mater., 2004, 16: 3774

[51] Lee J H, Rhee S W, Jung D Y. Orientation-controlled assembly and solvothermal ion-exchange of lay-ered double hydroxide nanocrystals. Chem. Commun., 2003: 2740

[52] Blodgett K B. Monomolecular films of fatty acids on glass. J. Am. Chem. Soc., 1934, 56: 495

[53] Blodgett K B, Langmuir I. Built-up films of barium stearate and their optical properties. Phys. Rev., 1937, 51: 964

[54] Leblanc R M. Molecular recognition at Langmuir monolayers. Curr. Opin. Chem. Biol., 2006, 10: 529

[55] Girard-Egrot A P, Godoy S, Blum L J. Enzyme association with lipidic Langmuir-Blodgett films: in-terests and applications in nanobioscience. Adv. Colloid Interface Sci., 2005, 116: 205

[56] He J X, Kobayashi K, Takahashi M, Villemure G, Yamagishi A. Preparation of hybrid films of an anionic Ru(II) cyanide polypyridyl complex with layered double hydroxides by Langmuir-Blodgett method and their use as electrode modifiers. Thin Solid Films, 2001, 397: 255

[57] He J X, Yamashita S, Jones W, Yamagishi A. Templating effects of stearate monolayer on formation of Mg-Al-hydrotalcite. Langmuir, 2002, 18: 1580

[58] Zhang F Z, Sun M, Xu S L, Zhao L L, Zhang B W. Fabrication of oriented layered double hydroxide films by spin coating and their use in corrosion protection. Chem. Eng. J., 2008, 141: 362

第6章 层状结构薄膜的性质

无机薄膜具有耐高温、化学稳定性好、机械强度高以及易清洗再生等优点，在能源工程、化学工业、材料防护、电子技术、环境工程、食品工业等领域获得了越来越广泛的应用[1-5]。随着石油化工、新型能源的发展和需要，开发新型无机功能薄膜逐渐成为膜科学技术领域的研究热点之一。

前面讲到，LDHs 是一大类无机层状功能材料，具有独特的超分子结构特征，其层板化学组成、层间阴离子种类及数量等可在一定范围内调控，已作为高性能催化材料、吸附材料、分离材料、功能性助剂材料等应用于国民经济多个领域[6-16]。以往有关 LDHs 的研究主要集中在粉体材料方面[6,8-10]，近年来研究者将 LDHs 粉体制备成一类新型的无机薄膜材料，由此拓宽了 LDHs 材料的应用领域。目前LDHs 薄膜已在膜催化、金属防腐蚀涂层及光、电、磁器件等方面展现出一定的应用前景。

6.1 光 学 性 质

6.1.1 光学功能材料简介

光学功能材料是指能够对光能进行传输、吸收、储存、转换的一类材料[17]。对材料光学性能的要求与其用途有关，对有些材料光学性能的要求是透光性；对有些材料的光学性能则要求颜色、光泽、半透明度等各式各样的表面效果。另外，对光学玻璃等透光材料，折射率和色散这两个光学参数，是其应用的基本性能。因此材料的光学性能涉及光在透明介质中的折射、散射、反射和吸收，以及诸如光泽、发光等光学性能[18]。

6.1.2 层状结构薄膜的光学性质

材料中如果有光学性能不均匀的结构，如小粒子透明介质、光学性能不同的晶界相、气孔或其他夹杂物，都会引起光束被散射，从而减弱光束强度。当粒径均匀、尺寸小的 ZnAl-LDHs 纳米粒子经有序组装成的 (00l) 取向的薄膜后，薄膜中ZnAl-LDHs 纳米粒子均匀致密排列，无明显的裂缝和孔洞，能够减少光的能量损失，因而具有较高的透光性。Gardner 等[19]将二价、三价金属盐和 NaOH 分别溶解在有机溶剂(甲醇、乙醇、丙醇、丁醇)中，经共沉淀、水解剥层处理，得到粒子尺寸

80~100Å 的透明胶体。然后在室温下蒸发溶剂后，制得连续透明的 LDHs 薄膜。Zhang 等[20]将通过上述制备方法制得的 MgAl-LDHs 透明胶体在镁合金载体上，采用旋涂的方法制备了表面均匀致密的 MgAl-LDHs 透明薄膜。此外，Liu 等[21]将 CoA-LDHs 剥层后制备片状的阳离子层板，然后将阳离子层板和聚苯乙烯磺酸根（PSS）阴离子交替沉积组装得到二维取向的薄膜。由于 Co 的铁磁性能，制备得到的 CoAl-LDHs/PSS 复合薄膜具有磁光效应。Lee 等[22]则将聚丙烯酸（PAA）插入层间，利用 LDHs 的可插层性，得到了 PAA-LDHs 有机-无机杂化薄膜，由于 PAA 具有光降解性质，因此得到的有机-无机杂化薄膜在光学器件有应用前景。近来，Wang 等[23]采用溶剂蒸发法将硝酸根或稀土配合物 EuEDTA⁻插层的 ZnAl-EuEDTA-LDHs 纳米粒子有序组装成膜后，得到了具有（00l）择优取向性的自支撑 LDHS 薄膜（图 6-1）。厚度约 6.5 μm 的 ZnAl-NO₃ LDHs 薄膜在可见光区域内（400~800nm）的透光性达到 90% 以上。实验还发现，通过溶剂蒸发得到稀土配合物 EuEDTA⁻和 Eu(NTA)₂³⁻插层 LDHs 层间薄膜具有偏振发光性能[24]。这种发光性能，可能由于 LDHs 纳米粒子的取向排列使得 Eu 的特征发射光谱中最强峰的位置发生了移动。此外，Li 等[25]进一步将上述以（00l）取向的 NiAl-NO₃⁻-LDHs 薄膜为前体，经过高温焙烧制备出 NiAl-LDHs 薄膜在不同的温度焙

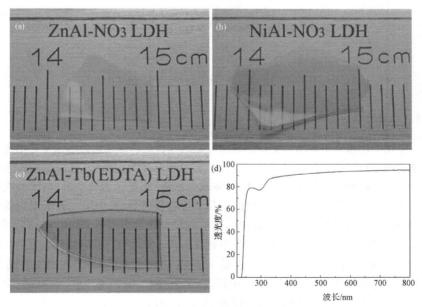

图 6-1　LDHs 薄膜的 SEM 照片

（a）ZnAl-LDHs 薄膜的宏观照片；（b）NiAl-LDHs；

（c）ZnAl-Eu(EDTA)⁻-LDHs；（d）ZnAl-LDHs 薄膜的透光性

烧,得到了(111)取向、大片连续的复合金属氧化物(NiAl-MMO)薄膜(图 6-2)。研究发现,以大片连续透明的 NiAl-LDHs 薄膜为前体制备 NiAl-MMO 薄膜仍然保持其原有的宏观形貌,具有较好的透光性,而且薄膜的颜色随着焙烧温度的不同而变化,由前体的浅绿色变到 500℃下的褐色、700℃下的黄绿色和 900℃下的深绿色。此外,NiAl-LDHs 薄膜在 400℃下焙烧后的样品成半透明的黑褐色,1100℃焙烧后则完全不透明。据此,作者推测,薄膜的颜色改变可归属于不同温度焙烧后薄膜中 Ni 周围化学环境不同。

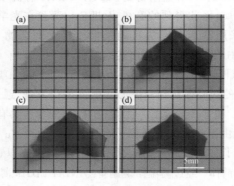

图 6-2　NiAl-LDHs 薄膜(a)及将其在不同温度下焙烧制备 NiAl-MMO
薄膜的宏观照片:(b) 500℃;(c) 700℃;(d) 900℃

6.2　电化学生物传感器性质

6.2.1　电化学生物传感器

　　电化学传感器主要由识别待测物的敏感膜和将生物量转化为电信号的电化学转换器两部分组成,根据产生的电信号类别,可将其分为电流型、电位型和电容型三大类。由各种生物分子(酶、抗体、受体或全细胞)与电化学转换器(电流型或电位型的电极)组合可构成多种类型的电化学生物传感器,其中生物分子识别的专一性决定了该传感器具有高度选择性,使电化学生物传感器用于保健、疾病诊断、食品检测、环境监测等方面,不仅能在生化分析实验室进行,还能向个人、家庭和现场检测发展,电化学生物传感器将是一类极有前途和亟待研发的生物传感器[26-30]。电化学生物传感器具有灵敏度高、易微型化、分析速度快、成本低、能在复杂的体系中进行在线连续监测的特点,并且所需的仪器简单、便宜,因而电化学生物传感器在生物传感器研发及其商业化领域中处于重要地位,是发展最早、应用最广泛的一种生物传感器。

6.2.2　LDHs 薄膜电化学生物传感器

LDHs 具有典型的层状结构,同一层板上的原子之间以牢固的共价键相结合,而相邻层与层之间存在非共价相互作用,如范德华作用力等。这使层板可以剥离,或可插入数量、种类各异的客体。LDHs 薄膜本身或因其独特的插入反应特性和丰富而优异的物理和化学特性,已引起电化学、生物传感器领域的广泛关注。

He 等[31]采用 LB 法制备得到的双亲 Ru^{II} 阴离子型配合物与 NiAl-LDHs 的复合薄膜显示出优良的电化学性能。Ballarin 等[32]直接通过电化学合成将 NiAl-NO_3^- LDHs 直接修饰到 Pt 电极表面,作为电流传感器来检测流动体系中乙醇。Melo 等[33]将 LDHs 固定尿素酶用于修饰场效应晶体管传感器,研究发现 LDHs 修饰的传感器表现出良好的性能,如响应时间仅需 5～10s,且具有较高的稳定性。Cosnier 等[34]选用几种不同的有机或无机主体材料固定 GOx 制备葡萄糖传感器。研究发现,在所有材料中,无机主体材料表现出的性质(如灵敏度和最大电流密度)优于有机主体材料,利用 LDHs 修饰的生物传感器具有比较好的性能。Cosnier 研究小组[35,36]在 LDHs 插层薄膜用于生物传感器方面作了一系列研究工作。他们以 2,2'-连氮基-双(3-乙基苯并噻吡咯啉-6 磺酸)(ABTS)为电子传递媒介体,插入 LDHs 层间,以此材料构筑 HRP 传感器,大大提高了传感器的性能[35]。对 H_2O_2 有快速的响应时间(8s),将其应用于氰化物检测也获得了良好的结果,其检测限也同样达到 nmol/L 级(5×10^{-9} mol/L),满足氰化物检测的基本要求。近来,基于有机物/无机复合薄膜,他们又研制了一种新型酚类传感器,即将有机物高聚物和 LDHs 结合起来,然后将 PPO 固定在这个复合膜上[36]。研究发现,在复合薄膜中保持了原有的活性结构,并且对儿茶酚浓度在 $3.6 \times 10^{-9} \sim 4 \times 10^{-5}$ mol/L 范围中有很好的线性。值得注意的是,最近 Chen 等[37]将 NiAl-LDHs 纳米薄膜用来固定辣根过氧化物酶制备新型生物传感器电极(图 6-3)。研究发现,该辣根过氧

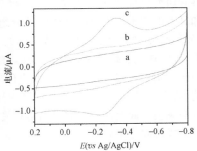

图 6-3　HRP/NiAl-LDHs 复合薄膜的 FESEM 图像和 CV 曲线

a. NiAl-LDHsNS/GCE；b. HRP/GCE；c. HRP-NiAl-LDHsNS/GCE

化物酶能够插层到 NiAl-LDHs 形成有序组装体结构,在玻碳电极表面固定化的辣根过氧化物酶-LDHs 复合膜对过氧化氢和三氯乙酸具有良好的电催化活性。该过氧化氢生物传感器具有广泛的线性范围($6.00 \times 10^{-7} \sim 1.92 \times 10^{-4}$ mol/L)、低的检测限(4.00×10^{-7} mol/L)和良好的稳定性。由此表明:NiAl-LDHs 薄膜提供了一种新颖的、有效的平台用于固定化酶,实现了酶的直接电化学。

6.3　超疏水与金属防腐性质

6.3.1　薄膜表面的润湿性

表面润湿是固体表面的重要特征之一,也是最为常见的一类界面现象。它不仅直接影响自然界中动、植物的种种生命活动,而且在人类的日常生活与工农业生产中也起着重要的作用。润湿性可以用水滴在表面上的接触角来衡量,通常将接触角小于 90°时的固体表面称亲水表面(hydrophilic surface),大于 90°的称疏水表面(hydrophobic surface)。近年来,随着微纳米科学技术的不断发展,以及越来越多的行业对特殊表面性能材料的迫切需求,控制制备特殊浸润性的表面引起了人们广泛关注,其中超疏水和超亲水表面逐渐成为研究的热点[38]。

所谓超疏水表面一般是指水与其接触角大于 150°且滚动角小于 10°的表面。超疏水界面材料在工农业生产和人们的日常生活中都有着非常广阔的应用前景。例如,超疏水界面材料涂于轮船外壳和燃料储存箱上,可以达到防污、防腐的效果;用于石油管道运输可以防止或大大减少石油在管道壁的黏附,从而降低运输过程中的损耗及能耗;超疏水纺织品可以制作防水、防污服装等。科学家在对动植物表面的研究中发现,自然界中有许多动植物表面都是超疏水表面,如以莲叶为代表的多种植物叶子的表面[38](莲叶效应,lotus-effect)、蝴蝶等鳞翅目昆虫的翅膀以及水鸟的羽毛等。近年来,研究薄膜的浸润性一直是薄膜的研究热点之一。通过观察和研究发现,在电子显微镜下荷叶表面具有双层微观结构,即由微米尺度的突起和其上的纳米尺度蜡状晶体两部分组成;蝶类翅膀上的粉末由 100 μm 左右的扁平囊状物组成,囊状物由无数对称的几丁质(chitin)组成的角质层构成,其表面并不光洁,这就是蝴蝶常具有色彩斑斓的结构色以及较好的疏水性的原因[38]。大量的研究结果表明,薄膜的超疏水性有两个决定因素:①具有疏水的化学组分;②在纳、微米尺度上具有多级结构。产生这种黏附性能不仅由材料本身的性质决定,而且与薄膜表面上存在微突起结构有关,即由于表面分布不均匀的微突起和表面化学组成协同作用导致的[38,39]。

6.3.2　LDHs 薄膜表面的润湿性

目前关于疏水性 LDHs 薄膜的研究工作还不是很多。Chen 等[40]采用原位生长技术在 PAO/Al 基片上得到了(00l)晶面(或 ab 面)垂直于基片生长的 NiAl-CO$_3^{2-}$ LDHs 薄膜,改变反应条件并可以调控薄膜表面的纳微结构;进一步可采用长链脂肪酸盐(月桂酸钠,La)溶液对 NiAl-CO$_3^{2-}$ LDHs 薄膜进行表面修饰。首次研究发现修饰后的薄膜具有超疏水性能,实现了超疏水自清洁 LDHs 薄膜材料的制备(如图 6-4 所示)。

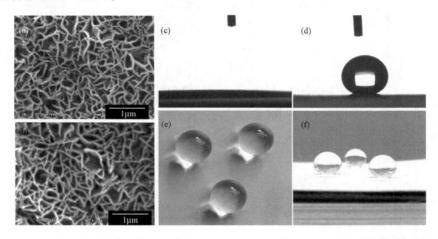

图 6-4　月桂酸钠溶液修饰前(a)和修饰后(b)NiAl-LDHs 薄膜 SEM 照片,水滴在月桂酸钠修饰前后 NiAl-CO$_3^{2-}$ LDHs 薄膜上的数码照片:(c) 修饰前,(d)修饰后,(e)和(f)水滴在月桂酸钠修饰后 NiAl-CO$_3^{2-}$ LDHs 薄膜上的数码照片

在此基础上,Zhang 等[41]利用 LDHs 层板金属元素和层间阴离子的可调变性,在 PAO/Al 基片上原位合成出 ZnAl-NO$_3^-$ LDHs 前驱体薄膜;然后通过离子交换将月桂酸根离子插入到 ZnAl-LDHs 层间,制得具有超疏水性能的 ZnAl-LDHs-La纳微结构薄膜。

在以上工作的基础上,Chen 等[42]将 NiAl-CO$_3^{2-}$-LDHs 薄膜煅烧制备得到 NiAl-复合金属氧化物(NiAl-MMO)薄膜(见图 6-5)。研究结果表明,NiAl-MMO 薄膜保持了原有 LDHs 薄膜鸟巢状纳微复合结构。NiAl-MMO 薄膜在月桂酸钠溶液中修饰后制备的疏水性的 NiAl-MMO/La 薄膜不仅表现出超疏水性,且具有高黏附性能。Chen 等认为,这主要是因为 NiAl-LDHs 薄膜在高温下煅烧后生成 NiAl-MMO 薄膜,表面大量-OH 被烧除,从而与 COO-的反应位减少,使得表面的疏水基团密度降低了,处在 Wenzel 模型的状态;NiAl-MMO 薄膜高黏附性能产生的原因主要是表面疏水基团(月桂酸分子)密度较低所导致的。

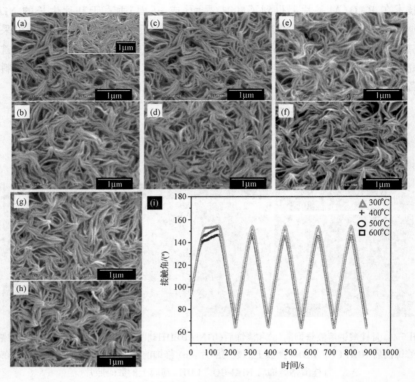

图 6-5　不同煅烧温度下得到的 NiAl-MMO 薄膜的 SEM 照片：(a) 300℃，
(b) 400℃，(c) 500℃，(d) 600℃，插图为 NiAl-LDHs 薄膜前体 SEM 照片；月桂酸钠溶液
中修饰后得到 NiAl-MMO/La 薄膜的 SEM 照片：(e) 300℃，(f) 400℃，(g) 500℃，
(h) 600℃；及(i)威廉片法测量 NiAl-MMO/La 薄膜动态接触角随时间变化的曲线

6.4　防 腐 性 能

6.4.1　金属表面防腐

据统计，每年由于金属腐蚀而造成的经济损失约占我国国民生产总值的 4%。为了将腐蚀造成的损失降低到最低限度，采用薄膜(涂层)保护的方法是防腐蚀方法中应用最广泛也是最有效的措施。铝材是有色金属中使用量最大、应用面最广的金属材料[41]。然而，铝的活性比较高，其耐腐蚀性较差，尤其在潮湿的空气、含硫气氛和海洋大气中均会遭受严重的电化学腐蚀[41]。

金属铝表面涂层保护方法很多，在一定程度上都可以提供长期或短期的保护作用。这些方法虽然对铝合金表面产生了一定的防护作用,但都存在一定的弊端。例如:①阳极氧化会影响基体的机械性能;②铬酸盐是一种致癌的毒性化合物;③有机涂层会改变零件的尺寸而影响零件的精密度。这些方法中,铬酸盐的耐蚀效果很好,工艺比较稳定,常用于铝及其合金的防腐以及有机涂层的底层。虽然铬酸盐表面处理能够有效地提高铝及其合金的耐腐蚀效果,特别是与涂层相结合后可在较高温度的环境中使用,但铬酸盐处理工艺中含有六价的铬离子,具有毒性,污染环境,且废液的处理成本高,对与涂制工艺相关的毒害材料的控制、处理及管理带来严重危害和不必要的麻烦,从 1982 年起世界环境保护组织就提出限制使用铬酸盐和其他含铬酸盐化合物。虽然近几年来相继开发了低铬化处理、封闭系统化等工艺,但还是不能根本解决表面处理对环境所造成的严重污染。近年来已经有大量的新的环境友好的表面涂层的研究,如自组装单分子膜(SAMs)、沸石膜、无机-有机杂化纳米膜层,研制无铬、有效、价格低、环境友好的铬酸盐及缓蚀剂替代品和环境友好的转变层处理工艺是航空涂料工业界所迫切需要解决的问题。自组装单分子膜是一种非常有前景的金属表面防护方法,但是其表面缺陷及与基体之间弱的结合力降低了其耐腐蚀性能,在应用方面尚有一些关键技术问题没有得到有效解决。

6.4.2　LDHs 薄膜的防腐性能

相对而言,LDHs 作为一种重要的无机功能材料,在金属防腐领域,用作无毒无害的防腐蚀薄膜展现出广阔的应用前景。由于类水滑石化合物特殊的层状结构和组成,将其作为耐腐蚀材料的研究已有不少报道。

Williams 等[43,44]报道了将不同阴离子插层 LDHs 粉体掺入到 PVB 中,研究 LDHs/PVB 复合薄膜对铝合金的保护作用。他们提出,LDHs 通过中和丝状腐蚀区电解质溶液的 pH 以及通过离子交换将溶液中的 Cl^- 交换到层间来抑制进一步的腐蚀,层间阴离子的交换能力越好,LDHs 的耐腐蚀性能越好。当类水滑石薄膜与溶液(含 Cl^- 的溶液)接触时,层间原有的阴离子就会与溶液中的阴离子(如 Cl^-)发生交换反应,将腐蚀性离子容纳到层间,抑制了金属与腐蚀性离子的接触,从而达到抑制腐蚀的目的。Buchheit 等[45]报道了 Ce^{4+} 修饰的水滑石类化合物对金属铝具有很好的耐腐蚀性能,并提出了 Ce^{4+} 的自修复能力。Buchheit 等[46]采用化学氧化浴的方法在铝合金的表面制备了不同阴离子插层的锂铝水滑石薄膜,得出耐腐蚀顺序为 CO_3^{2-} LDHs<NO_3^- LDHs<$NO_3^-/S_2O_8^{2-}$ LDHs 的结论,并提出薄膜通过抑制氧气的还原反应而起到防护作用,氧化浴溶液的氧化能力越强,薄膜的耐腐蚀性能越好。另外,Buchheit 等[47]将 $V_{10}O_{28}^{6-}$ 插层的 ZnAl 水滑石类化合物与苯二酚类化合物混合涂覆在基板表面,认为 LDHs 在溶液中释放出来的 VO_3^- 和 Zn^{2+} 分别是阳极反应和阴极反应的抑制剂,具有自修复功能,对金属铝的防护

起到了重要作用。Kendig 等[48]也对水滑石类化合物的耐腐蚀能力进行了研究，利用层间阴离子可以有效地抑制丝状腐蚀区氧气的还原反应，因而达到保护 Cu 基板的目的。Zhang 等[20]研究了镁合金表面经过旋转涂膜技术制得的 LDHs 薄膜的防腐性能，测试结果显示 LDHs 薄膜能较大程度提高镁合金的耐腐蚀性能。

以上研究结果表明，水滑石类化合物结构的一些特性，如耐碱性、可中和酸性、层间阴离子与基板金属之间的结合力好、层间离子的可交换性等，为水滑石类化合物作为自修复材料的应用奠定了良好的基础。此外，水滑石类化合物制备工艺简单、无毒、能量消耗少、经济，其独特的结构特性、元素组成在宽范围内的可调变性、层间阴离子的可调变性以及优良的耐腐蚀性能奠定了这类材料有可能成为替代铬转化膜而具有潜在的应用前景。但同时将 LDHs 粉体加入到有机物中然后应用到金属的防护，会带来一些缺点，例如，与金属基体的结合力弱、LDHs 粉体分散不均匀、耐热性差等。因此，LDHs 材料的整体式薄膜化是解决问题的有效途径。

在 Chen 等[40]采用原位生长技术在具有超疏水性能薄膜基础上，Zhang 等[41]利用 LDHs 层板金属元素和层间阴离子的可调变性，在 PAO/Al 基片上原位合成出 ZnAl-NO₃⁻ LDHs 前驱体薄膜；然后通过离子交换将月桂酸根离子插入到 ZnAl-LDHs 层间，制得具有超疏水性能的 ZnAl-LDHs-La 纳微结构薄膜（图 6-6）。在研究金属腐蚀时，极化曲线是一种常用的用于评价金属表面涂层耐腐蚀性能的测试手段。在 3.5% NaCl 溶液中测试其极化电流密度低至 10^{-9} A/cm²，该 LDHs 薄膜表现出具有较高的耐腐蚀性能。更重要的是，结合力测试实验结果显示该薄膜与铝基体具有较高的结合力及长期的稳定性。

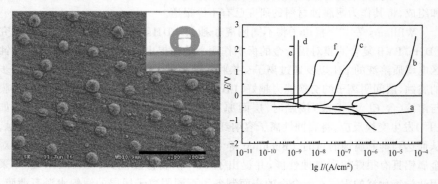

图 6-6　ZnAl-LDHs-La/Al 薄膜的 SEM 图像（其中插图为水滴在 ZnAl-LDHs-La/Al 薄膜表面的接触角（163°）照片）及在 3.5% NaCl 溶液中测试的极化曲线
a. Al 基板，b. PAO/Al 基板，c. ZnAl-LDHs/Al 薄膜，d. PAO/Al-laurate 薄膜，
e. ZnAl-LDHs-La 薄膜，f. 在 3.5% NaCl 溶液中浸泡 21 天后的 ZnAl-LDHs-La 薄膜

上面提到，原位生长的方法需经过金属铝的阳极氧化步骤，来制备 ZnAl-

LDHs/Al 薄膜;但由于考虑到阳极氧化的过程中,电解液的浓度、温度、湿度等条件都会对阳极氧化过程产生影响。另外,阳极氧化的过程中阳极氧化铝(PAO)容易产生裂纹,致使制备的 ZnAl-LDHs/Al 薄膜容易产生缺陷。为了节约能源和简化 LDHs 薄膜制备工艺,Chen 等[49]直接以金属铝为基体,不经过阳极氧化,采用表面晶化的方法在水热釜里合成了 ZnAl-NO₃⁻-LDHs 薄膜[图 6-7(a)]。实验结果发现,金属铝基体表面上生成的 LDHs 薄膜致密而均匀,晶粒具有较高的取向性。有趣的是,在 LDHs 薄膜和金属铝基体之间新生成一过渡层膜[图 6-7(b),Phase 2],EDX 结果证明是氧化铝层。在 3.5% 的 NaCl 溶液极化曲线测试结果[图 6-7(d)]表明,LDHs/Al₂O₃ 双层膜与基体的极化曲线相比较,其极化电压提高约 0.25V,而极化电流密度明显降至 10^{-8} A/cm²,降低了 2~3 个数量级,阳极极化曲线斜率比较大,说明其电阻系数比较大,腐蚀性能比较好。SEM 观察显示,ZnAl-LDHs 薄膜经过长时间浸泡未发现有腐蚀的微区,薄膜也未出现坍塌的现象,说明薄膜具有较好的耐腐蚀性。Chen 等还探讨了该 ZnAl-LDHs 薄膜的防腐可能机理,XRD、FT-IR 和 EDX 结果表明经过浸泡后 ZnAl-LDHs 薄膜层间插层的阴离子为 Cl⁻。由此推断,采用表面晶化法制备的 ZnAl-NO₃⁻ LDHs 薄膜,其层间 NO₃⁻ 离子在腐蚀环境中能够与 Cl⁻ 离子进行交换,从而对金属基体起到很好的保护作用。以上研究结果表明,LDHs 固定化薄膜具有与基板较强的结合力且较好的超疏水性能,可用于铝金属表面的防腐。这种新型的 LDHs 防腐方法,不同于传统的金属表面电化学防腐,具有明显的科学意义和实际应用价值。

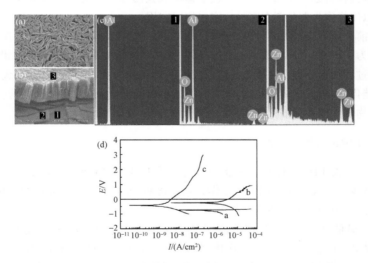

图 6-7　晶化 48h 得到的 ZnAl-LDHs/alumina 双层膜 SEM 图像

(a) top-view;(b) cross-section;(c) 对应于(b)的 EDX 图像;
(d) 纯铝基板 和 LDHs/alumina 的极化曲线

6.5 催化性能

6.5.1 催化材料

催化技术始终是过程工业中最重要的共性关键技术之一。在众多以无机物、石油、天然气、煤和生物质等原料有效转化为更具价值产物的过程工业中,催化均起着至关重要的作用。据统计,世界国民经济总产值的 20% 以上源自催化过程;60% 以上的化学品、90% 的合成工艺均与催化材料的使用有着密切关系,催化材料产生的价值一般是其自身的 500~1000 倍,在工业发达国家,催化材料及其催化反应新技术已发展成为利润丰厚的独立产业,具有优势的催化技术是当代过程工业发展的强劲推动力。

随世界范围内产品结构和产业结构的调整,新型催化材料及其催化技术将成为新一轮竞争的焦点。新型催化材料是创造、发明新催化剂的源泉,也是开发环境友好技术的重要基础。作为有发展前途的环境友好催化剂的材料必须具备如下一些基本条件:①不同的元素可以进入这类材料的晶格,而且各种元素的配比和数量可在较大的范围内变动;②这类材料的基本结构能在一定组成范围内存在,但是它的晶格缺陷却是稳定的;③晶格上的正离子必须能移动以提供许多相应的活性中心;④这类材料必须在如温度、氧气、水蒸气和杂质等各种使用条件的变化下是稳定的,以便能作为催化剂在多种反应中加以应用。

目前工业上应用的各种催化剂,已达 2000 种之多,不同品种牌号还在不断的增加。为了研究、生产和使用上的方便,常常从不同角度对催化剂及与它相关的催化反应过程加以分类。按催化剂组成及其使用功能分类,主要可以分为金属催化剂、碱催化剂、酸催化剂等几类;按工艺与工程特点分类,分为多相固体催化剂、均相配合物催化剂和酶催化剂三类。

6.5.2 LDHs 薄膜催化材料

以往有关 LDHs 的催化性能的研究主要集中在 LDHs 粉体材料方面。如 LDHs 粉体及其焙烧产物 LDO 可作为碱催化剂、过渡金属高度分散的催化剂、氧化还原催化剂和固定化酶催化剂等[6]。

(1) 碱催化。在工业生产中,有许多重要的反应是由碱催化的,如异构化、齐聚、烷基化、缩合、加成、加氢、环化、氧化等。传统的液碱催化剂(比如 NaOH,Ba(OH)$_2$ 等)具有较高的转化率,但是其选择性较差,严重腐蚀设备,无法进行回收使用,而且会对环境造成很大污染,所以均相催化体系多相化已成为近年来催化研究领域的重要发展趋势,开发具有高效催化活性,可循环多次使用的固体碱催化剂成为多相催化研究领域的热点之一[50]。用固体碱代替均相液碱在化学工业中有几个突出的优点:①催化剂容易从反应混合物中分离出来;②反应后催化剂容易再生;③对反应设备没有严重腐蚀;④极大程度地减小了环境污染。另外,固体碱催化在某些反应中还具有几何空间效应。

LDHs 粉体及以其为焙烧前驱体所得到的焙烧产物 LDO 中均存在碱中心,因而可用于碱催化[6]。LDHs 粉体作为碱催化剂主要被用于两大类反应:烯烃氧化物聚合与醇醛缩合反应。许多文献研究了 LDHs 粉体的醛酮缩聚反应[51-55],发现很多热活化的 LDHs 均对该类反应表现出较好的催化活性,且其催化活性与构成 LDHs 的金属离子和插层阴离子的种类密切相关,与其他多相催化剂相比,这类催化剂具有高寿命、高稳定性及对目的产物高选择性及良好的再生性等优点。此外,作为碱性催化剂,还应用于烯烃异构化反应[56]、亲核卤代反应[57]、烷基化反应[58]、烯烃环氧化反应[59]、Claisen-Schmidt 反应[60]等。LDO 作为碱催化剂在酯交换反应也获得了应用[61]。

(2) 高分散金属催化剂。负载型高分散贵重金属催化剂广泛应用于脱氢、加氢及重整等催化反应中,是石油炼制及石油化工过程中最重要的一类催化剂。传统的负载型金属催化剂采用浸渍法制备,它是将多孔性载体氧化物浸渍于含有金属活性组分的溶液中,干燥后再经后处理过程得到催化剂样品。用浸渍法制备催化剂,在干燥阶段受到浸渍液表面张力及溶剂化效应的影响,金属活性组分前驱体往往以聚集体的形式沉积于载体表面,随后的焙烧过程难以打破这种高聚集度;另外,浸渍后金属盐物种和载体之间不能形成强相互作用,高温焙烧容易导致金属粒子迁移聚集而形成大晶粒。以上两种现象的发生容易导致催化剂活性组分的分散性较差,进而影响到催化剂的性能和制备的可重复性。因此,目前人们正在致力于开发其他方法来制备负载型金属催化剂。

LDHs 层板含有离子半径相近的二价和三价金属离子,因 Ni^{2+} 离子的半径与 Mg^{2+} 相近,Ni^{2+} 离子可以部分或全部取代 Mg^{2+} 而得到结构稳定的 LDHs。受晶格定位效应的制约,金属离子在 LDHs 层板上相互高度分散,如果首先合成 NiAl-CO_3^{2-} LDHs 前驱体,再经焙烧及还原处理后有可能获得 Ni 金属高度分散的催化剂[62]。

(3) 氧化还原催化剂。以 LDHs 为焙烧前驱体制备的氧化还原催化剂比用其他方法制备的相似组分催化剂具有明显的优势:过渡金属含量高(66%～77%),高稳定性,在多数情况下具有相对高的活性。通常,从 LDHs 出发制备的氧化还原催化剂主要用于下述反应:合成甲醇[63]、高级醇合成、甲烷重整[64,65]、过氧化氢苯酚羟化[66,67]、苯酚加氢反应[68]、水煤气转换反应[69]、Fischer-Tropsch 反应[70]和氧化反应[71,72]等。

(4) 固定化酶催化剂。层状及层柱材料的出现为酶的固定化带来了新的契机。提高稳定性是固定化酶工业推广的关键问题,可以把具有催化活性的酶通过插层组装固定在 LDHs 上。酶固定化后,在重复使用过程中不会脱落,酶活性降低较小,从而可以构筑酶/LDHs"分子反应器"。Ren 等[73,74]对于 LDHs 固定化青霉素酰化酶(PGA)的插层组装进行了详细研究。

以上研究表明,由于 LDHs 可用作催化剂和催化剂前体、阴离子污染物捕集剂以及可以作低浓度酸的除酸固体碱,在学术和工业研究上引起了人们的关注。LDHs 的组成形式几乎是无限的,这使得其在层状材料中具有独特性。近年来,无机层状化合物薄膜已被用作功能性材料。在一些尝试中,人们将层状无机材料和有机聚合物通过静电作用有选择性地进行人工沉积。在这些尝试中,LDHs 黏土占有特殊的地位。由于这种材料是六方形片层状结构,具有阴离子交换能力,可以将它薄膜化或固定化以完成诸如电子转移、能量转化和分子识别等功能。如果在支撑体上将 LDHs 制作成定向薄膜,使其功能性增强,而且可以采用多种先进手段对其结构进行更直观的剖析,这就使得对 LDHs 的理论研究更加深入。把 LDHs 用作催化剂时,如果使其在适宜的基体上成膜或固定化,制作成结构化反应器(也称为整体催化剂),不仅可以提高其作用效率、防止其流失,而且有助于实现使用 LDHs 类催化剂的低能耗、零排放的新催化工艺过程。

Lei 等[75]报道了采用尿素分解法获得了表面规整和粒径较大的 MgAl-LDHs;并且 MgAl-LDHs 活化后在丙酮自缩合反应中的催化活性明显高于滴定共沉淀法获得的活化 LDHs。HRTEM 测试表明活化 LDHs 表面具有 $a=b=(0.31\pm0.01)$nm 、$\alpha=(60\pm2)°$的二维晶格结构,证明活化 LDHs 表面羟基之间的距离约为(0.31 ± 0.01)nm。苯酚吸附和吡啶吸附实验证明活化 LDHs 表面既具有碱性羟基,也具有酸性羟基。根据酸-碱羟基对的存在,采用酸-碱双功能催化剂机理对高结晶度催化剂的高活性进行了很好的解释。基于这些实验结果和机理,Lei 等提出,对于活化的 LDHs,其活性位位于其表面规则的二维点阵位上,而不是通常所认为的位于晶体的缺陷位上。该研究结果为缺陷活性位理论作了重要补充,并为创制新型 LDHs 结构化催化剂提供了可能。

Lü 等[76]采用原位生长技术在 PAO/Al 基片上制备到 MgAl-LDHs 薄膜,经焙烧/再水化活化后,在丙酮自缩合反应中具有优良的催化活性(如图 6-8 所示)。研究表明,LDHs 膜层与基体之间存在很强的化学作用力,在 500 ℃下进行焙烧处理和后继再水化活化处理,LDHs 薄膜没有脱落和开裂。由于结构"记忆效应",经活化处理后,薄膜层 LDHs 保持了其片状结构,但脱除了层间的 CO_3^{2-}。该方法为 LDHs 活性组分和反应容器的集成及构筑 LDHs 结构化催化反应器提供了新的思路。

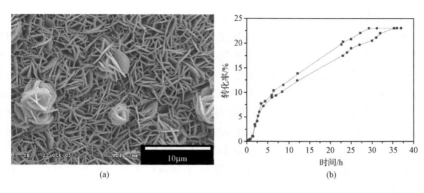

图 6-8　MgAl-CO_3^{2-} LDHs 经焙烧和再水化后的薄膜：(a) SEM 图像，(b) 作为催化剂在
0 ℃下丙酮自缩合为 DAA 的转化率
■表示新制 LDHs 薄膜催化剂，●表示重复使用第 5 次后的 LDHs 薄膜催化剂

最近，Géraud 等[77]采用纳米浇注的方式向聚苯乙烯阵列间隙引入 LDHs，然后再选取合适的溶剂溶解 PS 或用焙烧的方法去除有机组分，最后利用 LDO 的"记忆效应"成功地制备出具有大孔结构的 LDHs 块体材料。所得到的具有 3D 大孔 LDHs 网络结构与传统共沉淀法制备的 LDHs 相比，对 2,6-二甲基苯酚的光降解具有较高的光催化作用，从而为 LDHs 活性组分和反应容器的集成及构筑 LDHs 结构化催化反应器提供了新的思路。

6.6　其他性能

6.6.1　电化学储能材料

电化学储能材料是指能通过电化学反应将化学能转变为电能加以储存，并可以通过可逆反应将储存的化学能转变为电能释放利用的材料。近年来，由于电子学的发展，便携式电器不断向小型、轻质量方向转变，能量密度高、寿命长的新型储能材料备受关注。世界各国都投入了大量的财力、物力和人力，开展对新型能量转换和储能器件的开发及其基础问题的研究。这些新型器件归根到底是基于各种高性能的新型能源材料的研究与开发[6]。

锂离子二次电池是在锂电池研究基础上发展起来的一种新型蓄电池。所谓锂离子电池是指分别用两个能可逆地嵌入与脱嵌锂离子的化合物作为正负极构成的二次电池。充电时，Li^+ 从正极化合物中脱出并嵌入负极晶格，正极处于贫锂态；放电时，Li^+ 从负极脱出并插入正极，正极为富锂态。为保持电荷的平衡，充、放电过程中应有相同数量的电子经外电路传递，与 Li^+ 一起在正负极间迁移，使正负极发生氧化还原反应，保持一定的电位。工作电位与构成电极的插入化合物的化学性质、Li^+ 的浓度有关[6]。

锂离子电池所用的正极材料目前主要有 Li_xMO_2 结构和 $Li_xM_2O_4$ 结构的氧化物（其中 $M=Co,Ni,Mn$），其中具有层状结构的化合物研究较多的是 $LiCoO_2$ 和 $LiMnO_2$。目前，商品化的锂离子电池基本都采用层状 $LiCoO_2$ 作为正极材料，但是，$LiCoO_2$ 的容量一般被限制于 $125mA\cdot h/g$，否则过充电将导致不可逆容量损失和极化电压增大，而且其价格高并有毒。近年来，$LiMn_{1/3}Ni_{1/3}Co_{1/3}O_2$ 粉体材料已经引起了人们的广泛关注。与 $LiCoO_2$ 相比，这种材料在价格和安全性方面更具有吸引力。路艳罗等[78,79]采用 LDHs 前体法制备层状 $Li[Co_xNi_yMn_{1-x-y}]O_2$ 粉体材料。研究结果表明，采用 LDHs 前体法制备锂离子电池正极材料，具有很大的发展潜力。

目前，商业化的锂离子二次电池大多采用石墨等碳材料作为负极材料，相对于金属锂而言，电池的安全性确实有很大的提高。但是，由于碳电极与金属锂的电极电位相近，在过充电时，仍可能会在碳电极表面析出金属锂。因此，碳材料的使用未能从根本上解决锂离子二次电池的安全性问题。寻找其替代材料是目前锂离子二次电池负极材料的研究方向之一。Li 等[80]采用共沉淀法制备出 $NiFe^{2+}Fe^{3+}$-LDHs 粉体材料，将该 $NiFe_2O_4$ 尖晶石材料应用于锂离子电池负极材料。实验发现，在 700 ℃下焙烧得到的 $NiFe_2O_4$ 首次放电容量及首次可逆容量较高，具有较好的电化学性能；并且样品经过 20 周循环后，可逆容量保持在 $470mA\cdot h/g$，该性能优于高温固相法制备的 $NiFe_2O_4$ 材料的电化学性能。采用同样的方法分别以 $CoFe^{2+}Fe^{3+}$-LDHs 和 $Ni_xZn_{1-x}Fe^{2+}Fe^{3+}$-LDHs（$0<x<1$）为前驱体，成功制备出晶相单一的 $CoFe_2O_4$ 和 $Ni_xZn_{1-x}Fe_2O_4$（$0<x<1$）尖晶石材料，将其用于锂离子电池负极材料，均表现出较高的电化学活性。

超级电容器是介于蓄电池和传统静电电容器之间的一种新型储能元件，它具有比容量高、功率大、寿命长、工作温限宽、免维护等特点。可以看出，超级电容器具有比静电电容器高的能量密度，因此超级电容器可以制成体积更小、容量更大的电容器。超级电容器的工作电压一般在 $1\sim4V$，易于和化学电源相匹配，形成复合型的可移动电源系统。超级电容器具有高的功率密度，以及良好的大电流工作能力，可满足电动车在爬坡阶段瞬间的大功率输出的要求。因此，超级电容器和电池组成的复合电源能够满足需要高功率的电子仪器对电源系统的特殊要求。电极材料是超级电容器的重要组成部分，是影响超级电容器性能和生产成本的关键因素，因此研究开发高性能、低成本电极材料是超级电容器研究开发的重要内容。近来的研究中，Wang 等[81]采用成核-晶化隔离法可控合成不同钴铝比的 CoAl-LDHs 粉体，然后在不同温度下进行焙烧得到 LDO 粉体。研究表明，通过对层板元素组成和热处理温度的调控可以对 CoAl-LDHs 超电容性能进行调控，CoAl-LDHs 是一种潜在的超级电容器电极材料。

　　LDHs 薄膜在电化学储能方面的有关研究比较少。国内 Liu 等[82]在 LDHs 薄膜的制备、并用于 Li 电池正极材料方面取得了一系列重要研究成果。首先在 +2 价金属 Zn 覆盖的不锈钢基板制备 ZnAl-LDHs 薄膜,并且通过调节氨水的浓度控制薄膜的厚度及大小。然后对这种水滑石薄膜进行煅烧后制备得到 ZnO/ZnAl$_2$O$_4$ 纳米异质薄膜。研究结果表明得到的 ZnO/ZnAl$_2$O$_4$ 异质薄膜可直接用于锂离子电池的正极材料。研究结果表明,相比纯 ZnO 材料,这种正极材料有更好的充放电能力和循环利用稳定性。Wang 等[83]将在甲酰胺中剥离后的 CoAl-LDHs 纳米片直接沉积在 ITO 玻璃上得到了 LDHs 薄膜,可用做薄膜超级电容器中的电极材料。

6.6.2　磁性材料

　　磁性材料是指具有可利用的磁学性质的材料。磁性材料具有能量转换、存储或改变能量状态的功能,是重要的功能材料。人类最早认识的磁性材料是天然磁石,其主要成分为四氧化三铁(Fe$_3$O$_4$),属于一种尖晶石结构的铁氧体,其显著特点是具有吸铁的能力,称为永磁材料,也称为硬磁或恒磁材料。随着现代科学技术和工业的发展,磁性材料的应用越来越广泛。特别是电子技术的发展,对磁性材料提出了新的要求。因此,研究材料的磁学性能,发现新型磁性材料,是材料科学的一个重要方向。

　　磁性材料可分为金属磁性材料和非金属磁性材料两大类。金属磁性材料的制备工艺复杂,成本高昂,电阻率小;而铁氧体是一种非金属磁性材料,其性能好,成本低,工艺简单,又能节约大量贵金属,它的电阻率不仅比金属磁性材料大得多,而且还有较高的介电性能。

　　铁氧体是一大类磁性材料,它无论在高频或低频领域都占有独特的地位,日益受到世界各国的重视。典型的铁氧体均是通过焙烧各种金属的氧化物、氢氧化物或其他沉淀混合物后得到的,焙烧原料的活性、混合均匀度和细度不高,因此生产工艺存在反应物活性较差和反应不易完全的缺陷,最终影响到铁氧体的磁性能。由于 LDHs 的化学组成和结构在微观上具有可调控性和整体均匀性,本身又是二维纳米材料,这种特殊结构和组成的材料是合成良好磁特性铁氧体的前驱体材料,因此通过设计可以向其层板引入潜在的磁性物种,制备得到一定层板组成的 LDHs,然后以其为前驱体经高温焙烧后得到尖晶石铁氧体。由于 LDHs 焙烧后能够得到在微观上组成和结构均匀的尖晶石铁氧体,从而使得此磁性产物中的磁畴结构单一,大大提高了其磁学性能。由于尖晶石型铁氧体中二、三价离子的化学计量比为 1/2,远小于二元 LDHs 中二、三价离子的化学计量比,直接焙烧产物中会有非磁性的 M^{II} 的氧化物生成,从而最终影响产物的磁学性能。据此,Liu 等[84]提出先将 Fe^{2+} 引入 LDHs 层板,制备得到 MgFe^{II}Fe^{III}-LDHs,再利用 Fe^{2+} 易被氧化的特点,通过高温焙烧最终降低焙烧产物中的 M^{2+}/M^{3+} 摩尔比,实现由层状前驱体制备晶相单一的尖晶石铁氧体。在此基础上,Li 等[85]将这种由层状前驱体制备晶相单一尖晶石铁氧体的合成工艺推广应用于制备 $CoFe_2O_4$ 和 $NiFe_2O_4$ 尖晶石型铁氧体。研究表明,与传统机械法和湿化学法相比,新路线制得的铁氧体样品具有更高的比饱和磁化强度。

近来,在 LDHs 前驱体法制备纯相 $CoFe_2O_4$ 磁性尖晶石粉体的基础上,Yang 等[86]通过焙烧 $MgFe^{II}Fe^{III}$-LDHs 薄膜制备磁性薄膜了纯相 $MgFe_2O_4$ 磁性薄膜(图 6-9(b),(c),(d))。研究发现,在 900 ℃下焙烧得到的 $MgFe_2O_4$ 薄膜表现出超顺磁性质(图 6-9(e))。前面在 6.1.1 节也提到,Liu 等[21]利用 Co 的铁磁性能,将 CoAl-LDHs 剥层后带正电荷的纳米片和 PSS 阴离子电解质交替沉积组装得到具有磁光效应的 LDHs/PSS 纳米薄膜。

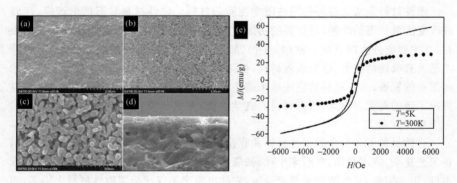

图 6-9　$MgFe^{II}Fe^{III}$-LDHs 薄膜的 SEM 图像(a),$MgFe_2O_4$ 薄膜的 SEM 图像(b)
和俯视图(c)、截面图(d),及 $MgFe_2O_4$ 薄膜在 300K(solid line)和
5K(solid circle)条件下的磁滞回线(e)

6.6.3　LDHs 薄膜的吸附性能

层状黏土因其纳米级层状结构,一般都具有比较大的比表面,而且由于层板带有电荷,容易与带有相反电荷的物质相结合。除了静电因素引起的吸附外,还有表面络合、物理性正吸附、化学吸附等作用,所以利用此类物质作为吸附材料,显示出优良的应用前景。

LDHs 由于具有较大的内表面积,容易接受客体分子,常被作为吸附剂使用。而焙烧后的 LDO 对于金属离子也具有较强的吸附能力。目前在很多领域已有使用 LDHs、LDO 作为吸附剂的研究报道。如核废水中的 Co^{2+} 离子,可以使用 LDO 处理,它不仅吸附 Co 阳离子还同时吸附溶液中的阴离子,如 SO_4^{2-} 等,它可以在较高的温度下(500 ℃)进行,与离子交换树脂相比具有不可比拟的优势。用 Li 和 Al

与直链酸构成的 LDHs 粉体可以作为疏水性化合物的吸附剂；LDHs、LDO 作为一种具有很大潜力的酚类吸附剂，可以从废水中吸附三氯苯酚（TCP）、三硝基苯酚（TNP）等[6]。

　　但考虑到水滑石粉体材料使用中会存在分离和流失的问题，如果采用水滑石薄膜，不仅具有更高的手性拆分效率，而且具有易分离、易回收、流失少等优点。Liu 等[87]采用原位生长技术在 AAO/Al 基底上制备了层板垂直基底排列的环糊精插层水滑石膜，用于选择性吸附外消旋苯基乙二醇（图 6-10a）。研究发现，该薄膜材料具有良好的手性拆分外消旋苯基乙二醇的能力。该吸附由层间 CMCD 的手性选择性吸附和外表面的非选择性吸附两部分组成，与环糊精插层水滑石粉体类似，CMCD-LDHs 膜对外消旋 PED 的吸附也包括手性选择性吸附和非选择性吸附两种（图 6-10b）。从图中可以看出手性选择性吸附呈现饱和吸附量，这是由于选择性吸附是由插层的 CMCD 对 R-PED 的包合造成的，而层间 CMCD 的量是确定的，因此手性选择性吸附量有饱和值。而非选择性吸附的吸附量则随着初始浓度的升高而增加，表明非选择性吸附来源于层板的多层物理吸附。

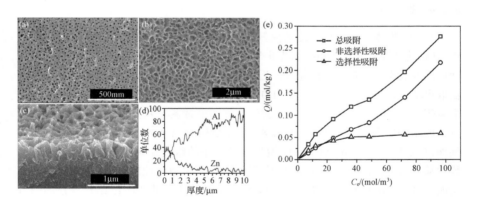

图 6-10　AAO/Al、CMCD-LDHs 薄膜的 SEM 照片和 CMCD-LDHs 薄膜的截面 EDX 线扫描图谱
（a）AAO/Al；（b）CMCD-LDHs 平面；（c）CMCD-LDHs 截面；（d）CMCD-LDHs 截面对应的 EDX 线
扫描图谱；（e）CMCD-LDHs 膜对 PED 的总吸附、手性选择性吸附和非选择性吸附的吸附等温线

　　对比环糊精插层水滑石粉体对 PED 的吸附，可以发现 CMCD-LDHs 膜的总吸附量、非选择性吸附量均明显降低（大约降低 60%）；而选择性吸附的吸附量也有所降低但不明显（大约降低 20%），因此手性吸附占总吸附的比重显著增加。我们认为这是由于水滑石粉体材料的吸附包括了大量的外表面的非选择性吸附；成膜后，由于比表面的降低，使得非选择性吸附量明显减少。而选择性吸附是由层间环糊精产生，故成膜后吸附量变化不大。因此可见，CMCD-LDHs 膜具有更高的

手性吸附比率。

Liu 等还分别用 Langmuir 和 Langmuir-Freundlich 模型在不同温度下拟合选择性吸附得到的等温线。研究发现,CMCD-LDHs 膜对 PED 的选择性吸附过程符合 Langmuir-Freundlich 模型。不同温度所对应的最大吸附量随着吸附温度的升高而升高。这说明环糊精吸附苯基乙二醇时,需要吸收能量克服能垒,所以升高温度有利于包合反应的发生。环糊精插层水滑石膜对苯基乙二醇的非选择性吸附和总吸附符合 Freundlich 模型。从图中可以看出随着温度的升高非选择性吸附的吸附量降低。这也说明非选择性吸附是物理吸附,随着温度的升高,分子运动加剧,不利于吸附的发生。采用膜扩散模型对该吸附进行了动力学研究,用采用费克扩散模型研究 CMCD-LDHs 膜吸附 PED,在 30℃时,苯基乙二醇在环糊精插层水滑石膜内的扩散系数 D 为 5.11×10^{-14} m^2/s;50℃时,D 为 6.06×10^{-14} m^2/s。该研究结果表明,与环糊精插层水滑石粉体材料相比较,不仅膜材料的选择性吸附比率明显提高,而且具有易分离、易回收、流失少等优点。因此,环糊精插层水滑石薄膜材料在手性拆分光学醇领域具有潜在的应用前景。

6.6.4　结束语

LDHs 粉体材料特殊的结构使其同时具备了主体层板和插层客体的许多优点,在催化、吸附、磁性、电化学、光化学、医药、农药、军工材料等许多领域获得了实际应用或展现出一定的应用前景。近年来,有关 LDHs 薄膜的性能和应用研究方面取得了诸多的研究进展。随着 LDHs 薄膜在制备、成膜机理及可调控的组成、形貌等方面的研究深入,将 LDHs 粒子有序组装成具有特殊结构的薄膜材料,可以拓展 LDHs 材料在膜催化、超疏水、金属防腐蚀以及光、电、磁等领域的应用。例如,Lee 等[88,89]将 MgAl-LDHs 纳米粒子有序的组装在单晶 Si 表面,通过对薄膜中某一层进行选择性插层组装,实现 LDHs 薄膜功能性的裁剪,有望制备多种功能复合的 LDHs 纳米结构薄膜。以上大量的研究表明,LDHs 结构及性能的可设计和可调控性赋予 LDHs 薄膜极大的发展空间。随着制备及表征工作的深入,LDHs 应用性能方面的研究工作将会进一步加强。

参 考 文 献

[1]　徐南平.无机膜的发展现状与展望.化工进展,2000,19:5

[2]　Burggraaf A J,Cot L.Fundamentals of inorganic membrane science and technology.Membrane Sci. Tech.,1996,4:111

[3]　陈红亮,李砚硕,刘杰,杨维慎.高性能 silicalite-1 分子筛膜的合成及其渗透汽化性能.中国科学 B 辑:化学,2006,36:404

[4]　魏刚,张元晶,熊蓉春.纳米 TiO₂ 膜的可控制备及膜结构与光催化活性的关系.中国科学 B 辑:化学,2003,20:74

［5］ Tennison S. Current hurdles in the commercial development of inorganic membrane reactors. Membrane Technology,2000,2000:4

［6］ 段雪,张法智.插层组装与功能材料.北京:化学工业出版社,2007,275

［7］ 沈家骢.超分子层状结构.北京:科学出版社,2003,125

［8］ Evans D G,Slade R C T.Structural aspects of layered double hydroxides.Struct.Bond.,2006,119:1

［9］ He J,We M,Li B,Kang Y,Evans D G,Duan X.Preparation of layered double hydroxides.Struct. Bond.,2006,119:89

［10］ Williams G R,O'Hare D.Towards understanding,control and application of layered double hydroxide chemistry.J.Mater.Chem.,2006,16:3065

［11］ Braterman P S,Xu Z P,Yarberry F.Handbook of Layered Materials.New York:Marcel Dekker,2004, 373

［12］ Rives V.Layered Double Hydroxides:Present and Future.New York:Nova Science Publishers,2001

［13］ Li F,Duan X.Applications of layered double hydroxides.Struct.Bond.,2006,119:193

［14］ Evans D G,Duan X.Preparation of layered double hydroxides and their applications as additives in polymers,as precursors to magnetic materials and in biology and medicine.Chem.Commun.,2006,6:485

［15］ Leroux F,Taviot-Guého C.Fine tuning between organic and inorganic host structure:new trends in layered double hydroxide hybrid assemblies.J.Mater.Chem.,2005,15:3628

［16］ Shan D,Cosnier S,Mousty C.Layered Double Hydroxides:An attractive material for electrochemical biosensor design.Anal.Chem.,2003,75:3872

［17］ 马如璋,蒋民华,徐祖雄编著.功能材料学概论.北京:冶金工业出版社,1999

［18］ 顾宜主编.材料科学与工程基础.北京:化学工业出版社,2002

［19］ Gardner E,Huntoon K M,Pinnavaia T J.Direct synthesis of alkoxide-intercalated derivatives of hydrotalcite-like layered double hydrocides:precursors for the formation of colloidal layered double hydroxide suspensions and transparent thin films.Adv.Mater.,2001,13:1263

［20］ Zhang F Z,Sun M,Xu S L,Zhao L L,Zhang B W.Fabrication of oriented layered double hydroxide films by spin coating and their use in corrosion protection.Chem.Eng.J.,2008,141:362

［21］ Liu,Z P,Ma R Z,Osada M,Iyi N,Ebina Y,Takada K,Sasaki T.Synthesis,anion exchange,and delamination of Co-Al layered double hydroxide:assembly of the exfoliated nanosheet/polyanion composite films and magneto-optical studies.J.Am.Chem.Soc.,2006,128:4872

［22］ Lee J H,Rhee S W,Jung D Y.Ion-Exchange reactions and photothermal patterning of monolayer assembled polyactrlate-layered double hydroxide nanocomposites on solid substrates.Chem.Mater., 2006,18:4740

［23］ Wang L Y,Li C,Liu M,Evans D G,Duan X.Large Continuous,Transparent and Oriented Self-supporting Films of Layered Double Hydroxides with Tunable Chemical Composition.Chem.Comm., 2007:123

［24］ Li C,Wang L Y,Evans D G,Duan X.Thermal evolution and luminescence properties of Zn-Al layered double hydroxides containing europium(III)complexes of ethylenediaminetetraacetate and nitrilotriacetate.Ind.Eng.Chem.Res.,2009,48,2162

［25］ Li C,Wang L,Wei M,Evans D G,Duan X.Large oriented mesoporous self-supporting Ni-Al oxide films derived from layered double hydroxide precursors.J.Mater.Chem.,2008,18,2666

［26］ 蔡新霞,李华清,饶能高,王利,崔大付.电化学生物传感器.微纳电子技术,2003,7:359

[27] 司士辉.生物传感器.北京:化学工业出版社,2003

[28] 曾辉,任力锋,刘昭前.医学领域中的新型生物传感器.传感器技术,2002,21:59

[29] 戴志晖.蛋白质在无机多孔材料上的固定、电子转移和生物传感.博士论文.南京大学,2004

[30] 樊春海,朱德煦,李根喜.血红素类蛋白质的蛋白膜伏安法研究及其在生物传感器中的应用.博士论文,2001

[31] He J X,Kobayashi K,Takahashi M,Villemure G,Yamagishi A.Preparation of hybrid films of an anionic Ru(Ⅱ) cyanide polypyridyl complex with layered double hydroxides by Langmuir-Blodgett method and their use as electrode modifiers.Thin Solid Films,2001,397:255

[32] Ballarin B,Berrettoni M,Carpani I,Scavetta E,Tonelli D.Electrodes modified with an electrosynthesised Ni/Al hydrotalcite as amperometric sensors in flow systems.Anal.Chim.Acta.,2005,538:219

[33] De Melo J V,Cosnier S,Mousty C,Martelet C,Jaffrezic-Renault N.Urea biosensors based on immobilization of urease into two oppositely charged clays (laponite and Zn-Al layered double hydroxides).Anal.Chem.,2002,74:4037

[34] Cosnier S,Mousty C,Gondran C,Lepellec A.Entrapment of enzyme within organic and inorganic materials for biosensor applications:comparative study.Mater.Sci.Eng.C,2006,26:442

[35] Shan D,Cosnier S,Mousty C.HRP/[Zn-Cr-ABTS] redox clay-based biosensor:design and optimization for cyanide detection.Biosens.Bioelectron.,2004,20:390

[36] Han E,Shan D,Xue H,Cosnier S.Hybrid material based on chitosan and layered double ydroxides:Characterization and application to the design of mperometric phenol biosensor.Biomacromolecules,2007,8:971

[37] Chen X,Fu C,Wang Y,Yang W S,Evans D G.Direct electrochemistry and electrocatalysis based on a film of horseradish peroxidase intercalated into Ni-Al layered double hydroxide nanosheets.Biosens.Bioelectron.,2008,24:356

[38] 江雷,冯琳.仿生智能纳米界面材料.北京:化学工业出版社,2007

[39] Fan X,Lei J.Bio-Inspired,Smart,Multiscale Interfacial Materials.Adv.Mater.,2008,20:2842

[40] Chen H Y,Zhang F Z,Fu S S,Duan X.In situ microstructure control of oriented layered double hydroxide monolayer films with curved hexagonal crystals as superhydrophobic materials.Adv.Mater.,2006,18:3089

[41] Zhang F Z,Zhao L L,Chen H Y,Xu S L,Evans D G,Duan X.Corrosion resistance of superhydrophobic layered double hydroxide films on aluminum.Angew.Chem.Int.Ed.,2008,47:2466

[42] Chen H,Zhang F Z,Xu S L,Evans D G,Duan X.Facile Fabrication and Wettability of Nestlike Microstructure Maintained Mixed Metal Oxides Films from Layered Double Hydroxide Films Precursors.Ind.Eng.Chem.Res.,2008,47:6607

[43] Williams G,McMurry H N.Anion-exchange inhibition of filiform corrosion on organic coated AA2024-T3 aluminum alloy by hydrotalcite-like pigments,Electrochem.Solid-State Lett.,2003,6:B9

[44] Williams G,McMurry H N.Inhibition of filiform corrosion on polymer coated AA2024-T3 by hydrotalcite-like pigments incorporating organic anions.Electrochem.Solid-State Lett.,2004,7:B13

[45] Buchheit R G,Mamidipally S B,Schmutz P,Guan H.Active corrosion protection in Ce-modified hydrotalcite conversion coatings.Corrosion,2002,68:3

[46] Zhang W,Buchheit R G.Hydrotalcite coating formation on Al-Cu-Mg alloys from oxidizing bath chemistries.Corrosion,2002,58:591

[47]　Buchheit R G,Guan H,Mahajanam S,Wong F. Active corrosion protection and corrosion sensing in chromate-free organic coatings.Prog.Org.Coat.,2003,47:174

[48]　Kendig M,Hon M. A hydrotalcite-like pigment containing an organic anion corrosion inhibitor. Electrochem.Solid-State Lett.,2005,8:B10

[49]　Guo X X,Xu S L,Chen H Y,Lu W,Zhang F Z. One-Step Hydrothermal Crystallization of Layered Double Hydroxide/Alumina Bilayer Films on Aluminum and Their Corrosion Resistance Properties. Langmuir (accepted)

[50]　陈忠明,陶克毅.固体碱催化剂的研究进展.化工进展,1994,3:18

[51]　Tichit D,Lutic D,Coq B,et al. The aldol condensation of acetaldehyde and heptanal on hydrotalcite-type catalysts.J.Catal.,2003,219:167

[52]　Unnikrishnan R,Narayanan S. Metal containing layered double hydroxides as efficient catalyst precursors for the selective conversion of acetone.J.Mol.Catal.A,1999,144:173

[53]　Roelofs J C,Van Dillen A J,Jong K P. Base-catalyzed condensation of citral and acetone at low temperature using modified hydrotalcite catalysts.Catal.Today,2000,60:297

[54]　Tichit D,Bennani M N,Figueras F. Aldol condensation of acetone over layered double hydroxides of the meixnerite type.Appl.Clay Sci.,1998,13:401

[55]　Chen Y Z,Hwang C M,Liaw C W. One-step synthesis of methyl isobutyl ketone from acetone with calcined Mg/Al hydrotalcite-supported palladium or nickel catalysts.Appl.Catal.A,1998,169:207

[56]　Reichle W T.Catalytic reactions by thermally activated synthetic anionic clay mineral.J.Catal.,1985,94:547

[57]　Suzuki E,Nomoto Y,Okamoto M.Disproportionation of triethoxysilane over KF/Al$_2$O$_3$ and heat-treated hydrotalcite.Appl.Catal.A,1998,267:7

[58]　Palomares A E,Eder-Mirth G,Rep M. Alkylation of toluene over basic catalysts-key requirements for side chain alkylation.J.Catal.,1998,180:56

[59]　José M F,José I G,José A M.Basic solids in the oxidation of organic compounds.Catal.Today,2003,57:3

[60]　Climent M J,Corma A,Iborra S. Activated hydrotalcites as catalysts for the synthesis of chalcones of pharmaceutical interest.J.Catal.,2004,221:474

[61]　吕亮,吾国强,段雪,李峰,杜以波.水滑石的制备、表征及其在酯交换反应中的应用.精细石油化工,2001:9

[62]　毛纾冰.表面原位合成法制备高分散镍催化剂及其催化加氢脱氯性能研究.北京化工大学,2005

[63]　Lansink R H G J,Van Ommen J G,Ross J R H.Preparation of catalyst IV,Amsterdam:Elsevier,1985

[64]　Katsuomi T,Tetsuya S,Peng W.Autothermal reforming of CH$_4$ over supported Ni catalysts prepared from Mg/Al hydrotalcite-like anionic clay.J.Catal.,2004,221:43

[65]　Tsyganok A I,Suzuki K,Hamakawa S. Mg-Al layered double hydroxide intercalted with [Ni (edta)]$^{2-}$-chelate as a precusor for an efficient catalyst of methane reforming with carbon dioxide.Catal.Lett.,2001,77:75

[66]　Dubey A,Kannan S,Velu S.Catalytic hydroxylation of phenol over CuM(II)M(III) ternaryhydrotalcites,where M(II) = Ni or Co and M(III) = Al,Cr or Fe.Appl.Catal.A,2003,238:319

[67]　Dubey A,Rives V,Kannan S.Catalytic hydroxylation of phenol over ternaryhydrotalcites containing Cu,Ni and Al.J.Mol.Catal.A,2002,181:151

[68]　Narayanan S, Krishna K. Structure activity relationship in Pd/hydrotalcite: effect of calcination of hydrotalcite on palladium dispersion and phenol hydrogenation. Catal. Today, 1999, 49:57

[69]　Girés M J L, Amadeo N, Laborde M. Activity and structure-sentivity fo the water-gas shift reaction over Cu-Zn-Al mixedoxide catalysts. Appl. Catal. A, 1995, 131:283

[70]　Howard B H. Preparation of Fischer-Tropsch catalysts from cobalt/iron hydrotalcite. J. Am. Chem. Soc., 1995, 40:196

[71]　Chatti I, Ghorbel A, Grange P. Oxidation of mercaptans in light oil sweetening by cobalt (Ⅱ) phthaloyanie-hydrotalcite catalysts. Catal. Today, 2002, 75:113

[72]　Carpentier J, Lamonier J F, Siffert S. Characterization of Mg/Al hydrotalcite with interlayer palladium complex for catalytic oxidation of toluene. Appl. Catal. A, 2002, 234:91

[73]　Ren L L, He J, Evans D G, Duan X. Some factors affecting the immobilization of penicillin G acylase on calcined layered double hydrocides. J. Mol. Catal. B: Enzymatic, 2001, 16:65

[74]　Ren L L, He J, Evans D G, Duan X. Immobilization of penicillin G acylase in layered double hydrocides pillared by glutamate ions. J. Mol. Catal. B: Enzymatic, 2002, 18:3

[75]　Lei X D, Zhang F Z, Yang L, et al. Highly crystalline activated layered double hydroxides as solid acid-base catalysts. AIChE J., 2007, 53:932

[76]　Lü Z, Zhang F Z, Lei X D, Yang L, Xu S L, Duan X. In situ growth of layered double hydroxide films on anodic aluminum oxide/aluminum and its catalytic feature in aldol condensation of acetone. Chem. Eng. Sci., 2008, 63:4055

[77]　Géraud E, Rafqah S, Sarakha M, Forano C, Prevot V, Leroux F. Three dimensionally ordered macroporous layered double hydroxides: Preparation by templated impregnation/coprecipitation and pattern stability upon calcination. Chem. Mater., 2008, 20:1116

[78]　路艳罗. 超分子结构层状锂锰氧化物的组装及其电化学性能研究. 北京: 北京化工大学, 2005

[79]　路艳罗, 卫敏, 王治强, Evans D G, 段雪. Structure and properties of layered LiNi$_{1/3}$Co$_{1/3}$Mn$_{1/3}$O$_2$ as a Cathode Material for Lithium Secondary Batteries. 第十二届中国固态离子学学术会议论文集, 2004:25

[80]　Li X D, Yang W S, Li F, Evans D G, Duan X. Stoichiometric synthesis of pure NiFe$_2$O$_4$ spinel from layered double hydroxide precursors for use as the anode material in Lithium-ion batteries. J. Phys. Chem. Solids., 2006, 67:1286

[81]　Wang Y, Yang W S, Zhang S C, Evans D G, Duan X. Synthesis and electrochemical characterization of Co-Al layered double hydroxides. J. Electrochem. Soc., 2005, 152:A2130

[82]　Liu J P, Li Y Y, Huang X T, Li G Y, Li Z K. Layered Double Hydroxide Nano- and Microstructures Grown Directly on Metal Substrates and Their Calcined Products for Application as Li-Ion Battery Electrodes. Adv. Funct. Mater., 2008, 18:1448

[83]　Wang Y, Yang W S, Chen C, Evans D G. Fabrication and electrochemical characterization of cobalt-based layered double hydroxide nanosheet thin-film electrodes. J. Power Sources, 2008, 184:68

[84]　Liu J J, Li F, Evans D G, Duan X. Stoichiometric synthesis of a pure ferrite from a tailoaed layered double hydroxide (hydrotalcite-like) precursor. Chem. Commun., 2003, 4:542

[85]　Li F, Liu J J, Li F, Evans D G, Duan X. Stoichiometric synthesis of pure MFe$_2$O$_4$(M = Mg, Co and Ni) spinel ferrites from tailored layered double hydroxide (hydrotalcite-like) precursors. Chem. Mater., 2004, 16:1597

［86］　Yang L,Yin L,Zhang Y,Lu Y,Li F.Facile Preparation of Magnesium Ferrite Film via a Single-source Precursor Route.Chem.Lett.,2007,36:1462

［87］　Xiaolei Liu,Min Wei,David G.Evans,Xue Duan.Structured chiral adsorbent formed by cyclodextrin modified layered solid film.Chem.Eng.Sci.,2009,64:2226

［88］　Lee J H,Rhee S W,Jung D Y.Ion-Exchange reactions and photothermal patterning of monolayer assembled polyactrlate-layered double hydroxide nanocomposites on solid substrates.Chem.Mater.,2006,18:4740

［89］　Lee J H,Rhee S W,Jung D Y.Selective layer reaction of layer-by-layer assembled layered double hydroxide nanocrystals.J.Am.Chem.Soc.,2007,129:3522

第 7 章　其他典型层状结构概述

以上各章对于超分子插层化学的基本定义、结构特点及其构筑行为进行了详尽的描述和阐释，尤其针对阴离子型的水滑石体系，从理论和实践两方面进行了结构构筑和成分调控等一系列规律性总结。然而，对于插层结构，除了水滑石这一类阴离子型层状结构材料之外，非离子型的石墨类层状结构和阳离子型的氧化物、硫化物、卤化物材料也一直是材料学家和化学家研究的兴趣所在，研究历史甚至更为悠久。下面就这些类别材料的组成、结构、制备、性能和应用做一简单介绍。

7.1　石　　墨

7.1.1　石墨及其插层结构简介

石墨是碳材料的一种。碳材料作为人类最早认知与应用的材料之一，一直与人类的生活密不可分。从中国古代的墨汁到现代用在轮胎中的碳纤维，碳材料一直是化学家与材料学家研究的重点与热点之一。碳有多种同素异形体，主要包括石墨、金刚石、非晶碳和富勒烯结构。其他形式的碳材料可以看做以上几种形式的延伸和组合。比如石墨烯（graphene）可以看做单层的石墨，而单壁碳纳米管（single walled carbon nanotubes）可以看做石墨卷曲而成的密闭管状结构，盖上富勒烯的"帽子"。

石墨是碳的同素异形体中热力学最稳定的，具有典型的层状结构，其密度一般在 $2.09 \sim 2.23 \mathrm{g/cm}^3$ 之间。石墨片层由共价结合的正六边形类似苯环结构单元组成。C—C 键夹角为 $120°$，C 为 sp^2 杂化，C—C 键长 $0.142 \mathrm{nm}$，键能 $345 \mathrm{kJ/mol}$。p 电子在层内离域，形成类似金属键的离域 π 键。由于离域 π 键电子在晶格中的自由流动性，可以被激发，所以石墨具有金属光泽且导电、导热。石墨层间依靠范德华力和 π-π 相互作用吸引形成堆叠，层间距为 $0.34 \mathrm{nm}$，键能约 $16.7 \mathrm{kJ/mol}$。这种层状结构决定了石墨的很多特异性质。例如，由于层间空隙大，结合力弱，石墨各层间可以相对滑移，因此石墨可以用作优良的固体润滑剂；由于同样的原因，其层板内部电阻小，而层间电阻极大，两者相差超过 10000 倍[1]。

基于堆叠形式的不同，石墨有六方对称性的 α 型[hexagonal，简称 H-石墨，见图 7-1(a)]和斜方六面体的 β 型[rhombohedral，简称 R-石墨，见图 7-1(b)]。其中，天然产石墨多为 β 型，人工合成石墨均为 α 型。将 α 型天然石墨加热超过

1000℃可以转化为 α 型，将 α 型人工合成石墨经机械处理可转换为 β 型。两种石墨的结晶行为虽然有差别，但是物理特性，包括导电性和机械润滑特性相当类似。天然石墨以中国储量最大，约占世界总量的 78%，年产量也是最大，约 72 万吨/年。

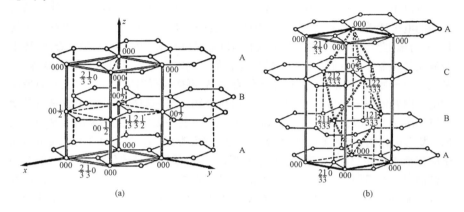

图 7-1　H-石墨(a)与 R-石墨(b)

　　从化学的角度上，石墨最重要的特性之一是其插层特性。较大的层间间隙允许金属和其他小分子进入碳原子层间而不破坏碳原子层内的六角网状结构，形成石墨插层化合物（graphite intercalation compounds，简称 GIC）。GIC 的形成是石墨用于锂离子电池的化学基础，它自身也是很多有机化学反应的催化剂。

　　GIC 的发现已有上百年的历史，其发展过程大致可分为三个阶段：1841～1974 年是第一阶段。Schafautl 最早发现将石墨浸入浓硫酸和浓硝酸的混合液中沿垂直于解离方向上的膨胀几乎达到原来的两倍，从此揭开了石墨插层化合物研究的序幕。20 世纪 30 年代初，Hoffmann 等用 X 射线技术确定插层阶次，第一次对插层化合物的结构和生成做了比较系统的研究[2]。这一阶段的研究重点在于发现新物质和研究插层反应的基本过程。第二阶段为 1974～1987 年，起始于日本发明用锂和石墨氟化物作为电极的高能电池，这为石墨及其插层化合物开拓了商业应用前景[3]。其中 1975 年美国发现石墨-AsF_5 插层化合物具有高于金属铜的电导性，在世界各国掀起了研究 GIC 的高潮[4]。1987 年至今是第三阶段，重点一方面放在 GIC 的工程技术问题和工业应用，另一方面新的体系如石墨烯（graphene，指单层或几层石墨薄片）在电子元器件上的潜在应用日益受到重视，成为新兴的学科领域[5]。需要指出的是，在以上的过程中，将石墨在氟气中氟化，或者在含氧酸中氧化，实质上已经部分地破坏了石墨碳层的六角网状结构，形成共价 C—F 键或者 C—O 键。但是因为其层状骨架结构尚未破坏，通常也作为插层化合物来研究。

7.1.2　石墨插层化合物（GIC）的物理化学特性

7.1.2.1　GIC 的组成特征

可以用于插层形成 GIC 的化合物远超过 100 种。从插入客体与主体石墨层之间的电子授受关系来说，主要分为两大类：一类是客体的电子向主体石墨层转移，称为施主型插层化合物。最常见的是碱金属（Li，K，Ru，Cs），碱土金属、稀土金属及其合金等也可形成这一类插层化合物。同时有机分子（四氢呋喃、苯等）和其他小分子如氨、氢等也可与碱金属结合，之后再插入石墨层间。另一类是石墨层的电子向客体分子转移，称为受主型插层化合物。这一类插层分子主要是路易斯酸（Lewis acid）和质子酸（又称 Brönsted acid）。其中典型的路易斯酸包括 AsF_5、Br_2、复合卤化物、金属卤化物、卤氧化物、酸酐类（如 N_2O_5、SO_3）等。典型的质子酸包括 H_2SO_4、HNO_3 等[2]。可以发现，由于石墨层本身的化学惰性，一般温和的试剂对于石墨层不具有化学作用，通常只有强烈的失电子或得电子倾向的试剂才有可能"活化"石墨层，并作为结构基元进入层间。其中化合物对于石墨的亲和性、石墨结构对于插入物的几何限制，与插入基元的尺寸、插入基元之间的间距一起，决定了化合物能否插入石墨层间，最终形成稳定结构。除此之外，惰性气体氟化物 KrF_2 和卤素的氟化物 BrF_3、IF_5、IOF_3 等也可形成插层化合物中。

绝大多数化合物与石墨插层形成 GIC 后，稳定性得到提高，但是通常仍然具有很高的反应活性，比如 KC_8 可以在空气中自燃，所以需要隔绝空气进行封装。也有一些化合物，如 $FeCl_3$、$SbCl_5$ 的 GIC 在空气中相对比较稳定。比较典型、实验室较常见且相对容易制备的石墨插层化合物包括：硫酸插层石墨、金属钾插层石墨、$FeCl_3$ 插层石墨和氟化石墨等。此外还有报道过复合型石墨插层化合物，包括：$Ba(NH_3)_{2.5}C_{10.9}$，$CsC_8 \cdot K_2H_{4/3}C_8$ 等[2]。

7.1.2.2　GIC 的结构特征

GIC 的结构主要有以下特征：

（1）插入客体物质形成层阶结构（staging structure）*。在垂直于石墨碳层平面的方向上，插入物质以一定周期占据各个范德华间隙，形成层阶结构。需要说明的是，插层石墨化合物中并不是每一碳层都与插层分子作用。所谓"一阶化合物"（stage 1 compounds）中，石墨层与插入分子层 1∶1 间隔。例如 KC_8（图 7-2），通常认为是：K 原子层与石墨碳层 1∶1 间隔，K—K 之间的距离是石墨面上两个六元环之间间距的两倍。而所谓"二阶化合物"（stage 2 compounds）中，石墨层与插入

---

* 这里使用"层阶结构"进行描述，以突出"层"的概念。也有使用"阶梯结构"来进行表述的。

分子层为2∶1间隔,即两层石墨层才与一层插入分子层相隔。因而在惯例上,往往用组成与层阶结构结合的方法来说明一种石墨插层化合物的结构。例如,一阶 Li 插层化合物 LiC₆ 标记为:lithium-graphite (1/6, st. 1);二阶 K 插层化合物 KC₂₄ 标记为:postassium-graphite (1/24, st. 2),一阶钾与苯的复合插层化合物 K(C₆H₆)₂C₂₄ 标记为:postassium-benzene-graphite (1/2, 2/24, st. 1)。研究表明[6],层阶结构的形成与插入物质的种类、组分、合成条件等有关。这些差异对材料的性能有重要影响。

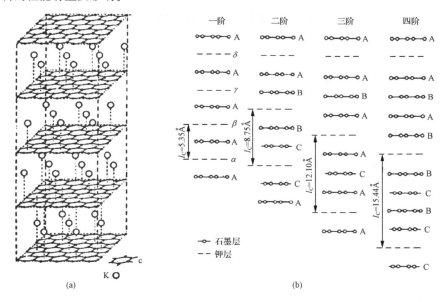

图 7-2　KC₈ 的结构(a)与 1-4 阶 GIC(b)的示意图

随着合成条件的改变,GIC 的阶数会发生变化,在阶变过程中会存在两种阶的混杂和无序化[7,8]。在无序状态下,在同一范德华间隙中的插入客体原子或分子以相同的概率占据各间隙位置。

(2) 插入客体物质与主体碳层之间存在授受电子的过程,从而使组装体系具有其前体不具有的性质。在客体物质仅仅充当电子的施体或受体而不与主体石墨碳层形成共价键结合时,层内的电导性通常会由于载流子浓度的增大而提高。据估测,室温下石墨层板主体中的载流子浓度大约是 10^{-4} 载流子/碳原子。而掺杂 AsF₅ 后,载流子浓度提高约 2 个数量级,使其导电性甚至高于铜[4]。另一个例子是 KC₈。其中 K 和 C 两者都没有超导特性,但是两者形成的 GIC 结构在 1.0 K 以下具有超导特性[9]。这些现象使材料学家们对于它们之间的相互作用产生了浓厚的兴趣。但是,当客体分子尤其氟或氧与石墨碳层形成共价键结合时,层内的导电

性会由于 sp^2 杂化程度的降低,导致层内电子共轭性下降,使得层内导电性降低。

（3）插入行为导致层间距比原石墨层间距增大。不同材料的插入层厚度如表 7-1 所示。可以看到,由于金属 Li 的原子体积最小,基本上没有对层间距造成影响,因此在充放电过程中石墨的体积基本保持不变。这一点对于石墨在锂电池上的应用是至关重要的。相反的,其他可以与 Li 形成合金的化合物如 Sn、Si 等都会有数倍的体积增大,使得电极迅速失效,这是它们不能进入实际应用的主要原因之一。另外,由于层间距被撑大而空隙未全部被占满,因此形成一定孔隙结构。

表 7-1　石墨插层化合物插入层厚度表[2]

插层物	层厚 d_i/Å
K	2.05
Rb	2.35
Cs	2.66
Li	0.35
HNO_3	4.44
$SbCl_5$	6.01
SbF_5	5.06
Br_2	3.69
$AlCl_3$	6.13
$FeCl_3$	6.10
$NiCl_2$	5.98
AsF_5	4.80

7.1.3　石墨及其插层化合物的制备

7.1.3.1　双区气相传输法

该方法的特点是插层化合物通过气相传输,以分子形式进入石墨层间。其过程是:在一个管状封闭体系的两端分别放置石墨和用于插层的化合物[如图 7-3(a)所示]。这些用于插层的化合物,如 K、Br_2,通常具有比较高的挥发性,在加热的情况下会以蒸气的形式进入放置石墨的一端。石墨端同样保持高温(事实上温度通常高于插层化合物端)以确保插入化合物保持分子态。插层分子的插入量主要由两端的温度差来决定。温差大的时候插入量会减小。作为例子之一,K 插层阶数与温度差的关系图示于图 7-3(b)（“$T_g - T_i$”表示:石墨端温度与插层物端温度之差）。$FeCl_3$ 可以用类似方法制备,只是要用 Cl_2 充满密封体系[10]。

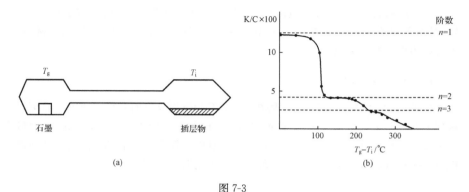

图 7-3

（a）气相法制备 GIC 的装置示意图；（b）层阶结构与温差关系图[2]

7.1.3.2　液相浸润法

液相浸润法通常用于制备金属插层的 GIC。以 LiC_6 为例,将金属锂和石墨共混在一个密闭容器中,抽真空并降低 H_2O 和 O_2 的含量到 1ppm,然后升温使金属锂融化,则锂可以自发浸入石墨层间形成 GIC。在惰性气体保护下将钾熔融在石墨粉中可以制备钾插层的 GIC。实验中会观察到熔融的钾被石墨粉吸附而消失,石墨的颜色从黑色变为青铜色。在钾足量的情况下制备的钾插层石墨通常会达到 $K：C=1：8$ 的化学计量比,用 KC_8 来表示。这是已知化合物中最强的还原剂之一,极易自燃。

不单熔融体可以插层进入石墨层间,溶液也可以。例如将 Br_2 插入石墨层间时可以使用 CCl_4 作为溶剂[11]。这种方法的优点在于操作的方便性,缺点在于插层的不完整性。值得一提的是,液氨是一种有效的溶剂,可以和多种碱金属和碱土金属一起进入石墨层间。但是氨分子也往往同时被锁在石墨层间,形成诸如 $K(NH_3)_2C_{12}$ 化学计量比的化合物[2]。

浸润法也可以用于制备酸插层石墨。其方法是:把石墨粉体浸泡在 98% 的浓硫酸或者发烟硫酸当中,经室温超声或搅拌即可。其他酸插层的石墨可以通过与硫酸共混的方法来制备。典型的如混入硝酸、铬酸、高锰酸钾、氯酸钠等。这一过程使得石墨的共价六方晶格平面之间被撑开,间距增大,由 0.34nm 增大到 0.56nm 甚至更大。这种酸插层的过程除了使酸进入石墨层间之外,同时发生了大量的氧化反应,在石墨层片上形成包括羧基、羟基在内的大量官能团,从而使得产品具有在水中、或者有机溶剂中可以高度分散的特性[12]。需要说明的是,这种酸插层的石墨在瞬间高温加热情况下体积可以急剧膨胀,达到 200 倍以上体积,因此又称可膨胀石墨,产物称为"膨胀石墨"*。膨胀石墨碳化程度高,并多孔,柔性好,可用于制备石墨纸,或在冶金上用于熔融金属的容器的衬底,作为隔热材料。也可以用作阻燃防火材料。

7.1.3.3 氟化法

这种 GIC 通常通过氟气与石墨在约 200℃的直接反应而制得。所得产品可以达到 F∶C＝1∶1,颜色为灰色、黄色或白色。碳与氟直接通过共价键链接,碳大量失去共轭特性,因而丧失导电性。如果加入 HF,并降低反应温度到室温,可制得 F∶C＝1∶4 的 GIC,为蓝灰色。一般用于锂电池时多控制 C∶F 比为 1∶1。

7.1.3.4 电化学法

电化学法是一种有效的制备石墨插层化合物的方法,尤其对于强酸体系,如硫酸、硝酸、高氯酸、三氟乙酸等,非常有效。石墨通常被涂敷于铂电极的表面,浸于强酸当中,然后通电进行阳极氧化反应。这时形成几阶的插层化合物主要取决于电极电压。值得一提的是,由于电压可以控制最终产品的阶数,而阶数与 GIC 的最终颜色密切相关,因此这种电极具有电致变色特性[13]。这种方法也可以用于制备其他方法不易制备的插层化合物,如甲酸插层的 GIC[14]。

7.1.3.5 共插层法

共插层法适用于两种以上化合物同时进入石墨层间。值得注意的是,碱金属中 K 和 Cs 是较容易进入石墨层间的,而 Na 则难得多。但是 Na 如果与 K 或 Cs 首先形成合金,则非常容易进入石墨层间。同样,Br 是卤族元素中最容易进入石墨层间的,Cl 则难得多,只有当其与 Br 混合时方可顺利进入[2]。据称这与金属晶格与石墨晶格的不匹配有关。Na 和 Cl 不容易进入石墨层间是由于晶格过小,与 K 或 Br 形成合金,则增大了晶格,减小了与石墨晶格的不匹配,从而可以顺利进入。另一种可能则是 K 或 Br 首先撑开了石墨层,它们与合金原子(Na、Cl 等)存在交换,从而使其进入层间变得简单[15]。

此外,GIC 的合成方法还包括熔盐法和固相法等,李景虹[1]将这些方法归结于表 7-2 当中。

---

　　* 应将"可膨胀石墨"与"膨胀石墨"区分开。"可膨胀石墨"为石墨插层化合物,有时也称"插层石墨";加热瞬时膨胀的过程在英文中称为"exfoliation",是"剥开、分层"的意思。"剥开、分层"之后的产品才是"膨胀石墨",有时也称为"膨化石墨"。

表 7-2　石墨插层化合物的分类及可用的插入方法

结合型	插入物的电子状态	插入物类型	插入物举例	可能的插入方法
离子键结合型	施主型	碱金属	Li,K,Ru,Cs	气相法,液相法,溶剂法
		碱土金属	Ca,Sr,Ba	气相法,固相法
		过渡族金属	Mn,Fe,Ni,Co,Zn	气相法,溶剂法
		稀土金属	Sn,Eu,Yb	气相法
		金属-汞	K-Hg,Rb-Hg	气相法,液相法
		金属-液氨	$K-NH_3$,$Ca-NH_3$,$Eu-NH_3$,$Be-NH_3$	气相法,溶剂法
		钾-氢	K-H,K-D	气相法,液相法
		碱金属-有机溶剂	$K-THF$,$K-C_8H_8$,$K-DMSO$	液相法,溶剂法
	受主型	卤素	Br_2-Cl_2,I_2,ICl,IBr,IF_5	气相法
		过渡碱金属氯化物	$Mg-Cl_2$,$FeCl_2$,$FeCl_3$,$CuCl_2$,$NiCl_2$,$AlCl_3$,$CoCl_2$	气相法,溶剂法,电化学法,溶盐法
		五氟化物	AsF_5,SbF_5,$SbCl_5$,N_6F_5,XeF_5	气相法
		强氧化剂	CrO_3,MoO_3	电化学法,液相法
		强氧化性酸	$HClO_4$,HNO_3,H_2SO_4,H_3PO_4	电化学法,液相法
		弱酸	HCl,HF	电化学法,液相法
共价键结合型			F(氟化石墨) O(氧化石墨)	电化学法,液相法

7.1.4　石墨及其插层化合物的剥层与组装

7.1.4.1　石墨及其插层化合物的剥层

从石墨的晶体结构分析可以看到,结晶的石墨是由高度有序的石墨层致密堆叠而成,要将其剥层就要克服层与层之间的范德华力。这种范德华力尽管弱,但是由于片与片之间存在百万级以上的相互作用位点,其合力是非常可观的。因此其剥离并不容易。通常材料学家们会首先用插层的方法使活泼原子或基团进入石墨层间,以进一步弱化层与层之间的相互作用。接着则通过类似爆炸的短时间的剧烈反应,使层间物质快速分解,放出大量的热和气体,从而使石墨层被充分剥离。下面举例说明:

(1)酸插层石墨的剥离。这是工业上常用的制备膨胀石墨的方法。其基本过程是[16]:称取一定量的天然鳞片石墨,在不断搅拌下将其加入到浓硫酸中。可以再加入一定量的高锰酸钾和三氯化铁以加强氧化，在 50℃搅拌反应 60min，将产物水洗至中性，干燥即制得可膨胀石墨。将其在 900～1000 ℃下加热 10～30s，即可瞬时膨胀，形成膨胀石墨。在硫酸中通过电化学法制备的可膨胀石墨也同样可以通过快速加热的方法制备成膨胀石墨。所形成的膨胀石墨非常蓬松，往往能超过 200mL/g，是原来的可膨胀石墨体积的 200 倍以上。

（2）钾插层石墨的剥离。其基本过程为：将金属 K 与石墨在 He 气氛中加热到 200℃，经数小时加热后冷却形成 K 插层的化合物，然后将所得固体在乙醇中超声，插层的钾迅速将乙醇的羟基上的质子还原形成氢气，从而将石墨层撑开。所生成的石墨薄层容易卷曲形成石墨卷[17]。

（3）电化学插层剥离。其方法是：把石墨电极置于电解槽的阳极和阴极，间歇改变电极的正、负极，使电解质对石墨晶层进行电化学插入与脱出，最终破坏石墨的有序结构，使石墨以纳米薄片形式分散于介质中[18]。

7.1.4.2　石墨剥层化合物的组装

剥层之后的石墨可以在水中形成稳定的胶体溶液，由此可以与聚阳离子一起，在固体表面上通过层层组装的方法，形成稳定的薄膜结构。例如，Kovtyukhova 小组通过氨基活化使硅基底带正电荷，然后通过层层组装把带负电的氧化石墨和带正电的聚苯胺负载在硅基片上形成薄膜，并测定了其导电性[19]。在另一个例子中，HNO_3 和 $NaClO_3$ 混合氧化的石墨形成单层的薄片，这些薄片与带正电荷的PDDA（聚二丙烯基二甲基氯化铵）通过层层组装形成了薄膜[20]。

7.1.5　表面改性与有机高分子复合物的制备

将导电高分子材料良好的可加工性、韧性和无机导体的导电性、高机械强度等性能结合起来，一直是材料学家追求的目标之一。它的实现主要有两条途径：一是改进高分子单体，比如通过制备含有大的 π 电子共轭体系的高分子来提高导电性；二是将导电的无机材料高度分散到高分子体系当中，形成复合材料。对于石墨复合高分子材料的制备，最大的难点在于：如何将无机导体粉体尽可能均匀地分散在高分子材料的母体中，形成导电通路来实现电荷的传递。同时粉体的用量不能过多，以避免对于高分子材料其他力学性能等的破坏。石墨由于其高导电性、高机械强度、良好的柔韧性、轻质以及与高分子材料的兼容性等特点，成为最佳选择之一。目前已经在电子产品中广泛使用的导电橡胶就是通过在硅橡胶等高分子材料中添加炭黑、炭纤维和部分金属粉末制成的[21]。为了使这种复合达到最好的效果，需要实现石墨在高分子材料中的纳米级均匀分散。为了达到这一目标，必要的表面修饰是必不可少的。石墨区别于其他无机材料之处在于，它处于有机与无机的界面上——通过氧化可以在石墨骨架结构上大量引入基团,而后通过有机反应可以使结构充分有机化。而这种有机结构通过高温还原脱除有机基团,便能够恢复原有的石墨结构,成为通常所认为的无机材料。

现有的用于高分子复合的石墨材料多数是膨胀石墨,即将天然石墨通过插层、氧化、膨化等过程来实现石墨层的有机化和减薄,获得的石墨片能在溶剂中高度分散,使得高分子单体可以通过溶解插入石墨孔间,进而实现纳米复合[22]。例如,Chen 等曾通过超声将膨胀石墨制成完全游离的石墨纳米薄片,再与聚合物单体进行原位聚合[23]。其主要过程是:将制备好的膨胀石墨(膨胀石墨制备过程见7.1.3.2 浸渍法)放入乙醇溶液中,超声一定时间,制得石墨纳米薄片的悬浮液。将分散的纳米薄片与聚合物单体混合,在一定的外加条件下引发聚合,即可制成聚合物/石墨纳米薄片复合材料。研究表明,对于纳米薄片在基体中的分散、减少团聚,超声是一个行之有效的办法,它可以将石墨纳米薄片较为均匀地分散在基体中。这大大减小了复合材料的渗滤阈值[*]。"渗滤理论"对此的解释是:在高分子母体中起导电作用的是石墨形成的导电网络;当石墨的含量比较低的时候,导电网络没有形成,因此材料的电导率保持在绝缘体的范围内;随着石墨量的增加,在某一个临界值,导电石墨可以发生接触从而形成最低限度的导电网络。这时的导电粉体的含量就是渗滤阈值。之后随着石墨的继续增加,电导率逐渐接近石墨的本体电导率,因此变化不大[24]。由上述机理可以看到,氧化、膨化使石墨层厚度减小,而比表面积大大增加,可以提高石墨对复合材料导电性的贡献,降低阈值。如PMMA/膨胀石墨纳米复合材料和 PS/膨胀石墨纳米复合材料的渗滤阈值仅约为1.5%和1.6 %(质量分数)。TEM 观察发现聚合后复合物中的石墨纳米薄片在基体中形成良好的导电网络。这种方法同样适用于尼龙/石墨纳米复合材料的制备[25]。

除了酸插层的 GIC,碱金属插层的 GIC 同样可以用于高分子复合材料的制备。由于较大的空间位阻作用,大分子的聚合物不易进入石墨层间,只有不饱和烃的低聚物或小分子才能插入层内,因此材料学家们通过碱金属插层,单体或引发剂跟进的方法进行共插层聚合。该方法首次由 Podall 等于 1958 年提出,之后Shioyama通过该方法进行碱金属插层聚合试验,用 RbC24、CsC24、KC24 和 KC8 与橡胶、1,3-丁二烯和苯乙烯的蒸气进行插层聚合,发现石墨层片可以层状剥离[26]。Uhl 等曾用 KC8 为引发剂,对苯乙烯进行插层聚合。他们对插层复合的反应机

---

* 或称:渗域滤值。其概念来源于渗滤理论。向不导电聚合物中加入导电粉体,块体材料的导电性随加入量的增加呈现"S"形变化:最开始复合材料的电导率有微小地升高,但仍然在绝缘体的范围内;当石墨的量达到某一个临界值时,复合材料的电导开始急剧地升高,达到半导体的范围;然后随着石墨的继续加入,电导的升高趋势减缓,趋于某一个极限。电导率发生剧烈变化时所对应的导电粉体的体积或质量分数称为渗滤阈值。

理、产物的机械特性、热稳定性等都进行了研究[27]。

复合插层的 GIC 同样可以用于复合物的制备。Xiao 等通过碱金属插层成功地制备了聚苯乙烯/石墨纳米复合材料,并对体系的导电性进行了探讨。该插层聚合为阴离子聚合。以 PS/石墨纳米复合体系为例,其主要过程如下:把自然片状石墨和钾金属置于含有萘的四氢呋喃(THF)溶液中,制成 K-THF-GIC,然后把制备好的 K-THF-GIC 迅速加入新蒸馏的 THF 中,再注入聚合物单体使其聚合。以该法制备的石墨纳米复合物中,石墨被剥离,以纳米尺寸分散在基体中,如 K-THF-GIC 引发聚合过程,石墨以小于 100nm 厚度的尺寸分散在聚合物基体中。研究表明,以该方法制成的石墨纳米复合材料热降解温度 T_g 比普通聚合物高。另外,实验表明,随着石墨含量的增加,复合材料的体积电阻率降低,并可得到较低的渗滤阈值[28]。这种方法的主要缺点是:由于碳层表面的阴离子引发剂的活性较高,大部分的单体会在碳表面聚合,而只有少数会进入层间,需要进一步发展[29]。

7.1.6　石墨及其插层化合物的工业应用前景

7.1.6.1　电极材料

石墨的典型特征是化学稳定性好、高电导率、石墨层间的电化学活性物质易于扩散等。优异的循环储锂特性和不大的体积变化使它成为商业化的锂离子电池中的负极储锂材料[30]。GIC 作为二次电池电极材料的优点是其高电导率和电化学活性物质的易扩散性。用石墨表面化合物作为阳极材料的二次电池,其性能与石墨材料的结晶度关系密切。吸附性强、比表面高的高结晶度石墨是二次电池理想的电极材料。

氟化石墨 $(CF)_n$ 在有机电解质中具有极好的电化学活性,并且具有很好的热稳定性和化学稳定性。在日本,以氟化石墨作为阳极材料的 Li 电池于 1974 年实现工业化生产,阴极是 Li 金属。这种电池的特点是:电压高而且平稳;能量密度大、自放电率低、便于长时间储存和低温下使用;体积小、质量轻。美国、日本等国研究证明,$CF_{0.5 \sim 0.99}$ 的氟化石墨最适合作高能电池阳极材料,含氟量高则有利于减少阳极体积,使电池小型化。而高氟化石墨 $CF_{1.1 \sim 1.26}$ 虽然含氟量高,但由于电阻率过大,因而不宜作阳极材料。1973 年日本 Matsuhita 电气公司试制成功一种新型高能电池,该电池以"CF"作阳极,金属锂作阴极,中间为有机电解液,其开路端电压为 2.8～3.2V,工作电压为 2.8V,和碱性电池以及普通电池比较,其质量减轻 20%～30%,工作电压及容量高出一倍,相当于 4～5 节碱性电池和普通电池。从电位序列考虑,氟和锂组成高能、高功率以及高密度电池是相当理想的。因氟化学性质极为活泼,制成氟锂电池较为困难,但实践证明,通过 $(CF_x)_n$ 构成 $(CF_x)_n$-Li 电池是可行的。目前氟化石墨电池在国外已得到普遍应用,有 Ⅰ 型、Ⅱ 型、钟表用硬币型、吊悬用针型等几种。

7.1.6.2　高分子填料

如7.1.5部分中所言,石墨可以作为高分子填料用于高分子改性。用作高分子母体的高分子材料可以是聚苯乙烯(PS)、聚甲基丙烯酸甲酯(PMMA)等,以改善其导电性和力学性能。同时,石墨层间化合物是塑料材料良好的阻燃剂,其具有无毒、无污染等特点,单独使用或与其他阻燃剂混合使用都可达到理想的阻燃效果。石墨层间化合物在达到同样阻燃效果时,用量远小于普通阻燃剂。其作用原理是:在高温时,石墨层间化合物急剧膨胀,窒息了火焰,同时其生成的石墨膨体材料覆盖在基材表面,隔绝了热的传递和氧的接触;其夹层内部的酸根在膨胀时释放出来,也促进了基材的碳化,从而通过多种方式达到了良好的阻燃效果。

7.1.6.3　高效催化剂

GIC材料不仅对许多有机化学反应具有催化作用,并且具有独特性能。GIC能够促进有机化学反应的一个重要原因就是它的内表面积非常大,而且具有独特的选择性吸附作用。研究表明,碱金属GIC对乙烯、苯乙烯、二烯烃等有机物的聚合反应均有催化作用。例如,Diego Savoia等发现KC_8作为非均相催化剂,对于不饱和酮、酸、席夫碱类的波西反应(Birch-type reaction),含有不饱和双键的砜类化合物的还原裂解等均具有良好的催化活性[31]。GIC在合成氨的化学反应中也表现出了很强的催化能力。Ichikawa等利用$FeCl_3$-K-GIC作为催化剂,在350 ℃和低气压条件下合成氨,10h后转化率就达到90%,比单独使用碱金属、石墨、金属氯化物作为催化剂高出几百倍。

使用GIC材料作为催化剂有诸多优点,不仅可以提高效率、降低成本,而且能使反应在更加温和、可以控制的条件下进行。目前,GIC材料作为各种有机化学反应的非金属催化剂的研究已引起人们的广泛关注。

7.1.6.4　电子元器件

近年来,石墨烯(又称单层石墨或薄层石墨)成为材料学家追捧的热点之一[5]。它可以简单地认为是只有1或2层碳原子组成的石墨薄片。2004年石墨烯通过电子刻蚀形成纳米带,并做成场效应电子管,实验证明在低温下能够通过门电压的调控实现开关效应[32]。之后Stanford的戴宏杰工作组将此类材料的宽度减小到10 nm以下,从而制成了可以在室温工作的场效应器件[33]。石墨烯纳米带与它之前的纳米管相比,只有单一的半导体特性(纳米管有半导体和金属两种),因此,只要能够很好地控制带的宽度,就能够确保器件全部可以开关。此外,其能带宽度受到纳米带宽度的影响,窄的纳米带工作温度较高。这为新型纳米器件的制备带来了新的希望。

7.1.6.5　高电导率材料

石墨材料作为一种半金属，沿碳层方向的电导率约为 2.5×10^6 S/m。对于离子型 GIC，客体的插入使其载流子的浓度随施主型 GIC 中的传导电子或受主型 GIC 中的空穴的增加而增大。因此，离子型 GIC 的电导率远远大于石墨，被称为"合成金属"。制约材料电导率的主要因素是石墨主体的结晶度、层阶结构的周期、插入物质的种类和组分等。目前发现的高电导率 GIC 的插入物质主要有四类：五氟化物（AsF_5、SbF_5）、金属氯化物（$CuCl_2$、$FeCl_3$）、氟（F_2）、掺铋的碱金属（K）。由五氟化物 AsF_5、SbF_5 制备的 GIC，其室温电导率比金属铜还高，数量级可达 10^8 S/m。然而五氟化物的腐蚀性和毒性，以及相应的 GIC 在空气中的不稳定性限制了这类 GIC 的实际应用。

金属氯化物 $CuCl_2$、$FeCl_3$ 等插层的 GIC，其电导率仅与铜相当，约为 10^7 S/m，但这种材料在空气和许多有机溶剂中具有相当高的稳定性。由于这类材料的密度低于铜，其在飞行材料方面的性能指数（电导率/密度）可与金属铜媲美。由碱金属和铋构成的三元 GIC 则具有较好的稳定性和较高的电导率，部分解决了施主型二元 GIC 在空气中极易分解导致的使用障碍[34, 35]。

7.1.6.6　储氢材料

氢作为燃料具有高燃烧值、低污染的优点，是未来的理想能源。然而，氢的储存与运输始终是较难解决的问题。研究发现，碱金属 GIC 材料具有高的吸附氢的能力，可作为储氢的首选材料。研究表明，在不同条件下 K-GIC 与氢反应，可生成两种不同的化合物：在室温下，1 阶 KC_8 吸附氢生成 2 阶 KC_8H_x（$0 \leqslant x \leqslant 2$），而在此条件下 KC_{24} 对氢的吸附能力很低。在液氮温度（77 K）附近，KC_8 几乎不吸附氢，而 KC_{24} 则可以通过物理吸附过程吸收大量的氢（每 100g 可吸氢 13.7L），生成以 $KC_{24}(H_2)_{1.9}$ 为主的物质。GIC 作为储氢材料具有以下优点：①储氢密度高。由于 KC_{24} 的插入层中钾原子排布比较稀疏，而氢分子直径较小，进入 GIC 后可占据钾原子的间隙，因而吸附氢后 KC_{24} 材料的体积几乎不膨胀，而材料中氢原子的密度基本上与固态氢一样；②对氢的吸附与脱附完全可逆，且反复吸附与脱附后材料不会分解；③吸氢速度快；④脱氢方法简单。可以通过加热或减压的方法来迅速地进行脱氢；⑤材料的吸附能力具有高稳定性，不受杂质气体的影响[36]。

除此之外，氟插层 GIC 还可以用作固体润滑剂，膨胀石墨可以作为密封材料，用于防火阻燃。它同时具有丰富的孔结构，因而有优良的吸附性能，所以在环保和生物医学上有广泛的用途[37]。表 7-3 列出了李景虹所总结的碳材料的各种用途[1]。总之，GIC 所呈现的独特的物理与化学性能预示着在诸多领域具有极大的应用潜力,可成为极具应用价值的新型多功能材料。相信在不久的将来,GIC 将在许多领域发挥重要作用。

表 7-3　石墨插层化合物的各种用途[1]

导电材料	高导电材料	$AsF_5, SbF_5, SbCl_5, HNO_3$
	超导体材料	$K, Rb, Cs, K-Hg$
电池材料	一次电池	$(CF)_n, (C_2F)_n$
	二次电池	$K, NiCl_2$
	温差电池	Br_2
有机反应试剂及催化剂	聚合反应	Li, K
	与卤素有关的反应	$Br_2, AsF_5, SbCl_5$
	氨合成	$K, FeCl_3$
	酯化	H_2SO_4
气体的储藏和浓缩	氢的储藏	K
	氢的浓缩	K
其他	膨胀石墨的制造	HNO_3, H_2SO_4, H_3PO_4
	润滑剂	(CF)
	金刚石合成催化剂	Fe, Co, Ni

7.1.7　类石墨化合物:六方氮化硼

氮化硼材料是碳的等电子体。与碳类似,氮化硼存在两种最典型的晶型:六方型氮化硼和立方型氮化硼(金刚石型)。前者与石墨相像,又称石墨型氮化硼,有"白色石墨"之称。

六方氮化硼为白色粉末,其相对密度 $2.25 g/cm^3$,莫氏硬度约为 2。在惰性气体中,熔点 3000℃,在中性还原气氛下,耐热 2000℃。在空气中 1000℃以上氧化显著。具有良好的电绝缘性、导热性、耐化学腐蚀性、抗氧化能力和良好的润滑性。在高温时也具有良好的润滑性,是一种优良的高温固体润滑。化学性质稳定,对几乎所有熔融金属都具化学惰性,常温下不与水、酸、碱及有机溶剂反应,与水共煮会缓慢水解生成硼酸和氨。与热浓或熔融碱以及热的氯气发生反应。可用硼砂和氯化铵在氨气流中加热制得。

它具有很强的中子吸收能力,具备便于机械加工的优良性能。可广泛地应用于石油、化工、机械、电子、电力、纺织、核工业、航天及其他工业部门。可作为耐火材料、火箭发动机组成材料、高压高频电极等离子弧的绝缘体、半导体的固相掺杂材料、原子反应堆的结构材料、防止中子辐射的包装材料、高温润滑剂和模型的脱模剂、抗氧化或抗水的润滑脂。氮化硼粉末还可以作为玻璃微珠的防粘剂、玻璃和金属成型的脱模剂。用氮化硼加工的纤维可用作无机合成工程材料,广泛用于宇航、国防工业。

立方型氮化硼与金刚石类似,为黑色或棕色粒状晶体。相对密度 $3.48g/cm^3$,熔点 3000℃,硬度与金刚石相当。高温时稳定性优于金刚石。可在高温、高压条件下对硼和氮气直接合成。由氮化硼加工制成的超硬材料,可制成高速切割工具和地质勘探、石油钻探的钻头。

7.2　硅酸盐层状插层组装体的研究

7.2.1　硅酸盐及其插层结构简介

硅是在地壳中的含量除氧外最多的元素。如果说碳是组成一切有机生命的基础,那么硅对于地壳来说,占有同样重要的位置。目前地球上已知的硅酸盐矿物达800 多种,占矿物总数的 1/3,占地壳总质量的 3/4,分布最广,数量最多。硅氧配位四面体是硅酸盐的基本构造单元,以离子键与阳离子结合,是由二氧化硅和金属氧化物所形成的盐类[38]。

X 射线衍射实验证明,在所有的硅酸盐结构当中,与同一硅原子成键的氧原子(以 O^{2-} 阴离子形式存在)彼此相距均在 260~280pm,而与不同硅原子成键但是彼此相邻的氧原子之间的距离也落在该数值范围内。由此不难推测,在晶体硅酸盐中,O^{2-} 离子必定以某种密堆积的形式排布。试验还证明,体积较小的硅原子处在 O^{2-} 离子密堆积阵列的正四面体空隙之中。由于异质同构取代,空隙中正四价的 Si 可以被 Al^{3+},以及 Fe^{3+}、Mn^{2+}、Mg^{2+} 等离子取代而无需改变晶格结构(但改变了晶体的物理性质,如密度、光学性质等)。这种置换主要取决于离子体积的大小而与所带电荷无关。置换造成的电荷不平衡可以通过其他途径来解决,如引入 Na^+ 或 Li^+,或以 OH^- 取代 O^{2-} 等。由此导致的天然硅酸盐化学的组成复杂多变也就不难理解。基于这个原因,对硅酸盐的分类若以阴离子或化学组成为基础就有困难,而更应以它们的晶体结构作为分类依据[39]。

各种硅酸盐材料在结构上的最大差别在于 SiO_4 正四面体在连接方式上的不同。根据连接特点的不同,可以将所有硅酸盐类材料分为四大类:①具有独立的硅氧阴离子团,包括正硅酸盐(如橄榄石、锆英石)、焦硅酸盐(如符山石、绿帘石)及其他环状阴离子团(如绿玉类矿物)(见图 7-4);②具有无限的一维 SiO_4 正四面体长链(如硅酸锂、辉石矿、闪石矿等)(见图 7-5);③具有无限的二维 SiO_4 正四面体层(如云母、黏土类矿物等);④具有无限的三维 SiO_4 正四面体网架(如长石、沸石、佛青等)。

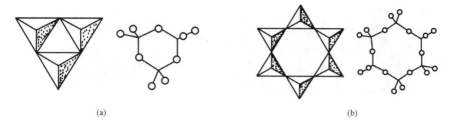

图 7-4　环状硅酸盐阴离子化合物的示意图

（a）三元环；（b）六元环

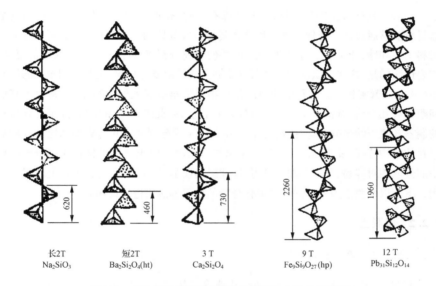

图 7-5　几种典型的链状硅酸盐阴离子化合物的示意图

这些硅酸盐类化合物当中，我们最关心的是具有层状结构的部分，如蒙脱土（montmorillonite）、高岭土（kaolin）、海泡石（spiolite）、云母（mica）等（见图 7-6）。这一类化合物在变形岩和风化岩中最为常见。这些化合物的结构可以描述如下：两个氧原子平面层夹紧一个 Si 原子层，硅氧成共价键，形成 Si-O-Si 夹层结构，夹层与夹层之间通过阳离子（如 Mg^{2+}、Ca^{2+}、Fe^{2+} 等）黏结起来。这一结构的复杂之处在于：夹层中的 Si 可以被 Al 取代，O^{2-} 可以被 OH^- 取代，夹层之间的阳离子不单二价离子之间可以互换，而且可以被一价离子（如 Na^+、Li^+）取代。置换的结果是使得这一类化合物在组成上非常复杂，几乎不能通过化学成分的不同来进行分类。

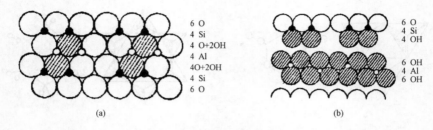

图 7-6　层状硅酸盐化合物的晶体结构示意图
(a) 叶蜡石；(b) 多水高岭土

另外一些硅酸盐类化合物,如凹凸棒石,则为孔道结构。只有层状结构的硅酸盐材料能够通过插层处理扩张其片层之间的重复间距(扩孔),并改进层面与高分子材料的亲和性,让高分子材料进入层间,并使层充分剥离,从而达到纳米尺度的复合。需要说明的是,这些层状硅酸盐之所以能够形成纳米复合材料,是与它们较大的层间距(＞1nm)紧密相连的。石墨的插层化合物曾最早引起人们的注意,但是由于其层间距只有几个埃,有机分子很难有效插入并剥层,因此纳米石墨片/高分子复合材料的制备却晚于纳米硅酸盐片/高分子材料[40]。下面分别介绍几种典型的层状硅酸盐材料的结构特征,及其插层化合物和纳米复合材料。由于这一类材料在高分子基质中的分散相对容易,且材料廉价易得,性能提高明显[41],已经迅速在工业上获得了应用。下面以蒙脱土为例对硅酸盐类化合物的插层和应用进行说明。

7.2.2　蒙脱土

7.2.2.1　蒙脱土晶体结构

蒙脱土是膨润土矿的主要成分,其理论结构式为:$(1/2Ca, Na)_x (Al_{2-x} Mg_x)$ $(Si_4 O_{10})(OH) \cdot nH_2 O$。它是一类 2∶1 型层状硅酸盐黏土,每个单位晶胞由两个硅氧四面体中间夹带一层铝氧八面体组成,四面体与八面体依靠共同氧原子连接[42],形成厚约 1 nm、长度为 100～1000nm 高度有序的准二维晶片,晶胞平行叠置。蒙脱土中的同晶置换现象极为普遍,如 Al^{3+} 可以取代四面体中的 Si^{4+},而 Mg^{2+}、Fe^{2+}、Zn^{2+} 等可以取代八面体中的 Al^{3+}。晶格中的 Si^{4+}、Al^{3+} 被其他低价离子取代,单位晶层有较多负电荷,因而吸附等电量的阳离子来维持电荷平衡。蒙脱土晶格中,由于异价离子置换而产生的负电荷具有吸附阳离子和极性有机物的能力。晶层间可能存在的阳离子有 Na^+、Mg^{2+}、Ca^{2+}、K^+、H^+、Li^+ 等,这些阳离子在一定条件下可以相互取代。它们的交换规律一般是:蒙脱土悬浮液中,浓度高的阳离子可以交换浓度低的阳离子;在离子浓度相等的情况下,离子键强的阳离子可以取代离子键弱的阳离子,它们交换的顺序大致是:$Ba^{2+}>Sr^{2+}>Ca^{2+}>Mg^{2+}>K^+>Na^+>Li^+>H^+$。

蒙脱土的两个相邻晶层之间由氧原子和氧原子层相接,没有氢键,只有结合力较弱的范德华力;片层之间可以随机旋转、平移,但单一平层不能单独存在,而是以多层聚集的晶体形式存在,其(001)晶面间距大约为 1.4nm;单元晶层一般有约 10 个单元层组成,单元晶粒的厚度约为 8~10nm。蒙脱土的单位晶层之间的结合力微弱,水和其他极性分子能够进入单位晶层之间,引起晶格沿 c 轴方向膨胀。当层间无结合水时,层间厚度为 0.96nm;当层间存在结合水时,层间厚度最大可增至 2.14nm;吸附有机分子时,层间距可增大到 4.8nm。研究表明:蒙脱土层间的离子交换容量一般在 60~120meq/100g 的范围内[43],这是一个比较合适的离子交换容量。由于层间较弱的范德华力和存在交换性阳离子,为蒙脱土的化学改性提供了必要前提。

蒙脱土的理化性能和工艺技术主要取决于它所含的交换性阳离子的种类和含量。最常见的为 Na-蒙脱土,其吸水速率慢,吸水率和膨胀倍数大,阳离子交换量高,在水介质中分散性好。Na-蒙脱土可以分离成单个晶胞,胶体悬浮液的触变性、黏度、润滑性好,pH 高,热稳定性好,在较高温度下仍能保持其膨胀性能和一定的阳离子交换量,有较高的可塑性和较强的黏结性等,所以 Na-蒙脱土的使用价值和经济价值比较高。

7.2.2.2　蒙脱土的有机化处理

蒙脱土层间有大量无机离子,因此亲水而不亲油。利用蒙脱土层间金属离子的可交换性,以有机阳离子交换金属离子,使蒙脱土有机化。蒙脱土被有机阳离子处理后,与插层的有机聚合物或有机小分子化合物有了良好的亲和性,这样有机化合物可以较容易地插层到蒙脱土的层间[44]。

由于蒙脱土中的 Na^+ 更容易被有机阳离子所置换,将普通蒙脱土"钠化",钠型蒙脱土与有机铵阳离子,如脂肪烃基三甲基氯化铵在水溶液中进行离子交换反应,交换反应可表示为:

$$
\text{O–Na}^+ + \text{Cl–N}^+(\text{CH}_3)_3\text{R} \longrightarrow \text{O–N}^+(\text{CH}_3)_3\text{R} + \text{NaCl}
$$

上式中,R 为 $C_{12}H_{25}$、$C_{14}H_{29}$、$C_{16}H_{33}$、$C_{18}H_{37}$ 等脂肪烃类。将有机胺盐改性的蒙脱土在酸性介质中水解,水中质子很难将胺盐基置换下来,说明由离子键所形成的复合物是比较稳定的。事实上,在这种离子键形成的过程中,烷基与蒙脱土还产生了比较显著的物理吸附。烷基越大,其与蒙脱土之间的范德华力就越大,这种吸附作用越大。因此这种离子键不同于普通无机化合物中的离子键,具有不可逆性。正是这种强有力的结合力,才使得有机化处理的蒙脱土在插层工艺过程中保持很好的稳定性。

Na-蒙脱土的有机化改性有干法、湿法和预凝胶法 3 大类:①干法:将蒙脱土与适量的季铵盐阳离子表面活性剂充分混合,在无水和高于季铵盐阳离子表面活性剂熔点的温度下进行反应而制得有机蒙脱土产品;②湿法:以水为分散介质,将蒙脱土制成浆液,和季铵盐阳离子进行交换反应而得到有机蒙脱土;③预凝胶法:该法与湿法类似,是将 Na-蒙脱土加入到有机溶剂中(如矿物油),使有机组分插入蒙脱土层间,达到对 Na-蒙脱土的有机化改性。

通过蒙脱土的有机化处理,主要达到以下三个目的:一是将蒙脱土层间的水化无机阳离子交换出来;二是扩大蒙脱土层间距离;三是能与高分子化合物基体有较强的分子链结合力。

7.2.2.3　蒙脱土纳米复合材料

纳米复合材料的概念最早是由 Roy 于 1984 年提出的,它是指分散相尺寸至少有 1 种小于 100nm 的复合材料[45]。由于纳米粒子独特的表面效应、体积效应和量子效应,使纳米复合材料表现出独特的化学和物理性质,因此引起了人们的广泛关注。

聚合物/蒙脱土纳米复合材料是目前新兴的一种聚合物基无机纳米复合材料。将单体或聚合物插入蒙脱土的片层间,利用聚合反应放出的能量或者化学作用实现有机高分子与无机硅酸盐在纳米尺度上的复合。与常规复合材料相比,具有以下特点[46]:只需很少的填料(质量分数<5%)即可使复合材料具有相当高的强度、弹性模量、韧性及阻隔性能;具有优良的热稳定性及尺寸稳定性;其力学性能优于纤维增强聚合物系。蒙脱土天然资源丰富,价格低廉,因此聚合物/蒙脱土纳米复合材料成为近年来新材料和功能材料领域中的研究热点之一。

根据聚合物纳米复合材料的微观结构,可以将聚合物/蒙脱土纳米复合材料分为插层型纳米复合材料(图 7-7)和剥离型纳米复合材料(图 7-8)[47]。

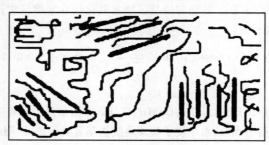

图 7-7　插层型纳米复合材料示意图

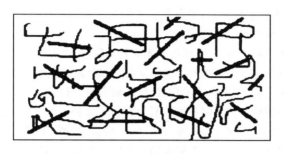

图 7-8　剥离型纳米复合材料示意图

在插层型复合物中,聚合物不仅进入蒙脱土颗粒,而且插层进入硅酸盐晶片层间,使蒙脱土的片层间距明显增大,但还保留原来的方向,片层仍然具有一定的有序性;在剥离型复合物中,蒙脱土的硅酸盐片层完全被打乱,无规则地分散在聚合物基体中,此时蒙脱土片层与聚合物可以混合均匀。在插层型纳米复合材料中,高分子链在层间受限空间与层外自由空间的运动有很大差异,因此此类复合材料可以作为各向异性的功能材料;而剥离型纳米复合材料具有很强的增强效应,是理想的韧性材料。Ishida 等认为,根据 XRD 的表征结果可以判断聚合物/蒙脱土纳米复合材料是插层型还是剥离型[48]。在 XRD 衍射图中,存在 $2\theta=5.5°$ 的峰表明是插层型复合材料的结构,而 $2\theta=5.5°$ 的峰消失或强度大幅度下降表明为剥离型纳米复合材料。在所有的蒙脱土复合材料的 XRD 图中,$2\theta\leqslant5.5°$ 的衍射峰为蒙脱土的峰,而其他峰为聚合物的峰。Kornmann 等认为除了可以用 XRD 来判断外,TEM 也可用来判断聚合物/蒙脱土纳米复合材料是插层型还是剥离型,而且更加直观和准确[47]。

有机蒙脱土由于层间具有有机阳离子,层间距增大,同时因片层表面被有机阳离子覆盖,蒙脱土由亲水性变为亲油性。当有机蒙脱土与单体或聚合物混合时,蒙脱土的层状结构及其吸附性和膨胀性的特点,使单体或聚合物分子向有机蒙脱土层间迁移并插入层间,使层间距进一步增大,得到插层复合材料。目前,纳米复合材料的制备采取两种方法[49,50]:①单体溶液插层原位聚合法。即在溶液中将单体插入到有机蒙脱土中,然后原位聚合,利用聚合时释放出的大量热量,克服硅酸盐片层的静电引力使其剥离,形成纳米复合材料;②聚合物大分子溶液插层法。将聚合物溶液与有机蒙脱土混合,利用化学或热力学作用使层状硅酸盐剥离并分散在聚合物基体中。

在聚合过程中,溶剂的作用相当重要,它通过对层间有机阳离子和单体或聚合物二者的溶剂化,使单体或聚合物插入到蒙脱土层间。在材料的加工工艺中,主要采用溶液插层法和熔融插层法。

溶液插层法是指于溶液状态对蒙脱土进行插层制备纳米复合材料。依据溶液的构成,可分为单体溶液插层、聚合物水溶液插层、聚合物有机乳液插层、聚合物有机溶液插层等几种形式。

对大多数聚合物来说,溶液插层技术有其局限性,因为可能找不到合适的单体来插层或找不到合适的溶剂来同时溶解聚合物和分散蒙脱土。熔融插层是应用传统的聚合物加工工艺,在聚合物的熔点(结晶聚合物)或玻璃化温度(非晶聚合物)以上将聚合物与蒙脱土共混制备纳米复合材料。这种方法不需任何溶剂,操作简单。可熔融插层的有机聚合物包括聚烯烃、聚酰胺、聚酯、聚醚、含磷、氮等杂原子主链聚合物和聚硅烷等。非极性聚合物对蒙脱土的熔融插层存在一定困难,而极性聚合物的熔融插层效果要好得多。

7.2.2.4　插层过程热力学分析

聚合物对有机蒙脱土的插层及其层间膨胀过程是否能进行,取决于该过程中自由能的变化(ΔG)是否小于零,即若 $\Delta G < 0$,反应能自发进行。原位插层复合法主要是利用 $\Delta H < 0$ 来促使纳米复合材料的形成,插层于蒙脱土中的单体聚合释放出大量的热超过了 ΔS 的影响使蒙脱土层间距迅速增大;聚合物溶液插层法主要是利用 $\Delta S > 0$ 来影响 ΔG 的大小,层间阳离子的溶剂化以及层间溶剂被置换使体系熵增加,从而使 $\Delta G < 0$;而聚合物熔融插层法的构象熵的减少可以通过焓变来补偿,且高分子链与填料层间有机基团的作用会使 $\Delta H < 0$,从而能够使体系的自由能减小,使得 $\Delta G < 0$[51]。

7.2.2.5　聚合物/蒙脱土纳米复合材料的种类

(1) 聚苯乙烯插层复合材料。王胜杰等[52]研究发现:聚苯乙烯分子链进入蒙脱土的硅酸盐片层间分成两个步骤。首先,聚苯乙烯分子链扩散进入蒙脱土的颗粒间,然后再插层进入硅酸盐片层间。因为后一步反应速率快,因此第一步是反应速控步。聚苯乙烯插层复合材料是否形成剥离型复合材料,有研究表明与蒙脱土插层改性剂有关。普通的长链烷基季铵盐、硬脂烷基季铵盐、芳香烃基季铵盐等改性的蒙脱土,在苯乙烯的本体聚合中都无法形成剥离型而只能是插层型复合材料。利用可聚合型插层改性剂处理蒙脱土,则可以形成剥离型纳米复合材料。如:乙烯苯基长链季铵盐插层形成的有机蒙脱土在苯乙烯单体中能够形成凝胶,通过苯乙烯的自由基聚合,凝胶转变为聚苯乙烯插层复合材料。XRD 和 TEM 都表明:功能性插层改性剂含量在 5% 以上时,无论是 Na-蒙脱土还是 Ca-蒙脱土,其聚苯乙烯的插层复合材料都是剥离型的。王一中等[53]用长链季铵盐对蒙脱土进行了改性,采用本体聚合法制备了聚苯乙烯(PS)/蒙脱土嵌入混杂材料,通过 XRD、TEM、IR 等表征发现在嵌入混杂材料中,PS 以双分子层嵌入蒙脱土层间,PS 的玻璃化转化温度高于纯聚苯乙烯,说明复合材料中的聚苯乙烯分子链的活动性低于纯聚苯乙烯。其原因是由于插层后,聚苯乙烯受到蒙脱土中所含有机基团的吸引,对其活动有束缚作用,使其链段运动的阻力增大,形成一个统一的整体,而不是一个分相体系。Fu 等[54]用氯化苄基二甲基十二烷基胺(VDAC)为表面活性剂处理蒙脱土制备聚苯乙烯/蒙脱土纳米复合材料,结果表明得到剥离型复合材料,其力学模量和降解温度都高于纯的聚合物。

(2) 环氧树脂插层复合材料。影响环氧树脂插层的因素有:环氧树脂性质、环氧树脂固化剂、插层工艺、蒙脱土的阳离子交换容量等。Pinnavaia 等[55]对环氧树脂/黏土复合进行了比较全面的研究,他们认为使用胺固化剂时,黏土能否剥离与所采用的固化温度有关,黏土的剥离主要是由插入在层间的环氧齐聚物固化放热引起的,因此只有在适宜的固化温度下才能够剥离。吕建坤等[56]用插层原位聚合方法,以十八烷基的卤盐对蒙脱土进行有机化,制备了环氧树脂/蒙脱土纳米复合材料。用 XRD、DSC 等手段研究了有机蒙脱土在环氧树脂中的插层与剥离行为,证明环氧树脂容易插层到黏土片层间,形成稳定的插层复合物,假如有机胺固化后,黏土被剥离而得到剥离型纳米复合材料,剥离程度与所采取的固化温度关系不大,主要取决于固化程度。Ruiz-Hitzky 等[57]将聚环氧乙烷嵌入到具有不同阳离子的蒙脱土中,制备了新的具有二维结构的有机-无机纳米复合材料。该层间化合物的导电性随温度变化的研究表明,其导电性随温度变化显著,在 575K 时导电性最好,大约是锂基蒙脱土的 10 倍。更高温度时,层间化合物随着聚环氧乙烷的释放逐渐分解,最终与锂基蒙脱土的导电性相近。

(3) 聚酰胺/蒙脱土插层复合材料。聚酰胺是一种应用广泛的工程塑料,其分子结构和结晶作用使其具有优良的物理、机械性能。然而由于酰胺极性基团的存在,聚酰胺的吸水率高、热变形温度低、模量和强度不够高,限制了其应用。1987年日本臼杵有龙首次采用原位插层聚合法制备尼龙 6/黏土复合材料以来[58],尼龙 6/蒙脱土纳米复合材料的研究得到了广泛的重视。日本丰田研究所和宇部研究所、中国科学院化学研究所等在尼龙 6/黏土纳米复合材料的制备、表征、结构等方面取得了重要进展。漆宗能等[59]应用天然丰产的蒙脱土层状硅酸盐作为无机分散相,用插层法成功制备了尼龙 6/黏土纳米复合材料,该材料与纯尼龙 6 相比,具有强度高、模量高、耐热性好、阻隔性好、加工性能良好的特性。研究者用不同的方法制备了尼龙纳米复合材料,而不同方法制备的复合材料对尼龙 6 的性能有不同程度的改善。如用原位插层聚合的方法制备的尼龙 6/蒙脱土纳米复合材料的拉伸强度和热变形温度有明显的提高[60];而用熔融插层方法制备的复合材料的拉伸强度、弯曲强度、弯曲模量和热变形温度有明显的提高[61]。

（4）聚氨酯/蒙脱土插层复合材料。聚氨酯弹性模量介于橡胶和塑料之间,具有高强度、高弹性、高耐磨、硬度可调及优异的低温、生物相容性,是一类应用非常广泛的聚合物材料。聚氨酯弹性体能否发生微相分离,微相分离的程度以及硬链段在软相中分布的均匀性等都直接影响弹性体的力学性能。1998 年 Pinnavaia 等[62]首先利用插层聚合制备了聚氨酯/蒙脱土纳米复合材料,当有机蒙脱土的含量仅为 10％时,该复合材料的拉伸强度、模量及断裂伸长率同时提高一倍。以后相继有基于聚氨酯的有机-无机纳米复合材料的报道。Xu 等[63]制备的聚氨酯弹性体/蒙脱土纳米复合材料,不仅力学性能有很大提高,透气性也下降一半。有机蒙脱土的存在影响聚氨酯弹性体的氢键结合及微相分离,并最终影响弹性体的物理机械性能。Tien 等[64]发现随着有机蒙脱土含量的增加,聚氨酯/蒙脱土纳米复合物的硬段的氢键结合减小。由于均匀分散的纳米片层的增强效应及氢键结合减小效应共同作用使得聚氨酯/蒙脱土纳米复合材料的有机蒙脱土含量有一最佳值,在这一最佳点上,拉伸强度及伸长率同时达到最大,当有机蒙脱土的含量再增加时,伸长率将急速下降[65]。

（5）聚苯胺插层复合材料。用插层聚合的方法将聚苯胺分子链嵌入层状黏土的片层之间,从而得到一种高电导率的聚苯胺/蒙脱土插层纳米复合材料[66]。由于聚苯胺分子链在受限的纳米空间生成,聚苯胺以伸展的单分子链构象存在。该构象在苯胺的通常聚合中不可能生成。由于聚苯胺具有较高的电导率,在诸如抗静电、电致变色、电极材料等方面有着优良的应用前景,因而近来关于这类导电聚苯胺插层型纳米复合材料的研究受到越来越多研究者的关注。一些导电聚合物已经成功地插层到无机层状物质的层间,如聚苯胺/MoO_3[67]、聚苯胺/V_2O_5[68]、聚苯胺插层到黏土中可形成电极纳米复合材料,这种纳米复合材料薄膜的导电性具有很高的各向异性特点,其膜平面内导电性为垂直膜方向的 $10^3 \sim 10^5$ 倍[69]。

7.3　磷　酸　盐

7.3.1　α-磷酸锆

层状磷酸盐主要包括磷酸锆和磷酸铝两种。磷酸锆是最重要的层状磷酸盐,其结构上可以分为 α-磷酸锆和 γ-磷酸锆两种结构类型。层状磷酸锆常规的制备方法主要有沉淀法及水热法、溶剂热法以及回流法等[70-73]。由于 α-磷酸锆具有较好的催化及插层等性能,具有较为广阔的应用前景,引起人们的广泛关注[73-77]。

α-磷酸锆（α-zirconium phosphate）,分子式为 α-$Zr(HPO_4)_2 \cdot nH_2O$,简写为 α-ZrP,属于单斜晶系,D_{3d} 点群[78]。它具有典型的层状结构,每层都由锆原子构成平

面,磷酸基团以三个氧原子分别与三个锆原子连接,交错地位于平面上下,它的
—OH基团指向层内。每个锆原子与相邻的六个氧原子构成规则的八面体,锆原
子位于八面体的中心,Zr—O 键键长为 0.21nm,O—Zr—O 的键角约 90°,P 与邻
近的四个氧原子构成四面体,P—O 键键长为 0.15nm,O—P—O 键角约为 109°。
水分子位于晶型结构的空腔中,以氢键与层板氧原子连接,层与层之间的距离为
0.76nm,层板厚度为 0.63nm[79]。其结构模型如图 7-9 所示。

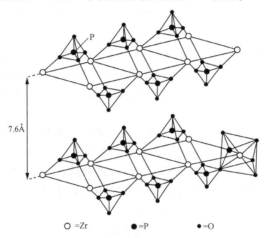

图 7-9 α-ZrP 的结构模型图

7.3.1.1 α-ZrP 的插层性能

α-ZrP 层间的质子氢可以和其他金属离子直接或间接地进行离子交换。α-
ZrP 可允许通过半径较小的阳离子如 Li$^+$、Na$^+$,对于半径较大的阳离子,如 Rb$^+$、
Mg^{2+}、Cu^{2+},难以直接进行离子交换,可以先用 Na$^+$ 将层板撑开,再将 Na$^+$ 置换出
来[79]。利用这一性质,可以将一些功能性离子引入 α-ZrP 的层间,实现分子设计。
α-ZrP 对胺和醇等极性分子具有较强的可插层能力,插入胺和醇的 α-ZrP 可以作为
其他功能性客体的插层前体。研究表明,有机胺由于具有可以与 α-ZrP 层板羟基
相作用的碱性基团,从而可以进入 α-ZrP 层间,使其层间距增大,甚至导致层板剥
离。生成产物为胶体化 α-ZrP,它可以进一步与金属聚阳离子交换,从而得到金属
聚阳离子插层的 α-ZrP。胺分子(如乙胺、正丁胺、正癸胺等)的插层过程是一个与
α-ZrP 完全发生质子化反应的过程,插层产物的层间距随插入量的多少而改变。
在胺过量的条件下(胺与 α-ZrP 的摩尔比大于 2),α-ZrP 完全被胺插层,胺分子与
α-ZrP 层板之间的夹角与胺的插入量有关[80]。

7.3.1.2　α-ZrP 插层化合物的应用

(1) 离子交换和分离。由于磷酸盐离子交换剂具有良好的交换性能,加之它们耐高温、耐强氧化剂、耐电离辐射,高达 100 Mrad 对其也没有影响,因此大量用于放射性同位素的分离和回收技术中。例如,从核裂变产物中分离 ^{137}Cs,从铀裂变产物中分离 Pu^{2+},以及锕系元素的分离,这在核工业中备受青睐。法国原子能委员会将含有磷酸锆和磷钨酸铵的物质作为混合床式交换剂用于核裂变产物的分离和回收过程。

利用 α-ZrP 能回收 Co、Ni、Cu 以及贵金属 Pd。因为 Pd^{II} 能进入层状结构的 $Zr(HPO_4)_2(bipy)_{0.25} \cdot 1.5H_2O$, $α-Zr(HPO_4)_2(Phen)_{0.5} \cdot 2H_2O$, $α-Zr(HPO_4)_2(dmphen)_{0.25} \cdot 2.5H_2O$ 中,在层间形成柱状钯胺配合物,有利于钯的富集和回收[81]。

(2) 石油化工催化剂。磷酸锆等作为质子酸催化剂在化工生产中具有重要的意义。例如,由丙酮合成甲基异丁酮传统工业上采用三步法,近年来应用含有 0.5% Pd 的磷酸锆作催化剂可以一步法合成,其中磷酸锆使丙酮脱水为 $(CH_3)_2C$=$CHCOCH_3$,而钯作为加氢催化剂将其还原为甲基异丁酮。Perriam 等[82]将铑的配合物 $[RhCl(CO)(Ph_2PCH_2CH_2NHMe_2)_2]^{2+}[BF_4]^-$ 插入 α-ZrP 制备的层柱催化剂,对苯乙烯的醛化反应具有较高的催化活性,与相应的均相催化剂相比,催化活性没有降低,正构醛选择性提高,催化剂铑在反复使用过程中没有流失。其他如乙烯、环氧乙烷的聚合反应、烯烃的氢化反应、丁烷氧化成马来酸等都可用磷酸锆作为催化剂。这种催化活性均与磷酸锆的结构和表面酸性有关。

(3) 水软化剂。磷酸锆等磷酸盐离子交换剂对 Ca^{2+}、Mg^{2+} 有较强的亲和性,可以和水中 Ca^{2+}、Mg^{2+} 离子发生交换反应,因此能用于水的软化处理。在洗涤剂中掺入适量的磷酸锆等,能有效地除去洗涤水中的 Ca^{2+} 和 Mg^{2+},防止它们的盐类沉积于织物上。

(4) 在生物领域的应用研究。磷酸锆应用于生物领域中,引起人们的广泛注意。如杀菌方面,将银离子嵌入到磷酸氢锆层间和羟基磷灰石一起用于灭菌[83,84];磷酸锆与生物活性分子相互作用方面,如与血红蛋白、胰蛋白酶和溶菌酶组成的纳米复合材料[85-87];选用 α-磷酸锆及改性 α-磷酸锆作为载体固定酶,检测到酶的活性仍然保持[88-90]。

(5) 具有潜在应用前景的 α-磷酸锆复合物。聚丙烯酰胺(PAM)是一种具有广泛用途的水溶性高分子,作为聚电解质,将其与层状无机物进行纳米复合,可以制得具有潜在应用前景的多层复合膜,广泛应用于渗透膜、生物传感器、抗静电涂层和非线性光学器件等领域。张蕤等人以 α-ZrP 为母体材料,以甲胺作为 α-ZrP

的层离试剂,用单体原位插层聚合法制备得到了水溶性的 PAM/α-ZrP 纳米复合材料(记为 PAM/α-ZrP)[91]。

石士考等首先在 α-ZrP 层间插入一种表面活性剂——双十二烷基二甲基溴化铵(DDAB),合成了具有较大层间距(3.56nm)的 DDAB/α-ZrP(简写为 DAZrP),然后将具有捕光功能的卟啉生色团插入到这种有机-无机层状化合物中,光学研究结果表明,DAZrP 可以作为很好的光子天线(光合作用中的捕光复合物)框架,能使卟啉生色团的荧光显著增强[92]。

磺化聚醚醚酮膜(SPEEK)以其良好的化学、机械稳定性和较好的质子传导性能在燃料电池质子交换膜研究领域引起人们的重视,同时 SPEEK 膜特有的微观结构也使其阻醇性能要优于 Nation 膜,在直接甲醇燃料电池(DMFC)方面显示了良好的应用前景。但随着材料磺化度的增加,SPEEK 膜的溶胀性能和机械性能显著下降,而低磺化度的 SPEEK 的质子传导能力较弱,不能满足 DMFC 的使用要求。为了提高聚醚醚酮膜在直接甲醇燃料电池中的性能表现,张俊等以磺化聚醚醚酮作为基体,掺入经过插层处理的 α-磷酸锆制备了磺化聚醚醚酮/α-磷酸锆复合质子交换膜。对复合膜的微观结构进行了研究,并考察了复合膜的质子传导性能、阻醇性能和电性能,结果表明,α-磷酸锆良好地分散在聚合物基体中,α-磷酸锆的加入提高了复合膜的质子传导性能,并保持了较好的阻醇性能,用该复合膜组装成的单电池的开路电压达到 0.448V,最大比功率达到 $13.1mW/cm^2$ [93]。

(6)应用于导电领域的研究。用 $SPP(O_3PC_6H_4SO_3H)$、磷酸和氯化锆合成出新的磷酸锆化合物,这种化合物在 DMF 中形成胶体,显示出很高的离子导电性,同时新合成的化合物填充到磺化的聚醚酮中制成的薄膜也有较高的导电性;磷酸锆和聚乙烯醋酸甘油组成的胶体可作为电解质来研究;各种过渡金属离子嵌入到磷酸锆层间的导电性、热稳定性均比原来的磷酸锆高;将 α-磷酸氢锆剥层后,与有机硅酸盐在水溶液中混合,合成出新的孔材料,孔径平均在 4nm 左右,比表面积达到 $700m^2/g$,同时这个复合材料加入磷酸后,通过调节磷酸的含量得到不同导电性的新材料,有望应用于气敏装置中[94-96]。

(7)应用于分子识别领域的研究。早在 20 世纪 70 年代,层状化合物就被应用到环境保护领域,去除环境污染物,如利用层状化合物可选择性吸附刚性平面结构的分子,如多氯联苯(PCBs)、多环芳烃(PAHs)、PCDDs 等杀虫剂[97]。近年,Johnson 和 Mallouk 通过柱撑磷酸盐对烷基醇和烷基胺的不同几何异构体的选择性吸附,进一步揭示了层状化合物的择形嵌入特性[98,99]。最近,Ferragina 考察了在 γ-ZrP 上进行 α-蒎烯的选择性异构化反应[100]。无机体系通常缺乏主体识别客体的高选择性所需的多点非共价作用力,因此,手性识别与异构体识别相比难度更大,纯使用层状化合物进行手性识别的效果一般[101,102]。Mallouk 提出如果通过插层或对层表面进行共价接枝,可以赋予层状主体更好和丰富的选择性。他首先采用在层状 α 磷酸锆的层间引入专一性手性识别剂(I),生成 I/Zr(HPO₄)₂ 复合材料,对外消旋体系(II)中的某一手性异构体具有很强的优先选择性,如图 7-10[101]。这样将层状材料的高比表面积、结构可调节性和手性识别剂的手性选择性结合起来,建立专一的手性识别环境来分离所对应的手性对映体[103]。另外,携带有手性基团的芳烃插层化合物已成功应用到非对称合成[104-106]、合成感应器[107,108]和手性分离固定相的制备中[109,110],一类具有广谱手性识别能力的物质如冠醚[111-113]、环糊精[114]和杯芳烃等已经被嵌入层状化合物层间,所构成的超分子体系有望在立体化学领域中得到应用。

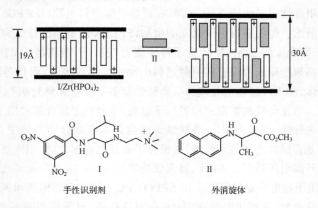

图 7-10　手性识别剂预支撑的磷酸锆插层过程示意图

7.3.2　层状磷酸铝

7.3.2.1　组成及结构

层状磷酸铝是在溶剂热体系中,以特定有机胺为结构导向剂合成出来的二维层状磷酸盐,其构造是由铝氧多面体(AlO₄,AlO₅ 或 AlO₆)和磷氧四面体严格交替而构成。PO₄ 四面体与周围的铝原子可以共享四个、三个或二个氧原子,通常其骨架带有负电荷。到目前为止,已经报道了具有不同 Al/P 计量比的磷酸铝层状化合物,如 AlP₂O₈³⁻,Al₂P₃O₁₂³⁻,Al₃P₄O₁₆³⁻,Al₄P₅O₂₀³⁻,Al₁₃P₁₈O₇₂¹⁵⁻ 等,展现出十分丰富的组成计量比和结构的多样性。它们层上带有不同的网孔结构,而且无机层具有多种多样的堆积方式,如图 7-11 所示[115]。

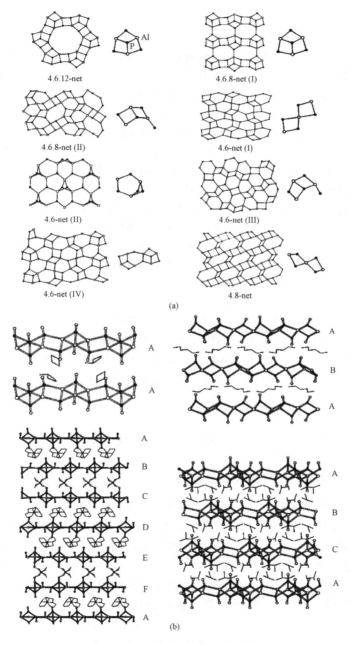

图 7-11　二维层状磷酸盐的无机层

（a）层状结构；（b）不同堆积方式

7.3.2.2　插层性能

　　微孔磷酸铝是一类具有广阔应用前景的催化和分离材料,而二维层状磷酸铝由于更容易制成高比表面催化剂及自支撑膜而备受关注。二维层状磷酸铝的层板带负电荷,由层间或孔道中质子化的胺实现电荷平衡。与已经被广泛应用的黏土不同,磷酸铝的无机层不能在水中剥离,层间距较小,限制了其他客体分子进入层间,需要首先用较容易进入层间的有机胺将无机层的层间距增大,再引入用无机聚合物,与伸向层间的 P—OH 基团进行交联反应,生成三维结构的层柱状化合物,将上述过程称为剥离和嵌入过程。以功能化的基团或更稳定的柱子取代这些胺,是该类材料能否实际应用的关键。烷基胺以及芳香胺嵌入微孔磷酸铝的层间的研究已有报道[116, 117]。聚酰亚胺是综合性能最佳的气体膜分离材料,但实际应用中聚酰亚胺材料仍然存在尚待解决的问题,如膜的透气选择性较高时则透气速率较低,而采用一些方法提高膜的透气速率往往又使它的透气选择性下降等。Jeong等制得到了用于气体膜分离的聚酰亚胺/层状磷酸铝纳米复合膜,制备过程如下:首先用长链表面活性剂十六烷基三甲基氯化铵预撑使层间距增大,然后加入有机胺四丙基氢氧化铵进行插层反应;将所得的插层层状磷酸铝加入到聚酰亚胺四氢呋喃溶液中,得到聚酰亚胺/层状磷酸铝,再采用成膜技术制备得到聚酰亚胺/层状磷酸铝复合膜。渗透测量结果表明,含 10% 层状磷酸铝的纳米复合膜的 O_2/N_2 选择系数为 8.9,而纯聚酰亚胺膜仅为 3.6;CO_2/CH_4 选择系数为 40.9,而纯聚酰亚胺膜仅为 13.4,说明聚酰亚胺与层状磷酸铝复合可以有效提高气体分离性能[118]。

7.4　层状过渡金属含氧酸盐及其插层化合物

7.4.1　层状过渡金属含氧酸盐的结构

　　许多过渡金属的含氧酸盐,如 $K_2Ti_4O_9$、$KTiNbO_5$、KNb_3O_8、$K_4Nb_6O_{17}$、$Na_4Mn_{14}O_{26}$、$KLaNb_2O_7$ 等,都具有典型的层状结构(如图 7-12 所示)[119]。其中过渡金属元素与氧形成的八面体单元通过共边或共角相互连接铺展成片状,而 K^+ 或 Na^+ 则处于带负电荷的层板之间。

　　此外,层状钙钛矿(类钙钛矿)型化合物也受到人们的关注。层状钙钛矿(类钙钛矿)型化合物是指包含二维钙钛矿结构单元的层板与其他阳离子或阳离子结构单元交替生长的一种较复杂结构[120]。图 7-13(a)给出了 Dion-Jacobson结构的层状钙钛矿化合物 $A'[A_{n-1}B_nO_{3n+1}]$(如 $n=3$ 时的 $CsCa_2Nb_3O_{10}$)的结构示意图,其中一个分子式结构单元中含有一个层间阳离子。图 7-13(b)给出的 $K_2La_2Ti_3O_{10}$

是具有 Ruddlesden-Popper 结构($A'_2[A_{n-2}B_nO_{3n+1}]$)层状钙钛矿化合物的典型代表,其中每个分子式结构单元中含有两个层间阳离子,层间电荷密度是 Dion-Jacobson 结构层状钙钛矿化合物的两倍。而 Aurivillius 型化合物结构如图 7-13(c) 所示,例如 $Bi_2W_2O_9$(为了强调铋氧结构在层间的位置通常也写作 Bi_2O_2 $[W_2O_7]$)、$Bi_2O_2[Bi_2Ti_3O_{10}]$ 等,这类化合物可以看做是钙钛矿层板与氧化铋交替生长形成二维钙钛矿层板间共价连接 $Bi_2O_2^{2+}$ 形成的。随着 A 和 B 位点上阳离子种类以及化学计量比的不同,层状钙钛矿化合物可以表现出众多优异的性质,如超导、巨磁阻、铁电、催化活性等等。

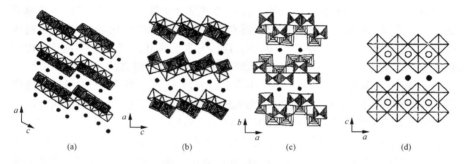

图 7-12　几个典型的层状过渡金属氧化物的简单结构示意图

(a) $K_2Ti_4O_9$;(b) $KTiNbO_5$;(c) KNb_3O_8;(d) $KLaNb_2O_7$

●代表 K^+,○代表 Na^+

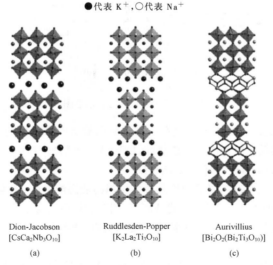

Dion-Jacobson
$[CsCa_2Nb_3O_{10}]$
(a)

Ruddlesden-Popper
$[K_2La_2Ti_3O_{10}]$
(b)

Aurivillius
$[Bi_2O_2(Bi_2Ti_3O_{10})]$
(c)

图 7-13　典型层状钙钛矿化合物的结构示意图[120]

小黑点代表 O,大黑点代表碱金属阳离子,小亮点代表 B 位阳离子,

灰色点代表 A 位阳离子,(c)中灰色点代表 Bi 原子

7.4.2　离子交换反应和插层化学

由于层状材料具有二维的可膨胀的层间空间,插层则意味着客体物质可逆地进入层状的主体材料中但却保持主体材料的结构特点。层间离子交换是层状化合物改性的主要方法。几乎所有带电荷的层状主体都可以进行离子交换反应,广泛用于带电荷层状化合物衍生物的制备。用此方法可将有机大分子或聚阳离子,包括生物分子引入层间;也适用于一些有机配合物阳离子或过渡金属、稀有金属的水合离子。1989 年,Cheng 等用氧化铝柱撑了层状钛酸盐[121]。此后,人们相继制备了以各种无机物、有机分子、聚合物等插层的过渡金属氧化物,在层状材料领域开拓了一个崭新的空间。由于这类层状材料的层板属半导体氧化物,具有丰富的固态化学、电子学、磁学和光学等性质,而且层板元素组成可调,有可能在催化应用中满足不同反应体系和反应条件的需求,因而受到人们越来越多的关注。

蒙脱土、水滑石等天然黏土在水中具有自发溶胀性,层间距较大,可以直接将目标基团引入层间,经焙烧即可制得无机氧化物柱撑的层状黏土。但层状过渡金属含氧酸盐(包括 $K_2Ti_4O_9$、$KTiNbO_5$、KNb_3O_8、$K_4Nb_6O_{17}$、$Na_4Mn_{14}O_{26}$、$KLaNb_2O_7$ 等)骨架上电荷密度较高,层与层之间结合得较牢,通常遇水不能溶胀。因此,对于这些层状材料,在进行插层反应时,不能像层状黏土那样用一步法完成,通常是采取分步反应的方法进行(如图 7-14 所示)。

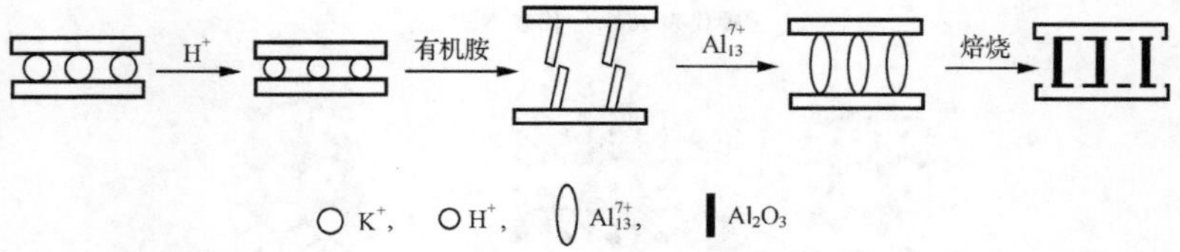

$\bigcirc K^+$,　$\bigcirc H^+$,　$\oslash Al_{13}^{7+}$,　$\blacksquare Al_2O_3$

图 7-14　分步反应过程示意图

(1) 质子的交换:首先层状过渡金属含氧酸盐层间可交换的 K^+、Na^+ 离子等与 H^+ 发生交换反应得到质子型含氧酸,即层状固体酸材料(layered solid acids),如 $HTiNbO_5$、$HCa_2Nb_3O_{10}$ 和 $HLaNb_2O_7$ 等。

(2) 将质子交换过的层状物移入含插层剂的液态溶液(一般为有机胺)进行酸碱反应,在一定的温度下搅拌,过滤分离,得到胺插层后的层状物。

(3) 以有机胺插层后的层状物为预支撑材料,再与目标客体分子反应得到最终产物。

第(2)步中常用的插层剂有烷基胺盐、季铵盐、吡啶类衍生物及其他阳离子表面活性剂。烷基胺进入层间能参与形成氢键网络,形成永久性的孔结构而使层间距增大,因此烷基胺被认为是首选的柱撑剂;另外,烷基胺的嵌入能使主体晶格由亲水型向疏水型转变,进而改变客体的类型[122]。一般来说,采用相同的有机阳离子,片层间距随着片层表面负电荷密度的增加而增加;片层表面负电荷密度相同的条件下,片层间距随着有机阳离子的增大而增大。有机胺离子作为插层剂对不同的插层化合物具有不同的离子交换能力,较高的层间电荷密度导致有机胺离子呈竖直或倾斜排列。而在电荷密度相对低的蒙脱石中,插层的胺离子是平躺的。这表明选择具有适当的电荷主体和合适尺寸的客体可获得理想的插层化合物,因而可看成是一种自组装的多层结构[123]。第(3)步的插层反应又以客体组分的不同而有不同的方法。如客体组分为无机纳米粒子,则可以得到无机物柱撑的层状材料。

　　以 $H_2Ti_4O_9/CdS-ZnS$ 的制备为例[124],插层反应的过程是将 Cd^{2+} 或 Zn^{2+} 由其乙酸盐引入,通过与有机胺插层后的中间体反应进入层间,层间的 Cd^{2+} 或 Zn^{2+} 与 H_2S 反应生成纳米复合材料。如果将正硅酸乙脂(TEOS)引入层间,经过TEOS 的水解反应和热处理,使得有机胺排除,残留下的 SiO_2 支撑着层间,从而形成了 SiO_2 柱撑的层状化合物[125]。研究表明除了工艺过程外,其主体的层间结构、电荷密度等也是这种层状桥架体结构(孔径、表面积)有序性的重要因素。

　　图 7-15 给出了层状钙钛矿化合物离子交换和插层反应的示意图[120]。最早报道的层状钙钛矿化合物的离子交换反应是通过熔盐法将 Dion-Jacobson 结构化合物(图 7-15g)中 Cs^+、Rb^+、K^+ 等较大的阳离子用 Na^+、Li^+、NH_4^+、Tl^+ 等较小的阳离子取代(图 7-15h)。含有 Na^+、Li^+ 等较小的层间阳离子的 Dion-Jacobson 结构化合物采用传统的固相反应很难合成,因为它们的三维钙钛矿结构更加稳定。而像 Cs^+ 这种较大阳离子则更倾向于形成层状钙钛矿结构。因此通过简单的离子交换反应就可以得到 Na^+、Li^+ 这些体积较小的阳离子插层的层状钙钛矿结构。类似的,层间的碱金属阳离子也可以与质子发生交换反应生成层状固体酸(图 7-15f)。层状固体酸又可以与多种多样的有机碱反应形成有机分子插层的新结构,如正辛胺等长链烷基胺可以在层间形成双分子层结构。随着连接在钙钛矿层板上端基氧原子上的质子的酸性强弱不同,能够插入层间的有机碱的 pK_b 值需要在一个合适的范围内。例如,大多数的烷基胺的 pK_b 值都在 3.4 左右,很容易插入到一些 Dion-Jacobson 结构层状钙钛矿化合物中(如 $HCaLaNb_2TiO_{10}$[126])。但是同样的反应在 $HLa_2Ti_2NbO_{10}$ 上却不容易发生。原因是在 $HLa_2Ti_2NbO_{10}$ 中,大部分的质子 H^+ 都与 TiO_6 八面体连接,其酸性比 $HCaLaNb_2TiO_{10}$ 中连接在 NbO_6 八面体上的质子 H^+ 要弱很多。

　　Mallouk 等采用聚烯丙胺(PAA)插层 $HCa_2Nb_3O_{10}$ 后,利用-NH_2 与 Au 纳米粒子形成 N-Au 的共价相互作用将 Au 纳米粒子插入到 $HCa_2Nb_3O_{10}$ 层间,采用这种方法制备的复合物中,Au 纳米粒子分散性很好,不会发生团聚[127]。

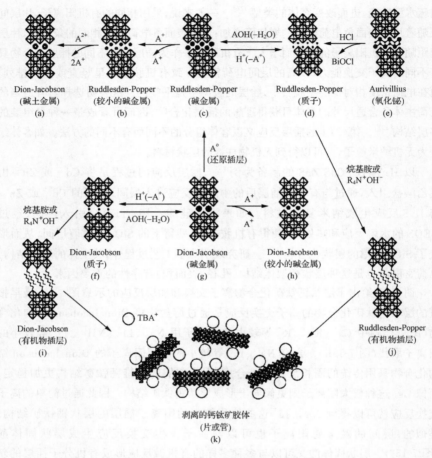

图 7-15　层状钙钛矿化合物离子交换和插层反应的示意图[120]

7.4.3　剥层与组装

　　剥离是无机层状化合物在离子插入反应时导致的膨润过程的极限。随着离子交换反应的进行,层间距随着层内离子/分子尺寸的变化而变化,当层间距增大到一定程度,层间的相互作用力逐渐减弱直至完全消失,此时层状化合物以单片层的形式存在,即为剥离状态。由于无机层状化合物具有纳米层结构特征和纳米级水平上的超分子化学反应特点,其基本单元层厚度处于几个纳米之内,因而通过剥离得到纳米层是制备诸如零维纳米粒子、一维纳米纤维、纳米管、功能薄膜等具有特殊性能低维纳米材料的有效手段。特别是在新型纳米级复合材料的合成领域,可利用剥离得到的纳米层的量子效应来合成常规方法不能制取的特殊功能积层材料。

而对于层电荷密度较大的无机层状化合物，由于层与层离子之间有较强的静电作用力，加之其在水中不容易发生膨胀，因而此类无机层状化合物需要在一定条件下才能剥离。通常采用有机大分子或无机阳离子等柱撑剂作为预膨润剂，通过增加层间距而减小层间静电引力，最终在一定溶剂环境下使无机层状化合物发生剥离。

实现这种剥离反应的主要动力是固体酸层间的质子与有机碱的酸碱化学反应。因此在众多的层状过渡金属氧化物中，其反应活性也随着电负性的周期律成周期性变化。钛酸盐比铌酸盐和钽酸盐的酸性弱，而钨酸盐比它们的酸性强，因此发生酸碱剥离反应的趋势为钨酸盐＞铌(钽)酸盐＞钛酸盐。Choy 等报道了另一种剥层的方法。他们将 $HCa_2Nb_3O_{10}$ 与 6-氨基十一酸(AUA)在低 pH 值下反应(此时氨基被质子化)，可以得到稳定的插层化合物(AUA)$Ca_2Nb_3O_{10}$。之后将 pH 值升高，羧基去质子化，与带负电的层板相互排斥，从而实现层板的剥离[128]。

利用层层组装的方法可以将剥离后的层板纳米片做为构筑单元(building blocks)自组装形成功能性薄膜以及纳米尺度有机-无机杂化材料。这种方法成为制备层状过渡金属氧化物的又一重要方式。

层层组装的主要步骤(见图 7-16)是层状过渡金属含氧酸盐与 H^+ 离子之间的交换反应产物与一个大体积的有机碱(如氢氧化四丁基胺($TBAOH$))反应，溶液中充分层离后，可以被剥离成纳米片，形成胶体溶液(图 7-16(b))。例如 $HCa_2Nb_3O_{10}$ 与 $TBAOH$ 反应可得到 $TBA_xH_{1-x}Ca_2Nb_3O_{10}$ 的纳米片(7-17(a))[129]，其他的层状钙钛矿化合物如 $HSr_2Nb_3O_{10}$、$HCaLaNb_2TiO_{10}$、$HLa_2Ti_2NbO_{10}$、$HLaNb_2O_7$、$H_2SrLaTi_2TaO_{10}$、$H_2Ca_2Ta_2TiO_{10}$ 等都有类似的反应。这种方法得到的胶体纳米片是带负电荷的，因此可以在表面带有正电荷的基底上自组装成单层膜(图 7-16(d))。如 $TBA_xH_{1-x}Ca_2Nb_3O_{10}$ 纳米片能够在经阳离子聚合物聚二烯丙基二甲基氯化铵($PDDA$)修饰过的 Si(110)表面上自组装成单层膜[129]。由于静电吸引是此类自组装的驱动力，因此当所有正电荷被中和后，沉积过程自发停止。此后，可以在负电性的膜表面再次沉积 PDDA，如此交替反复，实现层层组装。此外，当层状化合物被剥离后，在合适条件下，层板可能自行卷曲，形成纳米管。如图 7-17(c)所示，如果在 $HCa_2Nb_3O_{10}$ 剥离过程中加入聚合物表面活性剂，则可以得到 100nm×20nm 近似单分散的纳米管[130]。

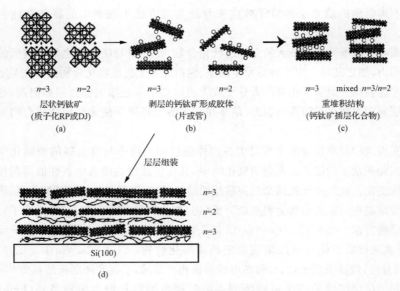

图 7-16　层状钙钛矿异质结构的剥离与层层组装示意图[120]

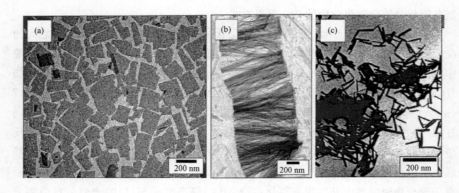

图 7-17

(a) $TBA_xH_{1-x}Ca_2Nb_3O_{10}$ 纳米片；(b) $H_2CaNaTa_3O_{10}$ 与 TBA^+OH^- 在 35℃反应产物
$TBA_xH_{2-x}CaNaTa_3O_{10}$ 纤维；(c) $H_2La_2Ti_3O_{10}$ 与聚合物表面活性剂进行剥离
反应的产物单分散纳米管的透射电镜照片[120]

7.4.4　无机物柱撑的层状过渡金属氧化物

　　无机物柱撑的层状过渡金属氧化物是近年来研究的一个热点方向。制备无机纳米粒子插层的材料通常是与无机氧化物柱化液反应，经焙烧后形成无机物插层材料。无机氧化物柱化液通常是含大体积聚合阳离子的溶液,例如含铝 Keggin 离子($[Al_{13}O_4(OH)_{24}(H_2O)_{12}]^{7+}$),简写为 Al_{13}^{7+},其范德华直径约为 1.05nm,是制备氧化铝柱层状材料的合适柱化液。

　　有关氧化铝柱层状钛酸的制备和研究,国内外已有较多报道。起预支撑作用的有机胺分子的结构和大小直接影响着层柱产品的柱高已成共识。层间起支撑作用的物种即柱子种类是决定层柱结构热稳定性的关键,而当柱子种类确定后,层间柱子密度则起着重要作用。当反应温度较高时,有利于 Al_{13}^{7+} 离子与预支撑材料的层间有机胺离子交换,最终所得层柱材料中,氧化铝柱子密度较大,层柱结构耐热性能好[131]。Kooli 等采用层离方法制备的氧化铝柱层状钛酸的柱高达到 1.74nm,相应的层间距为 2.4nm。表明在前驱体中,层间 Al_{13}^{7+} 离子不再是以单层方式排列,而是呈现双层的排列方式。这种超大柱高的氧化铝柱层状材料同时具有很高的比表面积,是前驱体层间独特的柱撑结构所致。材料是多孔性的,且以中孔为主,在孔直径为 4.4nm 处呈现一狭窄的孔分布。材料表面具有酸中心,表面酸度取决于层间铝数量的多少,而层间铝的数量取决于柱撑条件。

　　必须指出,虽然很多学者强调,由于层状金属含氧酸骨架的电荷密度高,需先用有机胺预支撑后才可使大体积多聚阳离子进入层间,但事实上确有学者不经过有机胺预支撑用一步法获得了氧化铝柱层状钛酸(Al_2O_3-$H_2Ti_3O_7$)[132]。

　　1991 年,Landis 等[133]报道了首例氧化硅柱层状过渡金属氧化物——氧化硅柱层状钛酸(SiO_2-$H_2Ti_3O_7$)的制备,所采用的制备方法是分步反应法,以四乙氧基硅烷(缩写为 TEOS)为柱化试剂,当用乙醇水溶液洗涤柱撑产品时,层间原位水解聚合为含硅多聚离子,再经焙烧形成氧化硅柱。层间 TEOS 也可通过吸附空气中水分水解和聚合。利用 TEOS 为柱化剂制备氧化硅柱层状铁钛酸、钛铌酸、钙铌酸、锰酸及锰钛酸已有报道[134],其中氧化硅柱层状锰钛酸具有特别高的比表面积,这与它相应的较低骨架密度有关。Matsud 等采用氧化物溶胶插入法制备了氧化硅柱层状镧铌酸[135]。我们知道,通常氧化硅溶胶粒子是带负电荷的,不易进入有机铵离子预支撑的层状过渡金属氧化物层间。不过,在制备溶胶过程中,通过变换条件可使溶胶粒子的电性得到修饰。氧化硅柱层状镧铌酸的柱撑机制是:①H^+ 促进 TEOS 水解形成氧化硅溶胶,溶胶粒子吸附较多的 H_3O^+ 后带正电;②带正电的氧化硅溶胶粒子与有机胺柱层状镧铌酸层间的铵离子进行交换得到氧化硅柱层状镧铌酸。

　　除了 Al_2O_3 和 SiO_2 外,过渡金属 Cr、Ti、Fe、Zr 等都是十分重要的催化剂组成元素,用它们的氧化物作柱子插入到层状过渡金属氧化物层间近年来受到较多的关注。在一定回流条件下,Cr^{3+} 可在层间进行原位聚合形成多核原子簇物种。因此,采用分步反应法制备氧化铬柱层状材料时,通常是将有机胺离子预支撑的层柱材料加入到乙酸铬水溶液中进行回流来完成。Ma 等在制备氧化铬柱层状锰酸时,使用的是 $Cr_3(OAc)_7(OH)_2$[136]。由于 Cr^{3+} 物种插入氧化锰层间速度快,且在层间又很快地形成大体积聚合阳离子,因此氧化锰层板与物种间的氧化还原反应并不明显。

Choy 等[137]用一种新的合成路线合成了柱层状的 TiO_2,制备了具有合适气孔率的半导体复合材料。所用的主体材料为 $Cs_{0.67}Ti_{1.83}\square_{0.17}O_4$($\square$代表金属离子空位),这种材料通过大的胺盐插层,可层离为单片层结构,再通过层离-重新叠层的合成路线,得到有序的 TiO_2 柱层状的钛酸盐结构,新合成的材料显示了大的层间空间且具有比用传统方法制备的柱状材料更高的表面积和热稳定性。材料合成的驱动力是在层离的表面正丁胺分子与在 TiO_2 纳米溶胶表面的戊二酮之间的范德华力。在制备方面,制备单分散和无团聚的 TiO_2 纳米溶胶是最重要的。戊二酮的加入作为阻断剂抑制颗料生长,该柱状材料在光催化方面显示了更高的催化活性。

7.4.5 层状过渡金属含氧酸盐插层化合物的性质和应用

通过插层技术对层状过渡金属含氧酸盐进行复合,能获得许多新型纳米层状功能体;插层材料功能的多样性,使其在导电、机械性能、对蛋白质的固定、磁性、非线性光学、光化学、催化等诸多方面都显示了其优良性能。

层状过渡金属氧化物是一类多孔材料,具有较高的比表面积和良好的热稳定性,通过变换层间柱子或在层板引入某些功能元素可调变其组成,因而是一类潜在的催化材料。可以作为催化剂载体,也可直接作为催化剂,其层间是主要反应场所,反应物分子或离子在层间同活性中心接触并发生反应[119]。Anthony 等将金属负载在氧化硅柱层状钛酸上,用于催化芘和1-正己烯的加氢反应,所得活性结果很高[138]。当用硫化的 MoNi 代替负载 Pd 在氧化硅柱撑的层状钛酸上用于催化上述反应时,所得活性结果超过了商业用 Shell 324 和 Amocat 1C 催化剂。氧化硅、氧化钛柱撑的层状镧铌酸具有较强的酸性,在醇脱水反应中显示出优良的催化性能[135]。对于氧化钛柱层状镧铌酸(TiO_2-$HLaNb_2O_7$)来说,正丁醇脱水反应产物中,2-丁烯的选择性达 68.7%,反式与顺式产物比例为 1.6。与纯镧铌酸($HLaNb_2O_7$)、镧铌酸和氧化钛的机械混合物($TiO_2 + HLaNb_2O_7$)及负载型 $TiO_2/HLaNb_2O_7$ 催化剂相比,TiO_2-$HLaNb_2O_7$ 的活性最高。对于氧化硅柱层状镧铌酸(SiO_2-$HLaNb_2O_7$)来说,当反应温度较低(320℃)时,1-丁烯选择性高于 2-丁烯;而当反应温度较高(350℃)时,则产生相反结果。

大多含有钛和铌的层状过渡金属含氧酸盐都是重要的半导体光催化材料,如 $ALaNb_2O_7$(A＝K、Rb、Cs)和 $KCa_2Nb_3O_{10}$ 中,禁带宽度大约为 3.2~3.5eV,通过插层反应用无机氧化物柱撑或负载贵金属,可以扩大层间距,增大材料的比表面,有利于有机化合物达到和离开表面的活性位置,使其催化活性得到了大幅度提高,在光催化领域中备受关注。许多具有独特插层结构和光催化性能的主-客体系统已多有报道(见表 7-4)[139]。

表 7-4　用于光催化的主-客体系统

主体	客体	参考文献	主体	客体	参考文献
$H_4Nb_6O_{17}$	TiO_2	[140]	$HCa_2Nb_3O_{17}$	TiO_2	[141]
$K_4Nb_6O_{17}$	$Ru(bpy)_3^{2+}$	[142]	$K_{1-x}La_xCa_{2-x}Nb_3O_{10}$	Fe_2O_3	[143]
$H_2Ti_4O_9$	CdS	[124]	$H_2Ti_4O_9$	TiO_2	[140]
$HCa_2Nb_3O_{17}$	Fe_2O_3	[141]	$HNbWO_6$	$Pt,Cd_{0.8}Zn_{0.2}S$	[144]

　　层状金属氧化物半导体层内插入合适的半导体氧化物、硫化物,制成纳米复合物后,因为载流子能从客体输运到主体,从而使电子-空穴二者得到有效地分离,抑制了光生电子-空穴的复合,显示出优异的光催化活性,成为近年来光催化体系中的重点研究方向之一[145]。研究表明,氧化硅柱层状钙铌酸(SiO_2-$HCa_2Nb_3O_{10}$)对低碳醇脱氢反应的催化活性大大高于 $HCa_2Nb_3O_{10}$[146]。经 TiO_2 柱撑的 $H_4Nb_6O_{17}$,H_2 产率能达到 41.7 $\mu mol/h$[140]。若在层间引入贵金属如 Pt、Ru 等,光催化活性还将进一步提高[147]。Uehida 报道,$H_2Ti_4O_9/(TiO_2,Pt)$ 和 $H_4Nb_6O_{17}/(TiO_2,Pt)$ 光催化裂解水时,H_2 产率可分别提高到 88 $\mu mol/h$ 和 104 $\mu mol/h$[124]。由于传统的光催化剂只有在紫外线照射下才具有活性,因此若在层间柱撑合适的客体,使光催化剂的适用范围拓展到可见光区,将大大提高催化剂的性能。Sato 曾报道过,$H_2Ti_4O_9/Fe_2O_3$ 和 $H_4Nb_6O_{17}/Fe_2O_3$ 能在可见光作用下实现对水的裂解[148]。

　　此外,在层状钙钛矿铌酸盐层间夹杂具有窄禁带宽度的半导体纳米粒子引起了人们特殊的注意。除了增加纳米孔体积和比表面积外,将窄禁带半导体和宽禁带半导体粒子集成,前者可以提供敏化后者的机会。通过对复合材料的光催化分解水的研究结果表明,这些复合物的氢气产率明显地比单一的 CdS 以及 CdS 和金属氧化物的混合物要高得多。$H_2Ti_4O_9/Cd_{0.8}Zn_{0.2}S$ 可在可见光激发下制氢,纳米复合物的活性高于单一的半导体粒子[124]。Wu 等[144]制备的 $HNbWO_6/(Pt,Cd_{0.8}Zn_{0.2}S)$ 复合材料在 380～580nm 间较宽的范围内都具有较好的光响应,在可见光的激发下,Na_2S 作为消耗剂时能有效地产生氢气。其原因可能是:能级的匹配促使被激发的电子从 CdS 转入金属氧化物层,空穴则留在 CdS 中,使得光生电子和空穴得到有效分离。CdS 与层间的紧密结合,有利于自由电子的移动。而层状结构的定向排列,可抑制逆反应的进行。

7.4.6　层状金属氧化物及其插层化合物

　　除了层状过渡金属含氧酸盐外,一些过渡金属氧化物,如 V_2O_5 和 MoO_3 等,也具有层状结构,层内存在强烈的共价键作用,层间则是一种弱的相互作用力。V_2O_5 晶体中,强烈歪曲的 $[VO_5]$ 四方锥通过共棱连接成平行 b 轴的链,链沿着 a 轴连接在一起,构成平行(100)的波状层,如图 7-18(a)所示。而正交相 MoO_3 晶体是由畸变的 MoO_6 八面体共棱形成锯齿状长链,链与链之间由 MoO_6 八面体共顶点连接形成片,片与片之间由范德华力相连。

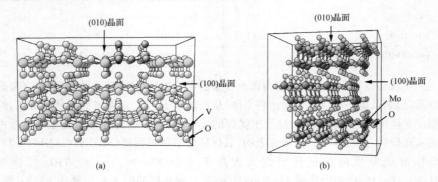

图 7-18　典型的层状过渡金属氧化物的简单结构示意图[149]
(a) V_2O_5；(b) MoO_3

　　这些氧化物往往具有特殊的功能性,如半导性、电致变色等性质。其中 V_2O_5·$nH_2O(n=1.6\sim2.0)$ 干凝胶是一种很受关注的多功能性主体层状无机化合物,它集 V_2O_5 的强氧化性、插层碱金属原子的能力、n 型半导体、层间酸性以及形成稳定的胶体分散体系的能力于一身,层间距 1.16nm,适合与一系列化合物如碱金属离子、烷基胺、醇、亚砜等形成插层型复合物。根据客体分子的不同,插层驱动力可以是阳离子交换、酸碱作用或氧化还原等。因此,这类金属氧化物广泛用于制备插层型纳米复合材料[209]。同时高氧化态的钒具有强的氧化性,层板电荷可调,结构中存在四面体和八面体空穴,适合 Li 离子的脱嵌,是理想的锂离子插层材料。

　　由于层状金属化合物(如 V_2O_5、MoO_3 和 WO_3 等)层间只存在较弱的相互作用,因此大量的有机或无机客体可以插入层中。但是金属氧化物层板不带电荷,很难直接同有机胺或者其他柱化剂反应形成层柱材料,因此需要进行修饰使其层板带负电,而层间存在补偿阳离子,此时才容易进行插层反应。

　　V_2O_5 与水作用后,可形成带负电荷的层板,层间为水和 H^+。通常先将 V_2O_5 制成凝胶,再通过客体单元与凝胶中的酸性基团发生离子交换反应,经一步或多步交换反应来制备层柱 V_2O_5,采用这种方法金属离子和长链的季铵盐离子都成功地插入到溶胶层中[150]。

　　对于 MoO_3 来说,通常的修饰方式是将 MoO_3 与 $Na_2S_2O_4$ 和 Na_2MoO_4 的混

合溶液反应生成层状钼青铜（$[Na(H_2O)_5]_{0.25}MoO_3$）。层状钼青铜悬浮液与 Al_{13}^{7+}、Ga_{13}^{7+}、Bi_{13}^{7+} 离子柱化液反应，可得到氧化铝、氧化镓及氧化铋柱层状氧化钼[151,152]。钼青铜悬浮液与 $Cr(OAc)_3$ 水解后形成的铬柱化液反应，可制得具有规整结构的氧化铬柱层状氧化钼[153]。

7.4.6.1 高分子-无机夹层物的合成

V_2O_5、MoO_3 等层状金属氧化物具有较强的氧化性，能与多种单体（如苯胺、吡咯、噻吩等）发生氧化-还原作用，使其克服层间弱的相互作用，将单体嵌入其层间[68,154,155]。同时，金属氧化物的氧化作用使这些单体在层间原位聚合形成导电聚合物，即原位插层氧化聚合（*in-situ* interealative oxidative polymerization）。例如 V_2O_5 与苯胺单体形成 PAN/V_2O_5 纳米复合材料[156]，其过程经历 3 个阶段：单体层间吸入，胺质子化后氧化聚合，同时层间部分 V^{5+} 被还原成 V^{4+}。当主体无氧化性时，嵌入到层间的单体在外加条件下（如氧化剂、光、热、电子束或 γ 射线辐射、超声波等）发生聚合。如 MoO_3 在外加氧化剂 $FeCl_3$ 的作用下与苯胺单体反应制备出 PAN/MoO_3 纳米复合材料[67]；Tagaya 等利用超声波辐射作用合成了聚吡啶/MoO_3 纳米复合材料[157]；Kensuke 等采用电化学方法使不同的有机分子嵌入到 MoO_3 层间[158]。

除了聚合物单体外，一些聚合物也可以通过聚合物溶液直接插层或聚合物熔融直接插层到金属氧化物层间。聚合物分子链比较短时，选择适当的溶剂让聚合物和主体直接反应合成夹层物是一种较理想的方法。目前已合成了聚噻吩（PT）/V_2O_5[155,159]、聚吡咯（PPY）/V_2O_5[160]、聚对苯撑乙烯类共聚物（PPV）/MoO_3[161] 和聚乙二醇（PEG）/V_2O_5[162] 纳米复合材料。Posudievskii 等先制备可溶性聚苯胺（PAn·CSA），然后直接插层于 V_2O_5 和 MoO_3 层间合成了 PAn·CSA/V_2O_5 和 PAn·CSA/MoO_3 纳米复合材料[163,164]。Wu 等合成了水溶性聚苯胺 PAPSA，将其直接嵌入 V_2O_5 层间制得（PAPSA）·xV_2O_5 纳米复合薄膜[165]。将 PEO 插入 V_2O_5 溶胶或凝胶中，可以大大改善材料的电化学性能[166]。当聚合物既不溶于水又不能找到同时溶解聚合物和主体的溶剂时，可以采用聚合物熔融直接插层法。将聚合物和无机物的混合物加热到玻璃转化温度或熔点以上，聚合物逐渐扩散到无机物层间形成有机/无机纳米复合材料。该方法由于没有使用有机溶剂，有很大的环保优势[167]。Xiao 等采用此法制备了 PEO/Li_xMoO_3 纳米复合材料[168]。晶态 V_2O_5 也可以与大量的客体基团发生主客插层反应，形成有机/无机纳米复合材料，这类客体包括对二氮己环、二丙胺、1,4-二胺基丁烷、十六烷基三甲基溴化铵等[169]。

7.5　层状过渡金属硫化物

层状过渡金属硫化物包括过渡金属二硫化物、硫化复合物、硫代亚磷酸盐等，例如 VS_2、MoS_2、WS_2、$NaTiS_2$、$KCrS_2$、$MgPS_3$、$ZnPS_3$。这些层状化合物及其插层复合物具有有趣的电学性质，通过深入研究可望作为高能可逆电池的电极材料[210]。

本节主要综述了层状过渡金属硫化物，主要包括过渡金属二硫化物、硫代亚磷酸盐及其插层化合物的合成、结构及性质[170]。

7.5.1　过渡金属二硫化物及其夹层化合物

7.5.1.1　过渡金属二硫化物的结构和性质

20 世纪 70 年代，斯坦福大学的 Gamble 等发现某些过渡金属二硫化物的夹层化合物显示出低温超导性，这使人们对具有二维层状结构的硫属化合物及其夹层化合物的研究产生了极大兴趣[171,172]。

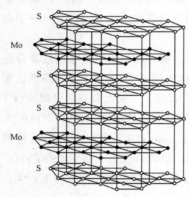

从 ⅣB 到 ⅦB 族的过渡金属二硫化物（MS_2，$M = Zr$、Nb、Ta、Mo、W 等）都具有层状结构。这类化合物以 XMX 夹心层为基本结构单元，在夹心层内部，过渡金属与硫属元素之间以强的共价键结合，在层间只存在弱的范德华作用力。其中在 XMX 夹心层中，过渡金属与六个硫原子键联，配位形式可以是八面体或三棱柱。不同配位形式的夹心层沿 c 轴结合在一起构成了过渡金属二硫化物多种多样的层状结构。图 7-19 给出了 MoS_2 的晶体结构示意图[173]。

图 7-19　MoS_2 的晶体结构示意图

以二硫化钼为例，到目前为止，已发现的 MoS_2 存在三种不同结构，分别称之为 1T-MoS_2、2H-MoS_2、3R-MoS_2。如图 7-20 所示，1T-MoS_2 中 Mo 原子采用八面体配位，单位晶胞中只含有一个 S-Mo-S 薄层单元；2H-MoS_2 中 Mo 原子采用三角棱柱配位方式，单位晶胞中含有两个 S-Mo-S 薄层单元；3R-MoS_2 同样采用三角棱柱配位方式，但是单位晶胞中沿 c 轴方向含有三个 S-Mo-S 薄层单元。在 MoS_2 中 Mo 原子具有 d^2 的外层电子结构，由于 d^2 构成的能带被完全充满，这使得三棱柱的配位形式在能量上更为有利。尽管在这样的情况下，阴离子之间的排斥作用较强,但是三棱柱配位使 d_z^2 能带下降,这足以补偿阴离子排斥所引起的能量上升。因此,采取三棱柱配位形式的 2H-MoS₂ 和 3R-MoS₂ 是比较稳定的,其中 2H-MoS₂ 是三种结构中最为稳定的一种构型。而采取八面体配位形式的 1T-MoS₂ 则相对不太稳定。在标准状态下,2H-MoS₂ 是稳定构型,而 1T-MoS₂ 与 3R-MoS₂ 是亚稳态。图 7-20 为采取三棱柱和八面体两种不同配位形式的 MoS₂ 层的原子立方堆积示意图。

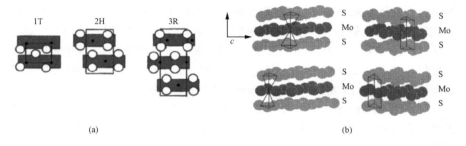

图 7-20

(a) 三种不同结构 MoS₂ 的投影图;(b) 六方密堆 MoS₂ 层板以及八面体、三角棱柱两种不同配位方式示意图

过渡金属二硫化物的导电性能主要是由外层电子在 d 轨道能带中的填充状况决定的。对于 IV 和 VI 族的二硫化物(d^0 和 d^2),由于 d_z^2 能带在上述两种情形中全空或完全充满,所以这些化合物一般为半导体,如 ZrS₂、MoS₂、WS₂ 等;而在 NbS₂ 和 TaS₂(d^1)中,d_z^2 能带为半充满,所以化合物显示出金属性,并在低温下可以转变成为超导体。

MoS₂ 和 WS₂ 是很好的催化剂,已经被广泛地应用于氢化脱硫、氢化脱氮、芳烃加氢和一氧化碳的甲醇化反应[174]。MoS₂ 催化剂一般以 Al₂O₃ 为载体,经一定方法处理,使 MoS₂ 在载体上均匀分散,同时加入 Co、Ni 等金属作为助催化剂。除此之外,由于其特殊的层状结构,使这类化合物成为优良的润滑剂。MoS₂ 还被用作高密度锂离子电池的阳极材料,在电化学方面的潜在应用得到人们的广泛研究。

7.5.1.2　过渡金属二硫化物夹层物

(1) 夹层物的合成。一般来说,具有金属导电特性的层状二硫化物(如 NbS₂ 和 TaS₂)比较容易发生夹层反应,可以在普通的反应条件下插入各种无机或有机小分子以及离子[171];而对于具有半导体导电特征的二硫化物(如 MoS₂ 和 WS₂),其发生夹层反应则相对要困难得多,只有那些强还原性的金属和强 Lewis 碱才能与它们直接反应形成相应的夹层化合物。以 MoS₂ 和 WS₂ 为主体的夹层反应常用的辅助手段包括 Li 的电化学沉积、在水中剥离为单分子层、在液氨中与阳极金属反应或在无水环境中与丁基锂发生还原反应[175]。主体被还原是这些方法的一个共同特点。其中利用单分子层重堆积技术的间接合成法是目前获得二硫化钼夹层化合物（MoS_2-IC）最广泛使用的方法。该方法又称为剥层重堆法，利用这种方法可以将一些很难直接插入的大分子如有机高分子等插入这类无机主体层间形成夹层化合物[176]。

剥层重堆法的主要过程如下：首先利用二硫化钼与正丁基锂反应（插层过程）合成出夹层化合物 $LiMoS_2$，$LiMoS_2$ 在水中可发生剥层（剥层过程），得到二硫化钼单分子层悬浮液，再通过工艺控制使该悬浮液絮凝（单分子层重堆积）。若在重堆积过程中引入适当的客体物质，便可制备出新的 MoS_2-IC（插层过程）[177]，即经历了"插层→剥层→重堆积（新的插层）"三个步骤。一般情况下 Mo 原子采取三棱柱配位环境，形成 $2H$ 型或 $3R$ 型结构。新合成的单分子层 MoS_2 中 Mo 原子采用八面体配位，属于 1T-MoS_2 结构，并表现出金属或准金属性[178]。

（2）过渡金属二硫化物单分子层。过渡金属二硫化物单分子层一般是指稳定悬浮于溶剂中的 SMS 夹心单层。在垂直于平面的方向上有三个原子层，上下两层硫原子，中间是过渡金属元素。

在悬浮状态下，夹心单层的表面吸附有羟基或溶剂分子。单分子层的尺度一般约为几十至几百纳米。这种过渡金属硫化物单分子层首先是在 TaS_2 体系中实现的。但在 Morrison 等制备出了 MoS_2 单分子层，并发现这种单分子层可以用于制备高性能的催化剂之后，才真正引起人们的重视[179]。

对于具有金属导电特性的层状二硫化物 NbS_2 和 TaS_2，一般是采用电解方法将氢离子插入层间，然后在水中继续嵌入水分子，通过超声振荡即可将其分离成单分子层[180]。

而对于半导体特性的层状二硫化物 MoS_2 和 WS_2，单分子层的制备则是基于碱金属嵌入主体层间再与质子性溶剂的剧烈反应[181]。一般的制备过程是先将 $2H$ 型的 MoS_2 和 WS_2 与过量的正丁基锂的正己烷溶液在无水无氧条件下进行反应，经数日后，分离洗涤，得到夹层化合物 Li_xMoS_2 或 Li_xWS_2（$x=1$）。再与水或其他质子性溶剂作用，剧烈反应所产生出的大量氢气使层状化合物的层间距迅速扩大，进而离解成单分子层。此过程并不是一个纯粹的物理过程，而是一个化学过程。Li_xMoS_2 被部分氧化，形成 $[(MoS_2)^{x-}]_n$ 聚阴离子。剥离后的 MoS_2 的层间距约为 11.5Å。单分子层中负电荷的存在最终导致碱性胶状悬浮液的形成。

（3）夹层物的性质。过渡金属二硫化物单分子层技术的发展，进一步拓展了夹层物的客体种类，使得制备出更多以过渡金属二硫化物为主体的新型夹层化合物成为可能。而且这些化合物在催化、多功能复合材料和电极材料等方面具有巨大的潜在价值，成为研究领域的一个新热点。

　　在 20 世纪 90 年代初,Kanatzidis 等[182]将 MoS₂ 单分子层与聚苯胺(PANI)溶液反应,得到夹层化合物(PANI)₀.₃₅MoS₂,结构如图 7-21 所示。在 20K 以上,该化合物具有金属导电性,室温电导率达到 0.4 S/cm;但当温度降到 20K 以下时,该化合物发生金属-半导体相变,导电率降低三个数量级。这种性质上的显著差别和变化是由于高分子与层状化合物之间的相互作用造成的。Tachibana 等制备出了 MoS₂ 和两亲分子烷基胺或烷基卤化胺的有机-无机杂化的高导电性的 LB 膜。这些膜的电导率的范围为 101～102S/cm,导电性随着层间距的增加而逐渐减小,其中 10² S/cm 是目前报道的导电性最好的 LB 膜的导电率值[183]。

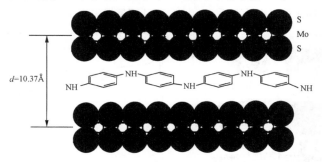

$d=10.37\text{Å}$

图 7-21　夹层物(PANI)₀.₃₅MoS₂ 结构示意图

　　过渡金属二硫化物是一类重要的加氢脱硫催化剂,优点是不会发生硫中毒。但是由于 MS₂ 的催化活性中心主要位于夹心层的边缘,因此其催化效率受到限制。增大 MS₂ 的表面积是增强其催化效率的重要方法。Kanatzidis 等将 Co 分子簇[Co₆S₈(PPh₃)₆]通过剥离的方法夹入 MoS₂ 层间,获得了具有较大的比表面积的材料[184]。基于大环多胺在催化、离子交换和其他方面的潜在应用价值,Bissessur 等[185]将一系列大环多胺插入到 MoS₂ 中,发现层间距的大小与大环化合物配体的尺寸有依赖关系,而且夹层物的导电性也比纯主体 MoS₂ 有一定程度的提高。

　　过渡金属二硫化物与 Li 的夹层化合物 Li_xMS₂ 作为高密度能量的存储材料,在电极材料方面的潜在应用也得到人们的广泛研究[186]。继 20 世纪 70 年代 Gamble 发现二硫化钽(TaS₂)的夹层化合物能够提高材料的超导转变温度之后,Exxon 在合成碱金属插层 TaS₂ 时,发现碱金属离子与 TaS₂ 的反应自由能非常高[187]。所得产物 K_x(H₂O)-TaS₂ 的性质与盐类化合物相似,而与石墨的金属夹层物 C₈K 的金属行为相差很远,因此稳定性较高,可以用于电池的电解盐或者是电极材料[188]。在所有的层状二硫化物中,二硫化钛(TiS₂)被认为是储能电极材料中最理想的材料之一[189]。原因有三:①TiS₂ 是层状二硫化物中最轻的材料;②通常电极材料制备中要添加一些导电助剂,但导电助剂的添加都会影响到电池的电化学性能。而 TiS_2 具有半金属特性[190]，因此制备电极时不需要添加导电助剂；③锂插层的 TiS_2 产物 Li_xTiS_2 在 $0 \leqslant x \leqslant 1$ 的范围内都可以保持单相[191]。这使得锂的插入和脱出行为完全可逆，从而避免伴随新相形成以及锂的含量改变时主体材料的重组反应过程中的能量损耗。而人们众所周知的 $LiCoO_2$ 材料，其相变行为导致只有一半的锂能够循环插入-脱出。虽然现在容量已经有所提高，但仍然远低于锂：金属离子＝1：1 的目标值。$LiTiS_2$ 的结构如图 7-22[192]所示，TiS_2 层板以 ABAB 顺序堆叠，锂离子位于层间。图 7-22(b) 是 Li/TiS_2 电极在 $10mA/cm^2$ 电流下的的充放电曲线。由于锂在 TiS_2 中可逆充放，在同时使用锂阳极的情况下，电池的循环充放电次数接近 1000 次，而且容量损失少于 0.05%。

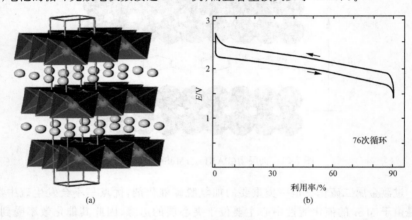

图 7-22　$LiTiS_2$ 层状结构示意图

　　此外，人们也发现了在夹层过程一些特别的化学物理现象，尤其是对夹层物在层间不同的构象和排列方式的研究。Danot 等研究发现，在 MoS_2 单分子层插入一系列烷基胺阳离子（$A = R_4N^+$ 或 $R(CH_3)_3N^+$）时，随着反应条件的不同，单分子层所带负电荷的数量也随之改变；而且随着插入阳离子的量的变化，层间距也可以由 5Å 变化到 29Å，达到最大和最小间距的夹层化合物中阳离子在层间的排列方式示意图见图 7-23[193]。将含过渡金属 Ru 的水合阳离子插入到剥离后的 MoS_2 中，在不同的酸碱度条件下客体离子存在化学构型的变化[194,195]。在弱酸性条件下，客体以 $[(arene)Ru(H_2O)_3]^{2+}$ 的形式存在；但在弱碱性介质中，客体则在层间形成二聚体 $[(arene)Ru(\mu\text{-}OH)_3Ru(arene)]^+$。该二聚体的存在通过 EXAFS 研究已经得到证实。

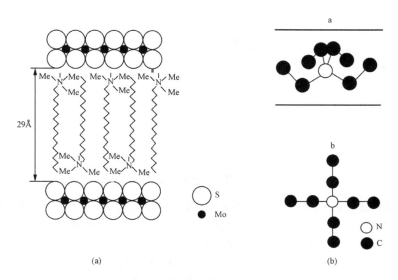

图 7-23 夹层化合物 $(C_{18}H_{37}MeN)_{0.25}MoS_2$ (a)、$[(C_2H_5)_4N]_{0.17}MoS_2$ (b)结构示意图

7.5.2 层状过渡金属硫代亚磷酸盐及其夹层化合物

20 世纪 70 年代初,人们发现一些过渡金属硫代亚磷酸盐化合物(MPS_3,M= Mn、Cd、Fe、Ni、Co、Zn 等)具有类似于过渡金属二硫化物的层状结构特征和氧化还原夹层反应特性,并表现出了特殊的磁各向异性,这些发现引起学术界的关注。随后又相继发现基于这些硫代亚磷酸盐化合物的独特的离子交换夹层反应特性,以及夹层物表现出不同于相应纯过渡金属硫代亚磷酸盐的固体物理性质如磁性、导电性、非线性光学性质及兼具几种性质的所谓多功能性质等。这些研究不仅大大加深了人们对于过渡金属硫代亚磷酸盐夹层物的结构和其夹层化学的认识,而且促进了人们对其夹层物的固体物理性质的深入研究,使其成为近几十年来夹层物化学研究领域的一个亮点。

7.5.2.1 过渡金属硫代亚磷酸盐的结构和性质[196]

过渡金属硫代亚磷酸盐 MPS_3($M_2P_2S_6$)(M=Mn、Cd、Fe、Ni、Co、Zn 等)是一类具有二维层状结构的无机化合物。它的结构与 $CdCl_2$ 相似,属于单斜晶系。其层内的两个 M^{2+} 离子和一个 P-P 原子对占据 Cd 的位置,S 原子则占据 Cl 的位置;其中 M^{2+} 和 P-P 都与 S 原子形成类似于八面体的紧密立方堆积结构,金属离子处于三角畸变的变形八面体场(MS_6)中,形成层内金属离子间的蜂窝网状的有序排列,层与层间则由范德华力连接[196](图 7-24)。

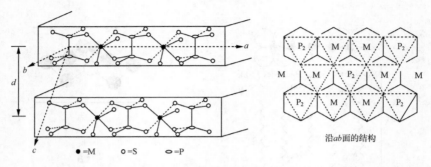

沿 ab 面的结构

图 7-24　层状过渡金属硫代亚磷酸盐 MPS₃ 的结构图[196]

　　层状过渡金属硫代亚磷酸盐 MPS₃ 具有非常丰富的结构特征。常见的 MPS₃ 中 M 通常为二价过渡金属离子。但是一些非二价金属离子硫代亚磷酸盐也已见报道。例如用 In^{3+} 替代 M^{2+} 能得到计量比为 $In_{2/3}\square_{1/3}PS_3$（□代表金属离子空位）的层状物，用钒（V）替代 M^{2+} 则得到非计量比的 $V_{0.78}PS_3$ 层状物，其中 V 离子以混合价态存在（$V^{2+}_{0.34}V^{3+}_{0.44}\square_{0.22}PS_3$）。虽然在这两个化合物层内均有□S₆ 的假八面体构型存在，但它们的层状结构并未改变，说明层内金属离子空位的存在并不破坏这类化合物的二维层状结构特征。

　　对于混合型过渡金属硫代亚磷酸盐的研究发现，对于同为二价的过渡金属离子而言，当两种金属的离子半径接近时，相互之间的置换很容易发生，如 $Zn_{1-y}Ni_yPS_3$、$Zn_{1-y}Fe_yPS_3$、$Zn_{1-y}Mn_yPS_3$ 和 $Cd_{1-y}Fe_yPS_3$（$1\geqslant y\geqslant 0$），其层状结构得以保持[197]。如果用（$M^{3+}+M^+$）替代（$M^{2+}+M'^{2+}$），则得到另一类型的层状混合过渡金属硫代亚磷酸盐，如 $Cr_{1/2}Cu_{1/2}PS_3$、$Cr_{1/2}Ag_{1/2}PS_3$、$In_{1/2}Ag_{1/2}PS_3$ 等。它们具有同 MPS₃ 类似的层状结构，但层内金属离子的排列方式并不相同，对于 $Cr_{1/2}Cu_{1/2}PS_3$ 和 $In_{1/2}Ag_{1/2}PS_3$ 而言，金属离子形成相互贯穿的三角排列，但在 $Cr_{1/2}Ag_{1/2}PS_3$ 中 Cr 与 Ag 却形成相互交替的锯齿型链状排列[198]。

　　人们对于过渡金属硫代亚磷酸盐 MPS₃（M＝Mn、Fe、Ni）的浓厚兴趣，其中重要的原因是来自于它们非常独特的磁学性质。在层状过渡金属硫（硒）代亚磷酸盐中，它们层与层间由范德华力所连接，阻断了层与层间的超交换途径，而层与层间的 6.4～6.5Å 的距离又使层与层间金属离子间的直接交换作用几乎不可能存在，这使它们成为真正意义上的具有二维结构的低维磁系统[199]。

　　对于过渡金属硫代亚磷酸盐体系，由于自旋-轨道偶合裂分和因 MS₆ 八面体的三角畸变产生的轴向晶场效应的存在以及金属离子外层电子数的差异，其磁晶格结构及磁性离子间的自旋偶合方式不完全相同[196]。在 MnPS₃ 中，层内的每一个 Mn^{2+} 离子与其邻近的三个 Mn^{2+} 离子发生反铁磁相互偶合，属于典型的各向同性的二维海森伯格（Heisenberg）模型的反铁磁体，其反铁磁转变温度为 78K；而

FePS₃ 层内的每一个 Fe^{2+} 离子则与邻近三个中的两个 Fe^{2+} 离子发生铁磁偶合,而与另一个 Fe^{2+} 离子的偶合却是反铁磁相互作用,属于典型的各向异性的二维伊辛(Ising)模型的反铁磁体;NiPS₃ 层内的每一个 Ni^{2+} 与其他三个相邻的 Ni^{2+} 离子的磁偶合作用与 FePS₃ 相同,但层间排列却不同,表现为各向异性或称 XY 型的 Heisenberg 反铁磁体。

此外,过渡金属硫代亚磷酸盐具有半导体导电特性,但是电导率均很低。其中 MnPS₃、NiPS₃、CdPS₃ 和 ZnPS₃ 的电导率均在 10^{-10} S/cm 以下,属于绝缘体,只有 FePS₃ 的电导率相对较高,大约为 10^{-7} S/cm,属于宽带半导体。

7.5.2.2　过渡金属硫代亚磷酸盐夹层物

(1) 过渡金属硫代亚磷酸盐的夹层化学。对于层状硫代亚磷酸盐 MPS₃ 的夹层化学的认识,起初人们仅把它作为过渡金属二硫化物(MS₂)的类似物看待,即具有氧化-还原夹层反应特性。如碱金属原子与 MPS₃ 的夹层反应[200]以及具有强给电子能力的氨以及二茂钴等与 MPS₃ 的夹层物反应[201]。20 世纪 80 年代初期,法国学者 Clement 等[202]发现有些 MPS₃(M＝Mn、Cd、Fe)在夹层反应中,除了具有上述类似于过渡金属硫化物的氧化-还原夹层反应外,还展示了一类比较独特的"离子交换"夹层反应途径,即主体层内的过渡金属离子能脱离主体层进入溶液中,并在主体层内形成阳离子空位,与此同时,溶液中的客体阳离子插入主体层间以维持化合物的电荷平衡[203]。这是一类非常独特的"离子交换"夹层反应,采用这种主体-客体间的离子交换夹层作用,人们合成了许多 MPS₃(M＝Mn、Cd、Fe)的夹层物。有时为了促进金属离子从主体层内进入反应溶液,可以加入某些具有较强配位能力的络合剂。但迄今为止,还未能通过这种离子交换得到 NiPS₃ 的夹层物,在少数几个 NiPS₃ 夹层物的形成中,客体阳离子的插入是通过磷的缺失而维持夹层物的电荷平衡[204],这是一种很奇特的现象,至今仍不知其原因。

过渡金属硫代亚磷酸盐多以粉末形态进行夹层反应,偶尔也能以单晶形式进行夹层反应。最近 Clement 等用溶液法制备了锂离子的 MPS₃(M＝Mn、Cd)的夹层物薄膜,发现这类膜具有类似于粉末态的离子交换夹层反应特性。他们成功地将一些功能性有机客体如 DAMS[4-(4′-dimethylamin-ostyl-N-methylpyridium)]等插入主体层间形成了相应的薄膜夹层物,其展示了类似于粉末态夹层物的二阶非线性光学活性[205],这为材料的实用化奠定了良好的基础。

过渡金属硫代亚磷酸盐夹层化合物在形成之后,其结构除层间距 d 值和晶胞参数 c 扩大外,其他参数大多保持原主体的结构特征,层状结构保持不变。至于夹层化合物中客体的排列方式和存在形式的表征,主要通过元素分析、X 射线粉末衍射、红外光谱、拉曼光谱、紫外-可见光谱、穆斯堡尔谱、X 射线光电子能谱和热分析等分析手段完成。而因夹层作用引起的主体层内原子间结构的细微变化则可以通过扩展的 X 射线精细结构（EXAFS）和 X 射线吸边结构（XANS）分析来完成[196]。

（2）MPS₃ 夹层物的磁学性质。在过渡金属硫代亚磷酸盐中，层内的过渡金属离子采取高自旋态，顺磁金属离子（如 Mn^{2+}，$s=5/2$；Fe^{2+}，$s=2$；Ni^{2+}，$s=1$ 等）在低温时表现出较强的反铁磁相互作用，使它们形成 Neel 温度分别为 78K、120K 及 153K 的二维反铁磁材料。非常有趣的是，在它们形成夹层化合物后，有些夹层化合物的磁性发生了显著的变化，在低温时出现自发磁化而成为亚铁磁体[206]。其中，许多 MnPS₃ 的夹层化合物的居里转变温度大多在 30～40K 的范围内。FePS₃ 夹层化合物的居里转变温度则在 70～90K 之间[207]。

由于一些 MPS₃ 夹层化合物展示了不同于纯主体的特殊磁学性质，许多学者对它们磁性转变的起因产生了浓厚的兴趣，并对此进行了深入研究。关于 MnPS₃ 的夹层化合物磁性转变的起因，O'Hare 和 Clement 等根据实验结果提出了一个假设对 MnPS₃ 夹层物的磁性转变进行了解释[208]。他们分别测定了夹层化合物 $Mn_{0.84}PS_3[N(CD_3)_4]_{0.32}(D_2O)_{1.0}$ 和 $Mn_{0.83}PS_3[Co(\eta\text{-}C_5D_5)_2]_{0.34}(H_2O)_{0.3}$ 的多晶和单晶的磁学性质，结合中子衍射技术对夹层化合物 $Mn_{0.84}PS_3[N(CD_3)_4]_{0.32}(D_2O)_{1.0}$ 和 $Mn_{0.83}PS_3[Co(\eta\text{-}C_5D_5)_2]_{0.34}(H_2O)_{0.3}$ 的结构特征进行分析，推测部分 MnPS₃ 夹层化合物之所以在低温展示宏观亚铁磁性，在于夹层反应中部分 Mn^{2+} 离子的离去，形成了主体层内有序排列的 Mn^{2+} 离子空位，打破了原有主体层内 Mn^{2+} 离子所固有的反铁磁性平衡，从而在层内产生了亚铁磁性（图 7-25）。

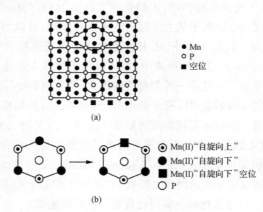

图 7-25　MnPS₃ 夹层物的低温亚铁磁性起因[208]

由于主体 FePS₃ 的磁结构类型与 MnPS₃ 完全不同，所以 FePS₃ 夹层化合物的磁性起因不能由上面所得到的有关 MnPS₃ 夹层化合物的磁性起因的结论来进行解析。Clement 等认为 $FePS_3$ 夹层化合物的磁性起因可能是插入的客体与主体层的相互作用引起主体层结构的微小改变,使主体层内 Fe^{2+} 之间的铁磁作用增强并由此削弱了它们间的反铁磁偶合,从而在低温时表现出宏观强磁性[207]。Clement研究了一系列混合金属硫代亚磷酸盐 $Fe_xCd_{1-x}PS_3$($x=0.1\sim0.8$)及其夹层物的磁性[209]。关于系列夹层物的磁性,发现当 Fe^{2+} 含量较少时,Cd^{2+} 稀释作用比较明显,亚铁离子之间不存在长程磁偶合作用,因而夹层物则在低温下呈现反铁磁性;但当 Fe^{2+} 含量达到一定之后,由于客体的插入影响了层内 Fe^{2+} 铁磁和反铁磁作用的平衡,Fe^{2+} 在层内形成长程有序的铁磁偶合,使整个夹层物表现出铁磁性。但是相关的研究还不甚深入,因此,关于 $FePS_3$ 夹层化合物的铁磁性起源有待进一步研究和探讨。

(3) MPS_3 夹层物的其他性质。近年来,在过渡金属硫代亚磷酸盐夹层物的研究方面,人们着眼于寻找具有几种性质相互协同的多功能材料,或是具有特殊物理性能和新奇物理或化学现象的夹层物。

早在 20 世纪 90 年代初,Clement 等[210]通过离子交换将具有较大一阶分子超极化率值的有机阳离子发色团 $DAMS^+$ 插入 MPS_3($M=Mn,Cd$)中,形成 $DAMS^+$ 在层间的有序无心排列,夹层化合物 $Mn_{0.86}PS_3$($DAMS$)$_{0.28}$ 和 $Cd_{0.86}PS_3$($DAMS$)$_{0.28}$ 显示出很大的二阶非线性光学效应,分别是尿素的 300 和 750 倍,而且 $Mn_{0.86}PS_3$($DAMS$)$_{0.28}$ 在 40K 以下还显示铁磁性,成为一种兼具二阶非线性光学性和宏观亚铁磁性的多功能材料。但是并非所有与 $DAMS^+$ 类似的发色团阳离子所形成的夹层物均具有非线性光学性质,在这类发色团阳离子中,其与主体 MPS_3($M=Mn,Cd$)形成的夹层物能否展示二阶非线性光学效应与客体的结构有很大的关系。用 $N=N$、$C=N$、$N=C$ 键取代苯环和吡啶环之间的 $C=C$ 键所形成的类似发色团,它们与 MPS_3 形成的夹层物的二阶非线性光学效应远小于 DAMS。如果用 CH_2CH_3 或 CH_2CH_2OH 等基团取代苯环氨基氮或吡啶环氮上的 CH_3 基团,发色团与 MPS_3($M=Mn,Cd$)形成的夹层物则不具有二阶非线性光学性质。由此可见,结构的变化对发色团在主体层间的排列方式具有明显的影响[211]。

而将能形成有机导体的有机电子给体(如 TTF)以及电活性高分子(如聚氧乙烯)等插入 MPS_3($M=Mn,Cd,Fe$)中,则所形成的夹层物的导电性比相应纯主体的导电性会明显提高,最典型的是 TTF 与 $FePS_3$ 形成的夹层物,室温电导率达到 5S/cm,并且展示了金属导电性[212]。

Coradin 等[213]首次将一些生物分子(赖氨酸、聚赖氨酸和溶解酶素)插入到 $MnPS_3$ 主体层中,发现这些蛋白质在层间没有发生变性现象,因而这类无机主体可望成为优良的酶固定材料。

此外,由金属锂与 $NiPS_3$ 形成的夹层物具有较高的能量密度输出值,在电极材料方面具有潜在应用价值。某些有机化合物与 $NiPS_3$ 形成的夹层物,还具有催化性能,能有效催化硫离子(S^{2-})的氧化[204]。

Leaustic 等[214]将具有光致变色效应的 N-甲基氮杂螺吡喃阳离子插入到 $MnPS_3$ 膜中形成夹层物,发现其在 40K 以下出现自发磁化,展示宏观亚铁磁性。而且用特定波长的光照后,由于客体的光致变色效应,引起夹层物的磁化强度和磁滞回线在 T_c 以下时发现明显的变化,表现出光磁现象(photomagnetism)。这为人们获得具有光磁效应的新型材料开辟了一条新的途径。

$Fe^{III}(SalEen)_2X$ 是一类具有热致磁自旋交叉(spin crossover)效应的过渡金属配合物。Boillot 等[215]发现将 $Fe^{III}(SalEen)_2^+$ 插入 $CdPS_3$ 层间形成夹层物后,无机主体层的二维空间并不能抑制其热致磁自旋交叉作用,但却具有明显的阻尼效应(damping effect)。之后他们又设计合成了另一个具有磁自旋交叉效应的配合物离子 $Fe^{III}(5-OMe-sal_2trien)^+$ 和 $MnPS_3$ 的夹层物,研究了其宏观磁性和对客体的热致磁自旋交叉作用的影响[216]。发现含水夹层物在 200~300K 的范围内出现了一个无热滞后现象的自旋交叉效应,可是当夹层物失水后,则出现了一个很宽的热滞后回线。同时该夹层物在 36K 以下出现自发磁化,展示宏观亚铁磁性。虽然具有自旋交叉效应的客体阳离子未对 $MnPS_3$ 夹层物的 T_c 产生明显的影响,但在 T_c 以下,却观察到客体阳离子的穆斯堡尔谱的 LS 双重线明显地变宽,这是因为外部磁场($MnPS_3$ 层的自发磁化磁场)引起 $Fe^{III}(5-OMe-sal_2trien)^+$ 的自旋激化效应所致。能否利用夹层作用实现外部磁场与自旋交叉的相互协同作用,是一个非常有趣的研究课题。

由于在二次电池和电致变色器件等方面的应用,固体电解质引起人们的广泛关注,利用层状材料与 PEO(聚氧乙烯)的夹层作用形成夹层物固体电解质是其中的一个重要内容。Lerner 等采用熔融夹层法将 PEO 插入预夹层物 $M_{1-x}PS_3 \cdot nH_2O(M=Mn, Cd)$ 中,合成了相应过渡金属硫代亚磷酸盐的 PEO 夹层物[217]。Jeevanandam 等则通过溶液法合成了 $Cd_{1-x}PS_3 \cdot M'_{2x} \cdot nH_2O(M'=K, Na, Li, Cs)$ 的 PEO、PPO 和 PPG 夹层物。光谱研究表明 PEO 在层间以非螺旋型的 Z 形构象存在(反式和歪扭式构象共存)。这些夹层物的导电性与相应的固体电解质相当,其中含 K^+ 和 Cs^+ 的夹层物的导电性温度依赖关系遵循 Arrhenius 规则,而 Na^+ 和 Li^+ 的夹层物遵循 Vogel-Tamann-Fulcher 关系。

除了探索兼具有多种功能的分子材料外,人们在研究中也发现了夹层物的一些奇特的化学或物理现象。Vasudevan 等对 $CdPS_3$ 为主体的夹层物进行了深入的研究。他们合成了十六烷基三甲铵阳离子(CTA)的 $CdPS_3$ 的粉末状和单晶形夹层物($Cd_{0.93}PS_3(CTA)_{0.14}$),发现由于主体层的限制,CTA 在二维空间孤立存在,其烷基长链采取了平行于主体层的全反式构象(all-trans conformation)[218]。

而在另外一个主体层间含量不同 CTA 夹层物($Cd_{0.83}PS_3(CTA)_{0.34}$)中发现由于客体含量的增加,层间距扩大了 26.5Å,说明客体的烷基长链在层间采取了与主体层有一定倾斜角度(约 35°)的双层排列方式。红外光谱和拉曼光谱以及核磁共振研究表明长链烷基的构象仍以反式为主,随着温度的下降,具有较高势能的歪扭构象消失,在 40K 以下完全以全反式构象存在[219,220]。因为 Cd^{2+} 离子(外层电子为 d^{10})为抗磁性离子,其形成的层状硫代亚磷酸镉($CdPS_3$)不仅具有很好的离子交换夹层反应特性,而且其本身颜色浅(为白色),又不具有磁性,这为人们利用各种研究手段(如拉曼光谱、核磁共振等)研究二维受限空间的有机物结构特征提供了方便。Vasudevan 等还研究了 $Cd_{0.75}PS_3 \cdot Na_{0.5}(H_2O)_y$($y=1$ 或 2)中含水量对其结构和导电性的影响。发现当 $y=2$ 时,水分子在层间具有双层(double layer)结构,Na^+ 离子能在层间移动,表现出较好的导电性;当夹层物部分脱水后($y=1$ 时),水分子在层间呈现单层(single layer)结构,Na^+ 离子不能在层间移动,夹层物也不具有导电性[221]。

7.6　卤　化　物

7.6.1　钙钛矿型卤化物结构简介

卤化物是氟化物、氯化物、溴化物、碘化物的总称。无机卤化物主要指卤素与另一种元素所形成的二元化合物。除简单卤化物外,也包括复卤代物和络卤化物,例如光卤石 $KCl \cdot MgCl_2 \cdot 6H_2O$,六氟硅酸钠 Na_2SiF_6 等。近年,具有钙钛矿结构的三元卤化物 $CsGeX_3$(X:Cl,Br,I)因具有良好的红外线非线性光学特性,吸引更多研究者的注意[222-226]。钙钛矿结构的三元卤化物一般结构化学式为 ABX_3,其中 A 和 B 为阳离子(A:Rb,Cs;B:Ge,Sn,Pb),而 X 代表阴离子(X:Cl,Br,I),A 是离子半径较大的阳离子,B 是离子半径较小的阳离子,由 8 个围绕着 B 离子排列的角顶相连的 AO_6 八面体组成钙钛矿族的基本结构,理想钙钛矿结构的单位晶胞如图 7-26 所示[222]。

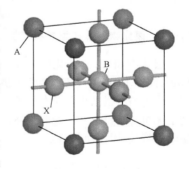

图 7-26　理想钙钛矿结构单位晶胞的示意图

化学通式为 $AO(ABO_3)_n$ 的层状钙钛矿结构称为 Ruddlesden-Popper(RP)结构,如图 7-27 所示,其中 A 为 s 或 f 区阳离子,B 通常为过渡金属阳离子,[BO_6]八面体以共顶角方式连接形成钙钛矿层,A 原子占据 9 和 12 配位空隙处。近年,科学家们将卤素阴离子插层于 RP 结构的层状金属氧化物中,得到大量的具有 RP 结构的层状复合金属卤氧化合物,如 S. Adachi 等研究表明复合的铜卤氧化合物 $(Sr,Ca)_3$-$Cu_2(O,Cl)_6$ 和 $(Ca,Na)_2CuO_2Br_2$ 表现出超导性能[227];Kneede 等合成了四方层状 K_2NiF_4 型钙钛矿结构锰氧化物氯化物 Sr_2MnO_3Cl 和 $Sr_4Mn_3O_{8-y}Cl_2$,其中 Sr_2MnO_3Cl 结构是由正方四角锥层(MnO_5)和 SrCl 层沿 c 轴方向交替排列而成,有望成为在较低的磁场下产生大的磁电阻效应的材料[228]。

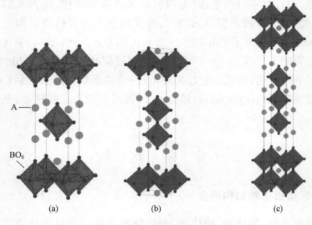

图 7-27　Ruddlesden-Popper 结构示意图
(a) $n=1$;(b) $n=2$;(c) $n=3$

7.6.2　卤化物钙钛矿型层状有机-无机复合材料

层状有机-无机杂化钙钛矿材料(layered organic-inorganic hybrid perovskites,简称 LOIHP),又称为卤化物钙钛矿型层状有机-无机复合材料。将钙钛矿型卤化物与有机结构单元在分子尺度上复合,使两者的性能完美地结合在一起,实现了无机与有机组元的性能互补,赋予该类材料独特的二维层状结构以及光、电、磁学等特性,因而使其备受关注[229,230]。

7.6.2.1　LOIHP 的组成、结构与设计[230]

钙钛矿型无机组分与有机组分复合过程中,有机阳离子 A 的大小要受到无机金属卤化物八面体 MX_6^{4-} 构筑基元[图 7-28(a)]共顶连接形成的空隙大小限制。当 A、M 与 X 三种离子半径 R_A、R_B、R_X 之间满足 $(R_A+R_X)=t\sqrt{2}(R_M+R_X)$ 时(其中 t 为容限因子,近似为 1,经验值为 $0.8 \leqslant t \leqslant 0.9$),$MX_6^{4-}$ 在三维方向上扩展形成立方类钙钛矿结构[图 7-28(b)]。

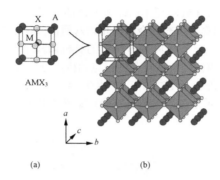

图 7-28　立方类钙钛矿组装材料结构示意图

(a) AMX_3 的球棍示意图；(b) MX_6^{4-} 在三维空间组装扩展的多面体示意图

　　而当有机阳离子分子链长度大于上述关系式规定的尺寸时，MX_6^{4-} 结构基元只能在二维方向上延伸形成层状类钙钛矿结构，如图 7-29 所示，最简单、最普遍存在的层状类钙钛矿有机/无机复合材料的化学通式为（RNH_3）$_2MX_4$ 和（NH_3RNH_3）MX_4，其中 M 是二价金属，X 为卤素。（RNH_3）$_2MX_4$ 结构中，层间插入有机阳离子双分子层，其中两个单胺阳离子分别与上下两个无机层卤素形成氢键，有机分子尾部向两个无机层间的空隙伸展，并通过范德华力维持这种结构，如图 7-29(a)所示；（NH_3RNH_3）MX_4 结构中，层间插入有机阳离子单分子层，双胺阳离子与上下两个无机层中卤素形成氢键，从而实现无机层间的连接，如图 7-29(b)所示。与立方类钙钛矿型有机/无机组装材料相比，层状钙钛矿型有机/无机组装材料能容纳更大以及更复杂的有机阳离子。

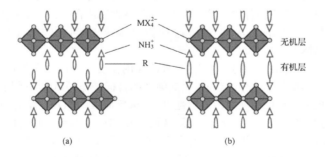

图 7-29　(100)取向的层状 LOIHP 结构示意图

(a)（RNH_3）$_2MX_4$；(b)（NH_3RNH_3）MX_4

当有机相由长链的有机阳离子（A）和短链的有机阳离子（A'）混合组分构成时，其中短链的有机阳离子填充到金属卤化物八面体共顶连接的空隙中，形成三维类钙钛矿层（由 A'MX_3 单胞组成）；而长链的有机阳离子在三维类钙钛矿层间形成有机层，因此，使用两种链长不同有机相与无机组分反应，可以实现在每个有机层间含有多层三维类钙钛矿层，而整体仍属于二维的层状类钙钛矿结构 $A_2 A'_{n-1} M_n X_{3n+1}$（$n$ 表示金属阳离子层数量），如图 7-30 所示。

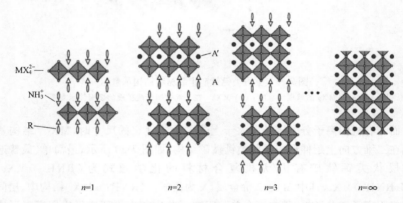

图 7-30　含两种不同长短链有机组元的 LOIHP 结构示意图

7.6.2.2　LOIHP 的制备方法

卤化物钙钛矿型层状化合物的制备方法主要包括气相反应法、液相反应法和固相反应法。气相反应法是指将有机胺和金属卤化物固体粉末按化学计量比装入玻璃试管中，氩气保护下将其加热至一定温度并保温得到产物的方法，一般来说分子量越大的有机胺其制备加热温度应当越高，该方法适合于分子量较大、常温下为固态的有机胺。Wortham 等利用这种方法制备得到（$C_n H_{2n+1} NH_3$）$_2$ MnCl$_4$（$n=2\sim9$）晶体[231]。

液相反应法是最常用的方法之一，氢卤酸用作反应物同时兼作反应的溶液介质，因不引入其他化学组分，有利于生成纯净的目标产物；另外，常采用有机溶剂增加无机、有机组元在反应液中的溶解性，以确保反应按均相及化学计量比进行；使某些产物的溶解度对温度变化更敏感，从而在冷却溶液得到产物时能显著提高反应的产率采用溶剂，最常用的溶剂有甲醇、乙醇、甲苯、甲基氰、丙酮、N, N-二甲基甲酰胺（DMF）、2-丙醇、2-丁醇或它们的混合物。层溶液生长法是一种液相反应法，是指将金属卤化物密封于充满惰性气氛的长直试管中，用注射器加入氢卤酸使之溶解，在该溶液的上层加入甲醇溶液作为缓冲层，最后注入反应所需的有机胺。该方法特点是操作比较方便，适于液态有机胺，由于晶体生长速率得到了很好的控制，所制备的晶体完整性好，常常用于制备能满足结构测试的单晶。Mitzi 利用此

方法得到尺度大于 $4mm$ 的 $(C_6H_5C_2H_4NH_3)_2PbCl_4$ 片状晶体[232]。

低温固相反应法是指有机胺与氢卤酸反应并去掉其中的水分制得有机胺盐,把有机胺盐加热至熔融并将充分研磨的无机卤化物粉料与之混合,或直接混合有机胺盐与无机卤化物再按一定温度制度保温一定时间(通常需要几十小时至几天)即得目标产物。利用这种方法 Mitzi 制备得到了 $(C_6H_5C_2H_4NH_3)_2Cs_{n-1}Sn_nI_{3n+1}$[233]。

7.6.2.3 LOIHP 的组成、结构与性能

在 LOIHP 的设计合成中,根据对 LOIHP 材料应用前景的预期来进行选择无机金属元素和有机组元,例如,选择过渡金属的原因是基于其磁性能,选择第Ⅳ、Ⅴ主族元素则基于其半导性,而选择稀土元素则是希望利用其发光性能。这些元素参与构成的层状类钙钛矿结构杂合物被预期形成二维磁性材料、半导材料和发光材料。LOIHP 的整体结构与有机组元和无机组元的组成与结构密切相关。LOIHP 的结构变化必然会影响分子内部结合状态、能带结构等,从而对材料的热稳定性、电子学性能及光学性能等产生影响。

(1)无机组元。LOIHP 的无机组元是以二价金属卤化物离子团 MX_6^{4-} 作为结构基元连接构筑的钙钛矿层,其中金属阳离子、卤素阴离子的半径和外层电子结构会影响 MX_6^{4-} 八面体结构,以及有机层间三维类钙钛矿层结构的变化都会影响到 LOIHP 的整体结构。

近年报道的 LOIHP 体系中,所选用的金属元素主要有过渡金属元素,Mn,Cu;Ⅳ 和 Ⅴ 主族元素,Ge,Sn,Pb,Sb,Bi;还有少量稀土元素,La,Ru 等。$(C_4H_9NH_3)_2MI_4(M=Ge,Sn,Pb)$体系的研究结果表明:三种组装材料的晶体结构均属于正交晶系,但所属空间群随着属阳离子改变存在差异,随着阳离子半径的依次增大,a 轴和 b 轴晶胞参数相应增大,说明无机层中的 $[MI_6^{4-}]$ 八面体相应增大,如表 7-5 所示;无机组分中金属阳离子对组装材料性能的影响,随着晶胞体积增大,它们的热分解温度分别为 222 ℃,256 ℃ 和 285 ℃,热稳定性逐步增大;激发波长为 457.9nm 的光致发光谱谱峰分别位于 690nm,625nm,525nm,谱峰位置发生明显的蓝移,强度逐渐增大,峰宽减小[234]。

表 7-5 $(C_4H_9NH_3)_2MI_4(M=Ge,Sn,Pb)$晶体结构参数

分子式	$(C_4H_9NH_3)_2GeI_4$	$(C_4H_9NH_3)_2SnI_4$	$(C_4H_9NH_3)_2PbI_4$
分子量	728.499	774.599	863.109
晶体颜色	橙	红	橙
晶系	正交	正交	正交
空间群	P_{cmn}	P_{bca}	P_{bca}
$a/Å$	8.7220(5)	8.8370(5)	8.8632(21)
$b/Å$	8.2716(4)	8.6191(4)	8.6816(8)
$c/Å$	28.014(1)	27.562(2)	27.570(2)
$V/Å$	2021.1(2)	2099.3(2)	2121.4(6)

当无机层中 MX_6^{4-} 的金属阳离子为 +2 价以上的多价离子时,如 Bi^{3+},Sb^{3+},Sn^{4+},Te^{4+},Hf^{4+},Nb^{5+},Ta^{5+} 等,无机层中金属位置将存在金属阳离子空位,才能满足与有机阳离子提供的 +2 价保持化合价平衡。由于金属阳离子空位会引起负电荷的局部中,金属阳离子价态增加时,在材料的无机层中便产生大量的随机分布的空位导致结构中电荷分布不均,结构处于能量较高的不稳定状态,因而类钙钛矿结构稳定性下降[235]。

无机组元中的卤素阴离子对 LOIHP 的结构也有较大的影响。由于 Cl^-,Br^-,I^- 的离子半径不同,分别与金属阳离子形成的八面体大小和形状也会相应变化,从而会影响到组装材料的无机层结构。例如,$(C_{16}H_9\text{-}CH_2\text{-}NH_3)_2PbX_4$($X =$ Cl,Br,I)体系中,$[PbX_4]^{2-}$ 无机层间距分别为 24.3Å,24.0Å,21.3Å,即卤素阴离子半径增大反而会导致晶面间距减小[236]。卤素变化对材料的电子能级也会产生影响,$(C_4H_9NH_3)_2MX_4$($X = $ Cl,Br,I)体系的紫外-可见吸收谱吸收峰位置随着卤素半径增大相应地发生红移[237]。无机组分变化引起材料光学性能变化的主要原因可能在于激子结合能和振动强度的变化以及有机层和无机层介电常数不同引起的介电约束效应[234]。

对 $(C_4H_9NH_3)_2(CH_3NH_3)_{n-1}Sn_nI_{3n+1}$ 体系的研究表明,随着 n 增大,有机层间三维类钙钛矿层厚度增大,晶体的晶面间距相应增大[230];观察到半导体-金属转变随 n 的增加而变化,$n=1$ 时材料是禁带宽度较大的半导体,室温下电阻率约为 $10^5\ \Omega\cdot cm$,当 n 逐渐增大时,材料的电阻率迅速下降,$n\geqslant 3$ 时材料开始呈现出导体特性,$n\to\infty$ 时,室温下 $(CH_3NH_3)SnI_3$ 成为低载流子密度的 p-型金属。导电性能从半导体向导体的转变,可能是由于钙钛矿层内 SnI_6 八面体的扭曲程度下降所致[238]。$(C_4H_9NH_3)_2(CH_3NH_3)_{n-1}Sn_nI_{3n+1}$ 和 $[NH_2C(I)=NH_2]_2(CH_3NH_3)_nSn_nI_{3n+2}$ 体系的研究表明,导电性能从半导体向导体的转变随钙钛矿层厚度的增加而变化,如图 7-31 所示,同时也显示了高载流子迁移率的可能性[239]。

有机层间三维类钙钛矿层厚度变化对材料的光学性能也会产生影响 $(C_6H_{13}NH_3)_2(CH_3NH_3)_{m-1}Pb_mBr_{3m+1}$($m=1\sim3$)的紫外-可见吸收光谱的吸收峰位置随无机层数 m 增加而红移,原因可能有两个方面:①由于激子波尔半径增加导致量子局限效应减弱,引起激子的结合能降低;②有机层间三维类钙钛矿层厚度增加,电子在 $[PbBr_6]^{4-}$ 八面体间运动的能量增大,从而导带和价带变宽导致禁带宽度减小[240]。

(2) 有机组元。在 LOIHP 中,有机阳离子通常为直链的烷烃基或芳香烃基胺、染料分子以及聚合物等,其结构特征为:有机分子链的终端有一个或两个离子团,通过氢键形式与无机金属卤化物阴离子结合;有机阳离子有合适的大小,有机

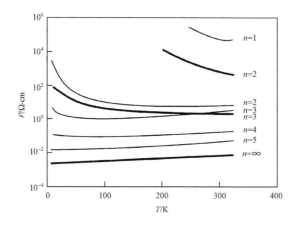

图 7-31　温度/电阻率变化曲线

细线：$(C_4H_9NH_3)_2(CH_3NH_3)_{n-1}Sn_nI_{3n+1}$

粗线：$[NH_2C(I)=NH_2]_2(CH_3NH_3)_nSn_nI_{3n+2}$，$n\rightarrow\infty$：$CH_3NH_3SnI_3$

分子链长度的增加可能会导致有机层厚度增大，即金属卤化物无机层间距增大，有机分子链之间发生扭曲和相互交错的可能性也会增大，例如，侧链较长或芳香环过大的有机阳离子都不利于形成稳定的结构。有机阳离子的"截面积"是指在其长轴方向上的投影面积，用来表示有机阳离子的横向大小应小于空隙的最大截面积。由于受到无机层中共顶连接的金属卤化物八面体大小的制约，当有机阳离子的"截面积"远小于八面体共顶连接形成空隙截面积（共顶相连的八面体中同一平面上相邻四个终端卤素离子所围面积）时，有机分子链在无机层间可以实现倾斜或相互交错的结合方式。无机层中八面体空隙的最大截面积由无机阳离子和卤素阴离子的半径决定，例如，$CuCl_6^{4-}$ 八面体提供的最大截面积为 0.27nm，小于 PbI_6^{4-} 八面体提供的最大截面积为 0.40nm。

众多卤化物钙钛矿型层状有机-无机复合物制备报道中，有机组元多数是指简单的脂肪或芳香铵阳离子，少数具有特殊性能的聚合物或超分子，例如，Chondroudis 等将噻吩低聚物（5,5″-bis(2-aminoethyl)-2,2′:5′,2″:5″,2‴-quater-thiophene，AEQT）插入钙钛矿层间，制备得到了具有电致发光性能的（H_2AEQT）$PbBr_4$[241]，其结构见图 7-32；Tieke 等在 $[CdCl_4]^{2-}$ 无机层间进行了紫外光照聚合反应生成了（HO_2CCH=CHCH=CHCH$_2$NH$_3$）$_2$CdCl$_4$[242]，其结构见图 7-33；Kiku-chi 等设计合成了含富勒烯衍生物（N-methyl-2-(4-aminophenyl)-fulleropyrroli-dine iodide，AmPF）的（AmPF）$_2$PbI$_4$，其结构示意图如图 7-34 所示[243]。

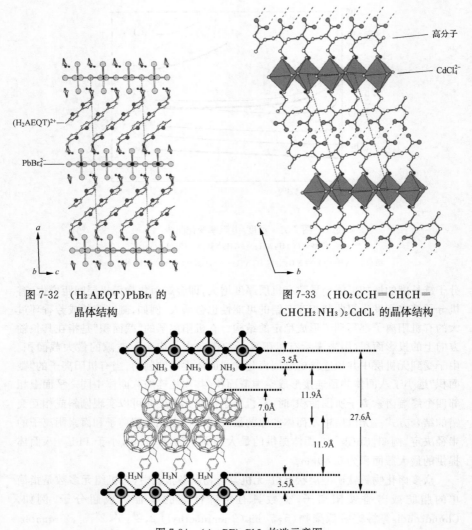

图 7-32　（H₂AEQT)PbBr₄ 的
　　　晶体结构

图 7-33　（HO₂CCH＝CHCH＝
　　　CHCH₂NH₃)₂CdCl₄ 的晶体结构

图 7-34　（AmPF)₂PbI₄ 构造示意图

7.6.3　卤化物钙钛矿型层状有机-无机复合薄膜材料

卤化物钙钛矿型层状化合物在保持无机组元的高载流子迁移率及热稳定性的
同时,又具有有机组元的易于加工成膜的特点而被预期有巨大应用前景。LOIHP
一般以薄膜的形式应用于光电器件,因此,卤化物钙钛矿型层状有机-无机复合薄膜材料(layered organic-inorganic hybrid perovskites film,简称 LOIHPF)的制备及应用研究已成为目前研究的热点课题[244]。

7.6.3.1 LOIHPF 的制备方法

(1) 旋涂法。基于溶液的制膜技术包括 Sol-Gel 法、旋涂法、喷涂法、喷墨印刷法。近年旋涂法已经成为卤化物钙钛矿型层状有机-无机复合材料制备研究中使用得最多的成膜方法。旋涂法是一种基于溶液工艺的快速成膜法,制备过程首先要求找到合适的溶剂,该溶剂必须能充分溶解组装材料而且易挥发,此外,该溶剂与基片要有很好的湿润度,这样溶液才能很好地在基片上展开;然后将配制好的溶液滴到正在旋转的基片上,大部分溶液因旋转而甩出,只有少部分留在基片上,这些溶液在表面张力和旋转离心力联合作用下,展开成一均匀的薄膜;最后将薄膜低温退火,用以提高结晶度和清除有机溶剂。如果需要比较厚的膜,可以采取多次旋涂的方法。影响成膜质量的因素有:基片和溶剂的选择、溶液的浓度、转速与退火温度等。Kitazawa 等利用此方法制备得到了具有光热稳定性和光学特性的聚甲基丙烯酸甲酯(PMMA)掺杂的$(C_6H_5C_2H_4NH_3)_2PbI_4$ 纳米晶态复合薄膜[245]。旋涂法是制备晶态薄膜的简单方法,但在薄膜厚度的控制、大面积薄膜的均匀制备等方面存在局限性。

(2) 插入反应法。插入反应法是指将预先通过真空蒸镀或溶液沉积法制备的金属卤化物薄膜的基片浸入含有机阳离子的溶液中,有机阳离子插入到基片上的金属卤化物间并迅速与之反应形成产物的方法。此法适用于找不到合适的溶剂或即使找到溶剂,但与基片表面的浸湿效果不是很理想的情况。采用插入反应法时对溶剂也有一定的要求,即能溶解有机盐,但不能溶解基片上的金属卤化物薄膜以及最终的组装材料薄膜。有机组分的不同,浸涂所需的时间也不同,这主要是由于其内部的相互作用力不同。插入反应法虽然避免了溶剂限制,不需要加热,可以进行薄膜图案化,但也有其局限性,如有机阳离子与金属卤化物薄膜反应的过程中常常会长出较大的晶粒,导致薄膜表面粗糙不平,影响薄膜质量。插入反应法可以扩展,即将沉积有金属卤化物薄膜的基片浸入有机盐的蒸气中,通过插入的有机盐与卤化物之间的固相反应形成层状类钙钛矿有机-无机分子组装薄膜材料。Liang 等利用此方法制备得到了$(RNH_3)_2(CH_3NH_3)_{n-1}M_nI_{3n+1}$(R:丁基,苯乙基;M:Pb,Sn;$n$:1,2,$\infty$)薄膜[246]。

(3) 逐层自组装方法。逐层自组装方法可逐层控制薄膜的厚度、成分以及物理性质等。其中典型的方法就是 LB 法,LB 膜超薄且厚度可准确控制,因此这种纳米薄膜可满足现代电子学器件(纳米电子器件)和光学器件的尺寸要求;膜中分子排列高度有序且各向异性,使之可根据需要设计,便于实现分子水平上的组装。应用 LB 法制备层状类钙钦矿薄膜,不仅可以在分子水平内控制膜厚,而且有望制备出新型的层状类钙钛矿结构。使用各种带不同官能团的胺分子,例如带有发色团或长链烷基的胺分子,可以制备出在一层内含有不同官能团的胺分子层和金属卤化物半导体层的新型层状类钙钛矿薄膜。Era 等用 LB 法成功制备了($C_{22}H_{45}NH_3$)$PbBr_4$ 薄膜[247]。由于该法需要预先在液体表面形成单层膜,还要受到表面活性剂的限制,且成膜驱动力为分子间的弱相互作用导致薄膜稳定性较差。逐层化学自组装法可直接将基片浸入到均匀溶液中自动镀膜。成膜驱动力为化学吸附,分子端基间通过共价键或离子键相互链接到基片上。逐层化学自组装方法简单,可以制备出单层或多层层状类钙铁矿有机-无机分子组装材料薄膜,而且基片的形状不受限制。但是,薄膜的形成依靠单个分子逐层吸附,每一层的反应必须完全,否则某一层的缺陷会影响到下一层。这给获得完美的多层结构带来了困难。

　　(4)真空蒸发技术。真空热蒸镀本质上是气相沉积,是一个不必考虑溶解性差异,可把成膜物用溶剂制成悬浮液来热蒸镀的制膜法。可分为双蒸发源法和单蒸发源法。利用 RNH_3I 和 PbI_2 的双蒸发源沉积法制备得到了层状(RNH_3)$_2PbI_4$ 薄膜[248]。双蒸发源法可以很好地控制金属卤化物蒸气,但有机盐蒸气却不容易控制,并且蒸发所需时间相对较长,因此制备过程要求较高的真空条件,因此,近年 Mitzi 发展了单蒸发源法,又称单源热消融法(single source thermal ablation, SS-TA),钽加热片置于基片的下方,放在钽加热片上的层状类钙钛矿有机-无机分子组装材料可以是晶体粉末或浓溶液,对于不能溶解的组装材料可以制成悬浮液,这样可以使得粉末均匀地分散在加热片上,并形成良好的接触。抽真空后,巨大的电流通过钽加热片,使其 1~2s 内大约升温 1000 ℃,有机和无机组分在蒸发后附着到基片上,在其表面上重新自组装形成薄膜。采用此法已经成功制备了大量的组装材料薄膜,当有机组元为简单的有机阳离子时,所得薄膜不需退火就已经结晶完好,表明该材料在室温下就可以重新组装。当有机组元为较复杂的有机阳离子时,要求短时(15min)的低温退火($T<200$ ℃),例如,要获得结晶完美的(AETH)PbX_4 薄膜(AETH:1,6-bis[$5'$-($2''$-aminoethyl)-$2'$-thienyl] hexane;X:Br, I)的最佳退火温度为 120 ℃、保温 15 min[249]。将该法制备的($C_6H_5C_2H_4NH_3$)$_2PbX_4$ (X=Br,I)薄膜用作电致发光器件(LED),在室温下显示了强烈的电致发光性能[250]。SSTA 能够迅速制备高质量的薄膜,其光滑程度与旋涂法制备的薄膜相当,但不需要寻找相应的溶剂或像双蒸发源法那样需要平衡蒸发速率。快速的熔融过程使得沉积十分迅速,从而降低了对真空环境的严格要求。但该法的关键是在有机组元分解之前,熔融速度必须快得足以使有机和无机组元同时离开加热片,因此,寻找到一个理想的蒸发温度是利用该法制备 LOIHPF 薄膜的必要条件。

7.6.3.2　微电子器件上的应用

　　卤化物钙钛矿型层状化合物由有机分子和无机分子在分子水平上组装而成,

具有二维结构特性。有机组分在组装体系中可以实现结构可变性、机械可塑性、较大的极性、易加工性以及较高的荧光效率等；无机组分可以为体系提供良好的电子学特性（能够将材料设计成导体、半导体或绝缘体）、机械稳定性、热稳定性以及较大的磁性转变和介电性转变等。两种组分的性质特征的充分发挥，使得组装材料具有一些独特的性质和功能。

　　卤化物钙钛矿型层状化合物具有多量子阱能带结构，其中无机层有较小的带隙，而有机层则有较大的 HOMO-LUMO 能级差[237]。理论上，调变无机和有机组元的组成能改变或调节量子阱的阱深和阱宽，从而调节和控制材料的电子学性能。此外，有机-无机组元在分子尺度上的复合能够综合有机、无机物的性能优势，既保留了无机元高的载流子传导性又保留了有机元良好的易成膜性，因此，该类材料在制作轻小器件上有广泛的应用前景。

　　近年的研究表明，LOIHPF 材料可应用于薄膜异质结电致发光器件、薄膜场效应晶体管（TFT）[251-254]。例如，$(C_6H_5C_2H_4NH_3)_2PbI_4$ 作为活性发光组分应用于薄膜电致发光器件（light emmiting device，LED），液氮温度下，电流密度为 $2A/cm^2$，直流电压为 24V 时，发光强度达 $12\ 000cd/m^2$，与多层有机电致发光器件发光效率相当[251,252]；用旋涂法制备的 $(C_6H_5C_2H_4NH_3)_2SnI_4$ 薄膜，是 p 型半导体，作为通道材料的薄膜场效应管（thin film field transistor，TFT）结构如图 7-35 所示[253,254]，其中通道长度 150 μm，宽 1500 μm，器件的 $I_{ON}/I_{OFF}=10^6$，迁移率与成膜质量有关，一般在 0.1～1.4$cm^2/(V \cdot s)$范围，可与无定形硅相媲美。

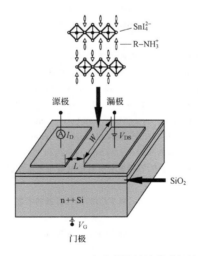

图 7-35　$(C_6H_5C_2H_4NH_3)_2SnI_4$ 为通道材料的薄膜场效应管结构示意图

参 考 文 献

[1] 李景虹.先进电池材料.北京:化学工业出版社,2004

[2] Dresselhaus M S,Dresselhaus G.Intercalation compounds of graphite.Advances in Physics,2002,51:1

[3] 苑金生.氟化石墨的用途与制备方法.中国非金属矿工业导刊,2007,62:25

[4] Foley G M T,Zeller C,Falardeau E R,et al.Room temperature electrical conductivity of a highly two dimensional synthetic metal:AsF$_5$-graphite.Solid State Commun.,1977,24:371

[5] Geim A K,Novoselov K S.The Rise of Graphene.Nat.Materi.,2007,6:183

[6] Boehm H-P,Setton R,Stumpp E.Nomenclature and terminology of graphite intercalation compounds. Pure Appl.Chem.,1994,66:1893

[7] 侯仰龙,韦永德.金属卤化物石墨层间化合物结构与性能研究新进展.功能材料,2000,31:237

[8] 徐仲榆,苏玉长.石墨层间化合物在插层过程中阶的转变模式.炭素技术,1999,99:1

[9] Koike Y,Suematsu H,Higuchi K,et al.Superconductivity in graphite-potassium intercalation compound C8K.Solid State Commun.,1978,27:623

[10] 王丽娟,田军.石墨层间化合物的发展、合成及应用.材料导报,2000,14:52

[11] Saunders G A,Ubbelohde A R,Young D A.The Formation of Graphite/Bromine.I.Hysteresis of Bromine Insertion Between the Carbon Hexagon Layers.Proc.R.Soc.A,1963,271:499

[12] Li D,Muller M B,Gilje S,et al.Processable aqueous dispersions of graphene nanosheets.Nat Nano, 2008,3:101

[13] Pfluger P,Künzi H U,Güntherodt H-J.Discovery of a new reversible electrochromic effect.Appl.Phys.Lett., 1979,35:771

[14] Kang F,Leng Y,Zhang T Y.Electrochemical synthesis and characterization of formic acid-graphite intercalation compound.Carbon,1997,35:1089

[15] Hé rold A.Physics and Chemistry of materials with layered structures.Dordrecht,The Netherlands: Reidel,1979.Vol.6

[16] 张启彪,乔英杰,甄捷.膨胀石墨制备及性能研究.炭素,2005,123:18

[17] Viculis L M,Mack J J,Kaner R B.A Chemical Route to Carbon Nanoscrolls.Science,2003,299:1361.

[18] 陈国华,吴大军,叶葳,等.电化学插层对石墨晶层的剥离作用.新型炭材料,1999,14:59

[19] Kovtyukhova N I,Ollivier P J,Martin B R,et al.Layer-by-Layer Assembly of Ultrathin Composite Films from Micron-Sized Graphite Oxide Sheets and Polycations.Chem.Mater.,1999,11:771

[20] Cassagneau T,Guerin F,Fendler J H.Preparation and Characterization of Ultrathin Films Layer-by-Layer Self-Assembled from Graphite Oxide Nanoplatelets and Polymers.Langmuir,2000,16:7318

[21] 许晶玮,庞浩,胡美龙,廖兵.高分子/石墨复合材料的制备与导电性能的研究进展.化学通报,2007, 8:577

[22] 杨建国,牛文新,吴承佩,李建设,丁延伟.聚苯乙烯/氧化石墨纳米复合材料的制备与性能.高分子材料科学与工程,2005,21:55

[23] Chen G,Wu D,Weng W,et al.Exfoliation of graphite flake and its nanocomposites.Carbon,2003, 41:619

[24] 许晶玮,庞浩,胡美龙等.高分子/石墨复合材料的制备与导电性能的研究进展.化学通报,2007,8:577

[25] 潘玉,于中振,欧玉春,冯宇鹏.尼龙6/石墨纳米导电复合材料的制备与性能.高分子学报,2001,1:43

[26] Shioyama H.The interactions of two chemical species in the interlayer spacing of graphite.Synth.Met.,2000,

114:1

[27]　Uhl F M, Wilkie C A. Preparation of nanocomposites from styrene and modified graphite oxides. Polym. Degrad. Stab., 2004, 84:215

[28]　Xiao M, Sun L, Liu J, et al. Synthesis and properties of polystyrene/graphite nanocomposites. Polymer, 2002, 43:2245

[29]　陈翔峰, 陈国华, 吴大军等. 聚合物/石墨纳米复合材料研究进展. 高分子通报, 2004, 4:39

[30]　Arora P, White R E, Doyle M. Capacity Fade Mechanisms and Side Reactions in Lithium-Ion Batteries. J. Electrochem. Soc., 1998, 145:3647

[31]　Savoia D, Trombini C, Umani-Ronchi A. Applications of potassium-graphite and metals dispersed on graphite in organic synthesis. Pure & Appl. Chem, 1985, 57:1887

[32]　Novoselov K S, Geim A K, Morozov S V, et al. Electric Field Effect in Atomically Thin Carbon Films. Science, 2004, 306:666

[33]　Li X, Wang X, Zhang L, et al. Chemically Derived, Ultrasmooth Graphene Nanoribbon Semiconductors. Science, 2008, 319:1229

[34]　侯仰龙, 韦永德. 金属卤化物石墨层间化合物结构与性能研究新进展. 功能材料, 2000, 31:237

[35]　康飞宇. 关于 GIC 研究的几点见解. 炭素技术, 2000, 109:17

[36]　Nakajima T. 一种新材料-氟化石墨. 新型碳材料, 1991, 2:6

[37]　时虎, 胡源. 石墨层间化合物的合成和应用. 炭素技术, 2002, 119:29

[38]　邱甜, 邱运鑫, 郑朝群, 胡芳. 硅酸盐溶解与成土作用. 贵州地质, 2008, 25:51

[39]　郝润蓉. 无机化学丛书(第三卷): 碳、硅、锗分族. 北京: 科学出版社, 1998

[40]　漆宗能, 尚文宇. 聚合物/层状硅酸盐纳米复合材料: 理论与实践. 北京: 化学工业出版社, 2002

[41]　Calvert P. Polymer/Clay Nanocomposite. Nature, 1996, 383:26

[42]　Pinnavaia T J. Intercalated clay catalysts. Science, 1983, 220:365

[43]　Figueras F. Pillared clays as catalysts. Catal. Rev.-Sci. Eng., 1988, 30:457

[44]　林鸿福, 林峰, 袁慰顺. 制备纳米复合材料的天然矿物-蒙脱土. 化工新型材料, 2001, 29:20

[45]　Roy R. Ceramics by the solution-sol-gel route. Science, 1987, 238:1664

[46]　王新宇, 漆宗能, 王佛松. 聚合物-层状硅酸盐纳米复合材料制备及应用. 工程塑料应用, 1999, 27:2

[47]　Kornamann X, Berglund L A, Strerte T. Nanocomposites based on montmorillnite and unsaturated polylstere. Polym. Eng. Sci., 1998, 38:1351

[48]　Ishida H, Campbell S, Blackwell J. General approach to nanocomposite preparation. Chem. Mater., 2000, 12:1260

[49]　Vaia R A, Vasudevan S, Krawiec W, et al. New polymer electrolyte nanocomposites: melt intercalateion of poly(ethylene oxide) in mica-type silicates. Adv. Mater., 1995, 7:154

[50]　陈光明, 李强, 漆宗能. 聚合物/层状硅酸盐纳米复合材料研究进展. 高分子通报, 1999, 39:1

[51]　王胜杰, 李强, 王新宇. 聚苯乙烯/蒙脱土熔体插层复合的研究. 高分子学报, 1998, 4

[52]　王胜杰, 李强, 漆宗能. 硅橡胶/蒙脱土复合材料的制备、结构与性能. 高分子学报, 1998, 2:149

[53]　王一中, 武保华, 余鼎声. 聚苯乙烯/蒙脱土嵌入混杂材料的研究. 合成树脂及塑料, 2000, 17:22

[54]　Fu X, Qutubuddin S. Polymer-clay nanocomposites: exfoliation of organophilic montmorillonite nanolayers in polystyrene. Polymer, 2001, 42:807

[55]　Lan T, Kaviratna P D, Pinnavaia T J. Mechanism of Clay Tactoid Exfoliation in Epoxy-Clay Nanocomposites. Chem. Mater., 1995, 7:2144

[56] 吕建坤,漆宗能,益小苏.插层聚合物制备黏土/环氧树脂纳米复合材料过程中黏土剥离行为的研究.高分子学报,2000,1:85

[57] Ruiz-Hitzky E,Aranda P,Casal B,et al.Nanocomposite materials with controlled ion mobilityk.Adv.Mater.,1995,7:180

[58] Okada A,Kawasumi M,Kurauchi T,et al.Synthesis and characterization of a nylon 6-clay hybrid.Polym.Prepr.,1987,28:447

[59] 乔放,李强,漆宗能.聚酰胺/黏土纳米复合材料的制备、结构表征及性能研究.高分子通报,1997,37:135

[60] 赵竹第,李强,欧玉春,漆宗能,王佛松.尼龙6/蒙脱土纳米复合材料的制备、结构与力学性能的研究.高分子学报,1997,5:519

[61] 刘立敏,乔放,朱晓光,漆宗能.熔体插层制备尼龙6/蒙脱土纳米复合材料的性能表征.高分子学报,1998,3:304

[62] Wang Z,Pinnavaia T J.Nanolayer Reinforcement of Elastomeric Polyurethane.Chem.Mater.,1998,10:3769

[63] Xu R,Manias E,Snyder A J,et al.New Biomedical Poly(urethane urea)-layered silicate nanocomposites.Macromolecules,2001,34:337

[64] Tien Y I,Wei K H.Hydrogen bonding and mechanical properties in segmented montmorillonite/polyurethane nanocomposites of different hard segment ratios.Polymer,2001,42:3213

[65] Chen T K,Tien Y I.Synthesis and characterization of novel segmented polyurethane/clay nanocomposite via poly(e-caprolactone)/clay.Polym.Sci.,Part A:Polym.Chem.,1999,13:2225

[66] Wu Q,Xue Z,Qi Z,et al.Synthesis and characterization of PAn/clay nanocomposite with extended chain conformation of polyaniline.Polymer,2000,41:2029

[67] Kerr T A,Wu H,Nazar L F.Concurrent Polymerization and Insertion of Aniline in Molybdenum Trioxide:Formation and Properties of a [Poly(aniline)]$_{0.24}$MoO$_3$ Nanocomposite.Chem.Mater.,1996,8:2005

[68] Kanatzidis M G,Wu C G,Marcy H O,et al.Conductive-polymer bronzes.Intercalated polyaniline in vanadium oxide xerogels.J.Am.Chem.Soc.,1989,111:4139

[69] Mehrotra V,Giannelis E P.Metal-insulator molecular multilayers of electroactive polymers:Intercalation of polyaniline in mica-type layered silicates.Solid State Commun.,1991,77:155

[70] Alberti G,Torracca E.Crystalline insoluble salts of polybasic metals - II.Synthesis of crystalline zirconium or titanium phosphate by direct precipitation.J.Inorg.Nual.Chem.,1968,30:317

[71] 张蕤,胡源,宋磊,朱玉瑞,范维澄,陈祖耀.层状磷酸盐的水热合成及其热稳定性.中国有色金属学报,2001,11:895.

[72] 张蕤,胡源.层状磷酸锆的溶剂热合成与表征.中国科学技术大学学报,2000,30:487

[73] Clearfield A,Stynes J A.The preparation of crystalline zirconium phosphate and some observations on its ion exchange behaviour.J.Inorg.Nual.Chem.,1964,26:117

[74] Alberti G,Casciola M,Costantino U.Inorganic ion-exchange pellicles obtained by delamination of α-zirconium phosphate crystals.J.Colloid Interface Sci.,1985,107:256

[75] Hasegawa Y,Akimoto T.Intercalation of pyridine and quinotine into alpha—zirconium phosphate.J Inclusion Phenom Mol Recog Chem.,1994,20:1

[76] Okullo S,Matsubayashi G.Preparation and spectroscopies of layered zirconium organophosphonates

containing pyridinium and its derivative.Inorg Chem Acta,1995,233:173

[77]　Espina A,Menéndez F,Jaimez E,et al.Intercalation of α,Ω-Alkyldiamines into Layered [alpha]-Titanium Phosphate from Aqueous Solutions.Mater.Res.Bull.,1998,33:763

[78]　Alberti G.Syntheses,crystalline structure,and ion-exchange properties of insoluble acid salts of tetravalent metals and their salt forms.Acc.Chem.Res.,1978,11:163

[79]　Clearfield A,Smith G D.Crystallography and structure of α-zirconium bis(monohydrogen orthophosphate) monohydrate.Inorg.Chem.,1969,8:431

[80]　MacLachlan D J,Morgan K R.Phosphorus-31 solid-state NMR studies of the structure of amine-intercalated α-zirconium phosphate:reaction of α-zirconium phosphate with excess amine.J.Phys.Chem.,1990,94:7656-7661

[81]　Ferragina C,Massucci M,Patrono P.Pillar chemistry,part 4:alladium(II)-2,2′-bipyridyl-1,10-phenanthroline,and 2,9-dimethyl-1,10-phenanthrocine complex pillars in α-zirconium phosphate.J.Chem.Soc.,Daltton Trans.,1988,4:851

[82]　Bone J S,Evans D G,Perriam J J,et al.Synthesis of New Hybrid Materials by Intercalation of a Bifunctional Aminophosphane and Its Tungsten Pentacarbonyl Complex in alpha-Zirconium Phosphate.Angewandte Chemie International Edition in English,1996,35:1850

[83]　Nishioka M,Nishimura T,Taya M.Kinetic evaluation of bactericidal activity of silver-loaded zirconium phosphate combined with hydroxy-apatite in the presence of chloride ion.Biochem.Eng.J.,2004,20:79

[84]　Nishioka M,Nishimura T,Ookubo A.Improved bactericidal activity of silver-loaded zirconium phosphate in the presence of by combining with hydroxyapatite.Biotech.Lett.,2003,25:1263

[85]　Geng L N,Li N,Dai N,et al.Layered [gamma]-zirconium phosphate a new matrix for immobilization of hemoglobin.Colloids and Surfaces B:Biointerfaces,2003,29:81

[86]　Geng L,Li N,Xiang M,et al.The covalent immobilization of trypsin at the galleries of layered [gamma]-zirconium phosphate.Colloids and Surfaces B:Biointerfaces,2003,30:99

[87]　Geng L,Bo T,Liu H,et al.Capillary Coated with Layer-by-Layer Assembly of α-Zirconium Phosphate/ Lysozyme Nanocomposite Film for Open Tubular Capillary Electrochromatography Chiral Separation.Chromatographia,2004,59:65

[88]　Bellezza F,Cipiciani A,Costantino U,et al.Zirconium Phosphate and Modified Zirconium Phosphates as Supports of Lipase.Preparation of the Composites and Activity of the Supported Enzyme.Langmuir,2002,18:8737

[89]　Kumar C V,Chaudhari A.Proteins Immobilized at the Galleries of Layered α-Zirconium Phosphate:Structure and Activity Studies.J.Am.Chem.Soc.,2000,122:830

[90]　Costantino U,Vivani R,Zima V,et al.Microwave-Assisted Intercalation of 1-Alkanols and ω-Alkanediols into α-Zirconium Phosphate.Evidence of Conformational Phase Transitions in the Bimolecular Film of Alkyl Chains.Langmuir,2002,18:1211

[91]　张蕤,胡源,汪世龙.原位插层聚合法制备聚丙烯酰胺/α-磷酸锆纳米复合材料及其结构表征.高等学校化学学报,2005,26:2173

[92]　石士考,刘颖,韩士田,周济.四苯基卟啉在改性磷酸锆层间的插入及荧光增强.无机化学学报,2007,23:703

[93]　张俊,周震涛.磺化聚醚醚酮/α-ZrP 复合膜的制备、结构与性能.电源技术,2007,31(9):721

[94] Alberti G, Casciola M, Alessandro E D. Preparation and proton conductivity of composite ionomeric membranes obtained from gels of amorphous zirconium phosphate sulfophenylenphosphonates in organic solvents. J. Mater. Chem, 2004,14:1910

[95] Vaivars G, Furlani M, Mellander B E, et al. Proton-conducting zirconium phosphate/poly (vinyl acetate)/glycerine gel electrolytes. Journal of Solid State Electrochemistry, 2003,7:724

[96] Szirtes L, Megyeri J, Kuzmann E, et al. Electrical conductivity of transition metal containing crystalline zirconium phosphate materials. Solid State Ionics, 2001,145:257

[97] Jinno K, Mae H, Yamaguchi M, et al. Synthetic ceramic clay material as stationary phase in packed column supercritical fluid chromatography. Chromatographia, 1991,31:239

[98] Johnson J W, Jacobson A J, Butler W M. et al. Molecular recognition of alcohols by layered compounds with alternating organic and inorganic layers. J. Am. Chem. Soc., 1989,111:381

[99] Cao G, Mallouk T E. Shape-selective intercalation reactions of layered zinc and cobalt phosphonates. Inorg. Chem., 1991,30:1434

[100] Ferragina C, Cafarelli P, Perez G. Selective isomerization of α-pinene. React. Kinet. Catal., 2002, 77:173

[101] Cao G, Garcia M E, Alcala M, et al. Chiral molecular recognition in intercalated zirconium phosphate. J. Am. Chem. Soc., 1992,114:7574

[102] Garcia M E, Naffin J L, Deng N, et al. Preparative-Scale Separation of Enantiomers Using Intercalated α-Zirconium Phosphate. Chem. Mater., 1995,7:1968

[103] Evans O R, Ngo H L, Lin W. Chiral Porous Solids Based on Lamellar Lanthanide Phosphonates. J. Am. Chem. Soc., 2001,123:10395

[104] Mallouk T E, Gavin J A. Molecular Recognition in Lamellar Solids and Thin Films. Acc. Chem. Res., 1998,31:209

[105] Whitesell J K. C2 symmetry and asymmetric induction. Chem. Rev., 1989,89:1581

[106] Jacobsen E N. Catalytic Asymmetic Synthesis. Chapter 4. NewYork: VCH, 1993

[107] Trost B M, Lee C B, Weiss J M. Asymmetric Alkylation of Allylic gem-Dicarboxylates. J. Am. Chem. Soc., 1995,117:7247

[108] Yoon S S, Still W C. An exceptional synthetic receptor for peptides. J. Am. Chem. Soc., 1993,115:823

[109] Wennemers H, Yoon S S, Still W C. Cyclooligomeric Receptors Based on Trimesic Acid and 1,2-Diamines. Minimal Structure for Sequence-Selective Peptide Binding. J. Org. Chem., 1995,60:1108

[110] Gasparrini F, Misiti D, Pierini M, et al. Enantioselective chromatography on brush-type chiral stationary phases containing totally synthetic selectors theoretical aspects and practical applications. Journal of Chromatography A, 1996,724:79

[111] Gavin J A, Deng N, Alcala M, et al. Host-Guest Chemistry of a Chiral Cyclohexanediamine-Viologen Cyclophane in Solution and in the Solid State. Chem. Mater., 1998,10:1937

[112] Kijima T, Matsui Y. A new type of host compound consisting of α-zirconium phosphate and an aminated cyclodextrion. Nature, 1986,322:533

[113] Kijima T. Intercalation of 2-aminopropylamino-substituted -cyclodextrin by -and -zirconium phosphates. J. Chem. Soc., Dalton Trans., 1990,425

[114] Alberti U C G, Dionigi C, Murcia-Mascaros S, Vivani R. Supramolecular Chemistry, 1995,6:29

[115] Yu J, Xu R. Rich Structure Chemistry in the Aluminophosphate Family. Acc. Chem. Res., 2003,

36:481

[116] Peng L,Yu J,Li J,et al.Lamellar Mesostructured Aluminophosphates:Intercalation of n-Alkylamines into Layered Aluminophosphate by Ultrasonic Method.Chem.Mater.,2005,17:2101

[117] 王晨,彭莉萍,华伟明,乐英红,高滋.芳香胺对微孔层状磷酸铝材料的剥离与嵌入.高等学校化学学报,2006,27(8):1509

[118] Jeong H K,Krych W,Ramanan H,et al.Fabrication of Polymer/Selective-Flake Nanocomposite Membranes and Their Use in Gas Separation.Chem.Mater.,2004,16:3838

[119] 郭宪吉,侯文华,颜其洁等.层状过渡金属氧化物.科学通报,2002,47:1681

[120] Schaak R E,Mallouk T E.Perovskites by design:A toolbox of solid-state reactions.Chem.Mater.,2002,14:1455

[121] Cheng S,Wang T C.Pillaring of layered titanates by polyoxo cations of aluminum.Inorg.Chem.,1989,28:1283

[122] Nalwa H S.Handbook of nanostructured material and nanotechnology.San Diego:Academic Press,1999

[123] Ogawa M,Kuroda K.Photofunctions of Intercalation Compounds.Chemical Reviews,1995,95:399

[124] Uehida S,Yamamoto Y,Fujishiro Y.Intercalation of titanium oxide in layered $H_2Ti_4O_9$ and $H_4Nb_6O_{17}$ and photocatalytic water cleavage with $H_2Ti_4O_9/(TiO_2,Pt)$ and $H_4Nb_6O_{17}/(TiO_2,Pt)$ nanocomposites.J.Chem.Soc.Faraday Trans.,1997,93:3229

[125] Shangguan W,Yoshida A.Modification of the interlayer in $K[Ca_2Na_{n-3}Nb_nO_{3n+1}]$ and their photocatalytic performance for water cleavage J.Mater.Sci.,2001,36:4989

[126] Gopalakrishnan J,Uma S,Bhat V,null,Chem.Mater.,1993,5:132

[127] Hata H,Kubo S,Kobayashi Y,et al.Intercalation of well-dispersed gold nanoparticles into layered oxide nanosheets through intercalation of a polyamine.J.Am.Chem.Soc.,2007,129:3064

[128] Han Y-S,Park I,Choy J-H.Exfoliation of layered perovskite,$KCa_2Nb_3O_{10}$,into colloidal nanosheets by a novel chemical process.J.Mater.Chem.,2001,11:1277

[129] Schaak R E,Mallouk T E.Self-assembly of Tiled Perovskite Monolayer and Multilayer Thin Films.Chem.Mater.,2000,12:2513

[130] Schaak R E,Mallouk T E.Prying Apart Ruddlesden-Popper Phases:Exfoliation into Sheets and Nanotubes for Assembly of Perovskite Thin Films.Chem.Mater.,2000,12:3427

[131] Kooli F,Sasaki T,Watanabe M.Pillaring of a lepidocrocite-like titanate with aluminium oxide and characterization.Microporous and Mesoporous Materials,1999,28:495

[132] Anderson M W,Klinowski J.Layered titanate pillared with alumina.Inorg.Chem.,1990,29:3260

[133] Landis M E,Aufdembrink B A,Chu P,et al.Preparation of molecular sieves from dense layered metal oxides.J.Am.Chem.Soc.,1991,113:3189

[134] Kondo J N,Shibata S,Ebina Y,et al.Preparation of a SiO_2-Pillared $K_{0.8}Fe_{0.8}Ti_{1.2}O_4$ and IR Study of N_2 Adsorption.J.Phys.Chem.,1995,99:16043

[135] Matsuda T,Udagawa M,Kunou I.Modification of the Interlayer in Lanthanum-Niobium Oxide and Its Catalytic Reactions.J.Catal.,1997,168:26

[136] Ma Y,Suib S L,Ressler T,et al.Synthesis of Porous CrO_x Pillared Octahedral Layered Manganese Oxide Materials.Chem.Mater.,1999,11:3545

[137] Choy J-H,Lee H-C,Jung H,et al.A novel synthetic route to TiO_2-pillared layered titanate with en-

hanced photocatalytic activity. J. Mater. Chem., 2001, 11: 2232

[138] Udomsak S, Anthony R G. Synthesis and catalytic activity of silica pillared type 2 titanate. Catal. Today, 1994, 21: 197

[139] 闫俊萍, 张中太, 唐子龙, 罗绍华. 插层复合材料的光催化研究进展. 功能材料, 2003, 34: 482

[140] Yanagisawa M, Sayama K, Fujishiro Y. Synthesis and photocatalytic properties of titania pillared $H_4Nb_6O_{17}$ using titanyl acylate precursor. J. Mater. Chem., 1998, 8: 2835

[141] Sato T, Fukugami Y. Synthesis and photocatalytic properties of TiO_2 and Pt pillared $HCa_2Nb_3O_{10}$ doped with various rare earth ions. Solid State Ionics, 2001, 141-142, 397

[142] Furube A, Shiozawa T, Ishikawa A, et al. Femtosecond Transient Absorption Spectroscopy on Photocatalysts: $K_4Nb_6O_{17}$ and $Ru(bpy)_3^{2+}$-Intercalated $K_4Nb_6O_{17}$ Thin Films. J. Phys. Chem. B, 2002, 106: 3065

[143] Han Y-S, Choi S-H, Jang J-U, et al. Pillaring of Layered Perovskites, $K_{1-x}La_xCa_{2-x}Nb_3O_{10}$, with Nanosized Fe_2O_3 Particles. J. Solid State Chem., 2001, 160: 435

[144] Wu J, Lin J, Yin S, et al. Synthesis and photocatalytic properties of layered $HNbWO_6/(Pt, Cd_{0.8}Zn_{0.2}S)$ nanocomposites. J. Mater. Chem., 2001, 11: 3343

[145] Choy J H, Lee H C, Jung H, et al. Exfoliation and Restacking Route to Anatase-Layered Titanate Nanohybrid with Enhanced Photocatalytic Activity. Chem. Mater., 2002, 14: 2486

[146] Ebina Y, Tanaka A, Kondo J N, et al. Preparation of Silica Pillared $Ca_2Nb_3O_{10}$ and Its Photocatalytic Activity. Chem. Mater., 1996, 8: 2534

[147] Ebina Y, Sasaki T, Harada M, et al. Restacked Perovskite Nanosheets and Their Pt-Loaded Materials as Photocatalysts. Chem. Mater., 2002, 14: 4390

[148] Yanagisawa M, Sato T. Synthesis and photocatalytic properties of iron oxide pillared hydrogen tetratitanate by the hydrothermal crystallization method. Solid State Ionics, 2001, 141-142, 575

[149] http://www.fhi-berlin.mpg.de/~hermann/Balsac/BalsacPictures/

[150] Livage J. Vanadium Pentoxide Gels. Chem. Mater., 1991, 3: 578

[151] Nazar L F, Liblong S W, Yin X T. Aluminum and gallium oxide-pillared molybdenum oxide (MoO_3). J. Am. Chem. Soc., 1991, 113: 5889

[152] Lerf A, Lalik E, Kolodziejski W, et al. Intercalation of polyoxycation species into conducting layered host lattices of molybdenum trioxide and tantalum disulfide. J. Phys. Chem., 1992, 96: 7389

[153] Wang X, Hou W, Guo X, et al. Preparation and characterization of layered molybdenum trioxide pillared with chromia. Mater. Chem. Phys., 2002, 73: 13

[154] Wu C G, DeGroot D C, Marcy H O, et al. Redox Intercalative Polymerization of Aniline in V_2O_5 Xerogel. The Postintercalative Intralamellar Polymer Growth in Polyaniline/Metal Oxide Nanocomposites Is Facilitated by Molecular Oxygen. Chem. Mater., 1996, 8: 1992

[155] Kanatzidis M G, Wu C G, Marcy H O, et al. Conductive polymer/oxide bronze nanocomposites. Intercalated polythiophene in vanadium pentoxide (V_2O_5) xerogels. Chem. Mater., 1990, 2: 222

[156] Leroux F, Koene B E, Nazar L F. Electrochemical Lithium Intercalation into a Polyaniline/V_2O_5 Nanocomposite. J. Electrochem. Soc., 1996, 143: 181

[157] Tagaya H, Takeshi K, Ara K, et al. Preparation of new organic-inorganic nanocomposite by intercalation of organic compounds into MoO_3 by ultrasound. Mater. Res. Bull., 1995, 30: 1161

[158] Ara K, Tagaya H, Ogata T, et al. Electrochemical intercalation of organic molecules into layered ox-

ides,MoO$_3$.Mater.Res.Bull.,1996,31:283

[159]　Gatteschi D,Kahn O,Miller J S,et al.Molecular magnetic materials in Il Ciocco.Adv.Mater.,1991,
　　　　3:161

[160]　Harreld J,Wong H P,Dave B C,et al.Synthesis and properties of polypyrrole-vanadium oxide hybrid
　　　　aerogels.J.Non-Cryst.Solids,1998,225:319

[161]　Nazar L F,Zhang Z,Zinkweg D.Insertion of poly(p-phenylenevinylene) in layered MoO$_3$.J.Am.
　　　　Chem.Soc.,1992,114:6239

[162]　Prosini P P,Fujieda T,Passerini S,et al.Enhanced performance of lithium polymer batteries using a
　　　　V$_2$O$_5$-PEG composite cathode.Electrochemistry Communications,2000,2:44

[163]　Posudievskii O Y,Kurys Y I,Biskulova S A,et al.Nanocomposites Produced by Direct Intercalation
　　　　of Secondary Doped Polyaniline in V$_2$O$_5$.Theoretical and Experimental Chemistry,2002,38:278

[164]　Posudievsky O Y,Biskulova S A,Pokhodenko V D.New polyaniline-MoO$_3$ nanocomposite as a result
　　　　of direct polymer intercalation.J.Mater.Chem.,2002,12:1446

[165]　Wu C-G,Hwang J-Y,Hsu S-S.Synthesis and characterization of processible conducting polyaniline/
　　　　V$_2$O$_5$ nanocomposites.J.Mater.Chem.,2001,11:2061

[166]　Riou D,Ferey G.Intercalated Vanadyl Vanadates:Syntheses,Crystal Structures,and Magnetic Prop-
　　　　erties.Inorg.Chem.,1995,34:6520

[167]　朱泉峣,靳艾平,陈文.聚合物-过渡金属氧化物纳米复合材料在电致变色性能上的研究进展.材料导
　　　　报,2006,20:48

[168]　Xiao Y,Hu K A,Wu R J.Novel preparation of polyethylene oxide/Li$_x$MoO$_3$ nanocomposite by direct
　　　　melt intercalation.Mater.Res.Bull.,2000,35:1669

[169]　Gimenes M A,Profeti L P R,Lassali T A F,et al.Synthesis,Characterization,Electrochemical,and
　　　　Spectroelectrochemical Studies of an N-Cetyl-trimethylammonium Bromide/V$_2$O$_5$ Nanocomposite.
　　　　Langmuir,2001,17:1975

[170]　张萱.新型有机-无机夹层化合物的设计、合成与性能,武汉大学,2004

[171]　Gamble F R,DiSalvo F J,Klemm R A,et al.Superconductivity in Layered Structure Organometallic
　　　　Crystals Science,1970,168:568

[172]　Gamble F R,Osiecki J H,Cais M,et al.Intercalation Complexes of Lewis Bases and Layered Sulfides:
　　　　A Large Class of New Superconductors.Science,1971,174:493

[173]　Benavente E,Santa Ana M A,Mendizabal F,et al.Intercalation chemistry of molybdenum disulfide.
　　　　Coord.Chem.Rev.,2002,224:87

[174]　Weisser O,Landa S.Sulfided Catalysts:Their Properties and Applications.New York:Pergamon
　　　　Press,1973

[175]　Divigalpitiya W M R,Frindt R F,Morrison S R.Inclusion Systems of Organic Molecules in Restacked
　　　　Single-Layer Molybdenum Disulfide.Science,1989,246:369

[176]　Divigalpitiya W M R,Frindt R F,Morrison S R.Molecular composite films of MoS$_2$ and styrene.J.
　　　　Mater.Res.,1991,6:1103

[177]　Powell A V,Kosidowski L,McCowall A.Inorganic-organic hybrids by exfoliation of MoS$_2$.J.Mater.
　　　　Chem.,2001,11:1086

[178]　Wypych F,Schllhorn R.1T-MoS$_2$,A New Metallic Modification of Molybdenum Disulfide.Journal of
　　　　Chemical Society,1992,19:1386

[179] Joensen P, Frindt R F, Morrison S R. Single-layer MoS₂. Mater. Res. Bull., 1986, 21:457.

[180] Liu C, Singh O, Joensen P, et al. X-ray and electron microscopy studies of single-layer TaS₂ and NbS₂. Thin Solid Films, 1984, 113:165

[181] Divigalpitiya W M R, Morrison S R, Frindt R F. Thin oriented films of molybdenum disulphide. Thin Solid Films, 1990, 186:177

[182] Kanatzidis M G, Bissessur R, DeGroot D C, et al. New intercalation compounds of conjugated polymers. Encapsulation of polyaniline in molybdenum disulfide. Chem. Mater., 1993, 5:595

[183] Tachibana H, Yamanaka Y, Sakai H, et al. Highly Conductive Inorganic-Organic Hybrid Langmuir-Blodgett Films Based on MoS₂. Chem. Mater., 2000, 12:854

[184] Bissessur R, Heising J, Hirpo W. Toward Pillared Layered Metal Sulfides. Intercalation of the Chalcogenide Clusters $Co_6Q_8(PR_3)_6$ (Q = S, Se, and Te and R = Alkyl) into MoS₂. Chem. Mater., 1996, 8:318

[185] Bissessur R, Haines R I, Brüning R. Intercalation of tetraazamacrocycles into molybdenum disulfide. J. Mater. Chem., 2003, 13:44

[186] Whittingham M S. Lithium Batteries and Cathode Materials. Chemi. Revi., 2004, 104:4271

[187] Whittingham M S. The hydrated intercalation complexes of the layered disulfides. Mater. Res. Bull., 1974, 9:1681

[188] Rao G V S, Tsang J C. Electrolysis method of intercalation of layered transition metal dichalcogenides. Mater. Res. Bull., 1974, 9:921

[189] Whittingham M S. Electrical Energy Storage and Intercalation Chemistry. Science, 1976, 192:1126

[190] Thompson A H. Electron-electron scattering in TiS₂. Phys. Rev. Lett., 1975, 35:1786

[191] Whittingham M S. The role of ternary phases in cathode reactions. J. Electrochem. Soc., 1976, 123:315

[192] Whittingham M S. Chemistry of intercalation compounds: metal guests in chalcogenide hosts. Prog. Solid State Chem., 1978, 12:41

[193] Golub A S, Zubavichus Y V, Slovokhotov Y L, et al. Layered compounds assembled from molybdenum disulfide single-layers and alkylammonium cations. Solid State Ionics, 2000, 128:151

[194] Golub A S, Shumilova I B, Zubavichus Y V, et al. Layered compounds based on molybdenum disulfide and ruthenium arene complexes. J. Mater. Chem., 1997, 7:163

[195] Golub A S, Zubavichus Y V, Slovokhotov Y L, et al. Single-layer dispersions of transition metal dichalcogenides in the synthesis of intercalation compounds. Russian Chemical Reviews, 2003, 72:123

[196] 陈兴国, 张萱, 杨楚罗, 等. 层状过渡金属硫代亚磷酸盐及其夹层化合物. 无机化学学报, 2003, 19:449

[197] Odile J P, Steger J J, Wold A. Preparation and properties of the solid solution series zinc iron phosphorus trisulfide $(Zn_{1-x}Fe_xPS_3)$ $(0 \leqslant x \leqslant 1)$. Inorg. Chem., 1975, 14:2400

[198] Colombet P, Leblanc A, Danot M, et al. Structural aspects and magnetic properties of the lamellar compound $Cu_{0.50}Cr_{0.50}PS_3$, J. Solid State Chem., 1982, 41:174

[199] Ronnow H M, Wildes A R, Bramwell S T, Magnetic correlations in the 2D S = 5/2 honeycomb antiferromagnet MnPS₃. Physica B, 2000, 276:676

[200] Thomson A H, Wittingham M S. Mater. Res. Bull., 1977, 12:741

[201] Audiere J P, Clement R, Mathey Y, et al. Physica B, 1980, 99B, 133

[202] Clement R, Girerd J J, Morgenstern-Badarau I. Dramatic modification of the magnetic properties of lamellar manganese trithiophosphonite (MnPS₃) upon intercalation. Inorg. Chem., 1980, 19:2852

[203]　Clement R. Ion-exchange Intercalation in Hybrid Organic-Inorganic Composites. Amer. Chem. Soc,1995

[204]　Manova E,Severac C,Andreev A,et al. NiPS$_3$ Intercalates as Catalysts for the Oxidation of Sulfide Ions:Synthesis,Catalytic Activity,and XPS Study.J.Catal.,1997,169:503

[205]　Lagadic I,Lacroix P G,Clement R.Layered MPS$_3$(M = Mn,Cd)Thin Films as Host Matrixes for Nonlinear Optical Material Processing.Chem.Mater.,1997,9:2004

[206]　Clement R,Lagadic I,Leustic A,et al. Chemical Physics of Intercalation II. New York:Plenum Press,1993

[207]　Leustic A,Audiere J P,Cointereau D,et al. High-T_c Magnets in a Series of Substituted Pyridinium-FePS$_3$ Layered Intercalates.Chem.Mater.,1996,8:1954

[208]　John P T,Evans S O.Origins of the spontaneous magnetization in MnPSIntercalates:A Magnetic Susceptibility and Powder Neutron Diffraction Study.Adv.Mater.,1995,7:735

[209]　Leustic A,Riviere E,Clement R,et al. Investigation of the Influence of Intercalation on the Magnetic Properties of Fe$_x$Cd$_{1-x}$PS$_3$ Layered Compounds.J.Phys.Chem.B,1999,103:4833

[210]　Lacroix P G,Clement R,Nakatani K,et al. Stilbazolium-MPS$_3$ Nanocomposites with Large Second-Order Optical Nonlinearity and Permanent Magnetization.Science,1994,263:658

[211]　Coradin T,Clement R,Lacroix P G,et al. From Intercalation to Aggregation:Nonlinear Optical Properties of Stilbazolium Chromophores-MPS$_3$ Layered Hybrid Materials.Chem.Mater.,1996,8:2153

[212]　Leustic A,Audiere J P,Lacroix P G,et al.Synthesis,Structural Characterization,and Physical Properties of Lamellar MPS$_3$ Crystals Intercalated with Tetrathiafulvalene(M = Mn,Fe).Chem.Mater.,1995,7:1103

[213]　Coradin T,Coupé A,Livage J.Intercalation of biomolecules in the MnPS$_3$ layered phase.J.Mater.Chem.,2003,13:705

[214]　Benard S,Leustic A,Riviere E,et al.Interplay between Magnetism and Photochromism in Spiropyran-MnPS$_3$ Intercalation Compounds.Chem.Mater.,2001,13:3709

[215]　Field C N,Boillot M-l,Clèment R.Observation of a thermally induced spin crossover in a CdPS$_3$ intercalate.J.Mater.Chem.,1998,8:283

[216]　Floquet S,Salunke S,Boillot M L,et al.The Spin Transition of an Iron(III)Complex Intercalated in a MnPS$_3$ Layered Magnet.Occurrence of a Hysteresis Effect on Removal of Lattice Solvent.Chem.Mater.,2002,14:4164

[217]　Sukpirom N,Oriakhi C O,Lerner M M.Mater.Res.Bull.,2000,35:325

[218]　Venkataraman N V,Vasudevan S.Conformation of an Alkane Chain in Confined Geometry:Cetyl Trimethyl Ammonium Ion Intercalated in Layered CdPS$_3$.J.Phys.Chem.B,2000,104:11179

[219]　Venkataraman N V,Vasudevan S.Conformation of Methylene Chains in an Intercalated Surfactant Bilayer.J.Phys.Chem.B,2001,105:1805

[220]　Venkataraman N V,Vasudevan S.Interdigitation of an Intercalated Surfactant Bilayer.J.Phys.Chem.B,2001,105:7639

[221]　Jeevanandam P,Vasudevan S.Conductivity and Dielectric Response in the Ion-Exchange Intercalated Mono- and Double-Layer Hydrates Cd$_{0.75}$PS$_3$Na$_{0.5}$(H$_2$O)$_y$,y = 1,2.J.Phys.Chem.B,1998,102:3082

[222]　唐立权,黄中垚,张振雄,李明宪.第一原理计算钙钛矿结构三元卤化物之二阶非线性光学系数.物理

双月刊,2005,27:572

[223] Dmitriev G,Gurzadyan G G,Nikogosyan D N.Handbook of Nonlinear Optical Crystals.Springer in Optical Sciences.Vol.64.Berlin:Springer-Verlag,1991

[224] Gu Q,Pan Q,Wu X,et al.Study on a new IR nonlinear optics crystal CsGeCl_3.J.Cryst.Growth, 2000,212:605

[225] Feichtner J D,Roland G W.Optical properties of a new nonlinear optical material:Ti$_3$AsSe$_3$.Appl. Opt.,1972,11:993

[226] Hagemann M,Weber H-J.Are ternary halides useful materials for nonlinear optical applications.Applied physics A.,1996,63:67

[227] Adachi S,Tatsuki T,Tamura T,et al.Halooxocuprate Superconductors and Related Compounds with the 02(n - 1)n and 0222 Structures.Chem.Mater.,1998,10:2860

[228] Knee C S,Weller M T.New layered manganese oxide halides.Chem.Commun.,2002,256

[229] Mitzi D B.Synthesis,structure and properties of organic-inorganic perovskites and related materials. Prog.Inorg.Chem.,1999,48:1

[230] Mitzi D B.Templating and structural engineering in organic-inorganic Perovskites.J.Chem.Soc.,Dalton Trans.,2001,1:1

[231] Wortham E,Zorko A,Arcon D,et al.Organic-inorganic perovskites for magnetic nanocomposites. Physical B,2002,318:387

[232] Mitzi D B.A Layered Solution Crystal Growth Technique and the Crystal Structure of (C$_6$H$_5$C$_2$H$_4$NH$_3$)$_2$PbCl$_4$.J.Solid State Chem.,1999,145:694

[233] Mitzi D B.Low temperature solid-state reactions to stablize the tin(II) iodide based multilayer perovskite family (C$_6$H$_5$C$_2$H$_4$NH$_3$)$_2$Cs$_{n-1}$Sn$_n$I$_{3n+1}$.Bull.Am.Phys.Soc.,1993,38:116

[234] Mitzi D B.Synthesis,Crystal Structure,and Optical and Thermal Properties of (C$_4$H$_9$NH$_3$)$_2$MI$_4$ (M=Ge,Sn,Pb).Chem.Mater.,1996,8:791

[235] Mitzi D B.Organic-Inorganic Perovskites Containing Trivalent Metal Halide Layers:The Templating Influence of the Organic Cation Layer.Inorg.Chem.,2000,39:6107

[236] Braun M,Tuffentsammer W,Wachtel H,et al.Pyrene as emitting chromophore in organic-inorganic lead halide-based layered perovskites with different halides.Chem.Phys.Lett.,1999,307:373

[237] Mitzi D B,Chondroudis K,Kagan C R.Organic-Inorganic Electronics.IBM J.RES.DEV.,2001, 45:29

[238] Mitzi D B,Feild C A,Harrison W T A,et al.Conducting Tin Halides with a Layered Organic-Based Perovskite Structure.Nature,1994,369:467

[239] Mitzi D B,Wang S,Feild C A,et al.Conducting Layered Organic-Inorganic Halides Containing <110>-Oriented Perovskite Sheets.Science,1995,267:1473

[240] Tabuchi Y,Asai K,Rikukawa M,et al.Preparation and characterization of natural lower dimensional layered perovskite-type compounds.J.Phys.Chem.Solids,2000,61:837

[241] Chondroudis K,Mitzi D B.Electroluminescence from an Organic-Inorganic Perovskite Incorporating a Quaterthiophene Dye within Lead Halide Perovskite Layers.Chem.Mater.,1999,11:3028

[242] Tieke B,Chapuis G.Solid State Polymerization of Butadienes in Layer Structures.Mol.Cryst.Liq.Cryst., 1986,137:101

[243] Kikuchi K,Takeoka Y,Rikukawa M,et al.Fabrication and characterization of organic-inorganic per-

ovskite films containing fullerene derivatives. Colloids and Surfaces A: Physicochemical and Engineering Aspects,2005,257-258,199

[244]　Mitzi D B. Thin-Film Deposition of Organic-Inorganic Hybrid Materials. Chem. Mater., 2001, 13:3283

[245]　Kitazawa N, Watanabe Y. Preparation and stability of nanocrystalline ($C_6H_5C_2H_4NH_3$)$_2$PbI$_4$-doped PMMA films. Journal Of Materials Science,2002,37:4845

[246]　Liang K, Mitzi D B, Prikas M T. Synthesis and Characterization of Organic-Inorganic Perovskite Thin Films Prepared Using a Versatile Two-Step Dipping Technique. Chem. Mater., 1998,10:403

[247]　Era M, Oka S. PbBr-based layered perovskite film using the Langmuir-Blodgett technique. Thin Solid Films,2000,376:232

[248]　Era M, Hattori T, Taira T, et al. Self-Organized Growth of PbI-Based Layered Perovskite Quantum Well by Dual-Source Vapor Deposition. Chem. Mater.,1997,9:8

[249]　Mitzi D B, Prikas M T, Chondroudis K. Thin Film Deposition of Organic-Inorganic Hybrid Materials Using a Single Source Thermal Ablation Technique. Chem. Mater.,1999,11:542

[250]　Chondroudis K, Mitzi D B, P Brock. Effect of Thermal Annealing on the Optical and Morphological Properties of (AETH)PbX$_4$(X = Br,I) Perovskite Films Prepared Using Single Source Thermal Ablation. Chem. Mater.,2000,12:169

[251]　Era M, Morimoto S, Tsutsui T, et al. Organic-inorganic Heterostructure Electroluminescent Device Using a Layered Perovskite Semiconductor($C_6H_5C_2H_4NH_3$)$_2$PbI$_4$. Appl. Phys. Lett.,1994,65:676

[252]　Era M, Morimoto S, Tsutsui T, et al. Electroluminescent device using two dimensional semiconductor ($C_6H_5C_2H_4NH_3$)$_2$PbI$_4$ as an emitter. Synth. Met.,1995,71:2013

[253]　Kagan C R, M.D.B., C.D. Dimitrakopoulos, Organic-Inorganic Hybrid Materials as Semiconducting Channels in Thin Film Field Effect Transistors. Science,1999,286:945

[254]　M.D.B. Solution-Processed Inorganic Semiconductors. J. Mater. Chem.,2004,14:2355